图文精解建筑工程施工职业技能系列

油　漆　工

徐　鑫　主编

中国计划出版社

图书在版编目（CIP）数据

油漆工 / 徐鑫主编. -- 北京 : 中国计划出版社, 2017.1
图文精解建筑工程施工职业技能系列
ISBN 978-7-5182-0525-7

Ⅰ. ①油… Ⅱ. ①徐… Ⅲ. ①建筑工程－涂漆－职业培训－教材 Ⅳ. ①TU767

中国版本图书馆CIP数据核字(2016)第258919号

图文精解建筑工程施工职业技能系列
油漆工
徐　鑫　主编

中国计划出版社出版发行
网址：www.jhpress.com
地址：北京市西城区木樨地北里甲11号国宏大厦C座3层
邮政编码：100038　电话：(010) 63906433（发行部）
北京市科星印刷有限责任公司印刷

787mm×1092mm　1/16　13.75印张　327千字
2017年1月第1版　2017年1月第1次印刷
印数1—3000册

ISBN 978-7-5182-0525-7
定价：39.00元

《油漆工》编委会

主　编：徐　鑫

参　编：高　原　任明法　张俊新　刘凯旋
蒋传龙　王　帅　张　进　褚丽丽
许　洁　徐书婧　王春乐　李　杨
郭洪亮　陈金涛　刘家兴　唐　颖

前　言

油漆是一种用途广泛的工程材料。油漆与被涂物体表面能形成一层固体薄膜，对被涂物起着保护和装饰作用，使被涂物表面免受暴露在大气中的水分、化学气体、微生物的侵蚀以及日光、风雨、海水的袭击，延长其使用寿命。因此，随着涂料工业的发展，多种用途、性能、优异的涂料不断地被开发出来，它不仅美化了人类的生活，还使涂料对被涂物保护具有不同的功能。常言道："三分油漆，七分施工。"随着建筑工程油漆作业的深入发展，涂装工程是一个系统工程的理念已日渐深入人心。要提高涂装工程质量，除了要有高质量的油漆产品外，还要有规范的且与之相适应的施工技术，一环套一环缺一不可，否则将会出现各种工程质量问题。加强涂装技术的研究，全面提高涂装工程质量已迫在眉睫。建筑油漆理想的装饰效果不仅取决于油漆及配套产品的优良性能，还要有科学的施工技术和技巧相配套，才能达到预期目的，否则，油漆自身的优良性能难以充分发挥出来，故涂装技术是影响工程质量的关键因素之一。因此，我们组织编写了这本书，旨在提高油漆工专业技术水平，确保工程质量和安全生产。

本书根据国家新颁布的《建筑工程施工职业技能标准》JGJ/T 314—2016以及《建筑装饰装修工程质量验收规范》GB 50210—2001、《民用建筑室内环境污染控制规范》GB 50325—2010（2013年版）、《建筑涂饰工程施工及验收规程》JGJ/T 29—2015、《建筑室内用腻子》JG/T 298—2010等标准编写，主要介绍了油漆工的基础知识、油漆用料、常用工具及保养、涂漆前的基层处理、涂饰施工、施工质量要求及冬季施工等内容。本书采用图解的方式讲解了油漆工应掌握的操作技能，内容丰富，图文并茂，针对性、系统性强，并具有实际的可操作性，实用性强，便于读者理解和应用。本书既可供油漆工、建筑施工现场人员参考使用，也可作为建筑工程职业技能岗位培训相关教材使用。

由于作者的学识和经验所限，虽然经编者尽心尽力，但是书中仍难免存在疏漏或未尽之处，敬请有关专家和读者予以批评指正（E－mail：zt1966@126.com）。

编　者

2016年10月

目　　录

1 油漆工的基础知识

1.1 油漆工职业技能等级要求

1.1.1 五级油漆工

1. 理论知识

（1）掌握建筑油漆工一般施工工艺。
（2）熟悉油漆施工中的安全和防护措施。
（3）熟悉一般常用材料知识。
（4）熟悉常用工具、量具名称，并了解其功能和用途。
（5）熟悉普通油漆材料的配制方法。
（6）了解建筑识图的基本知识。
（7）了解本职业施工质量要求。
（8）了解油漆保管常识及冬季施工注意的问题。

2. 操作技能

（1）能够调配大白浆、石灰浆。
（2）能够墙面刷油漆操作。
（3）能够墙面刷石灰浆操作。
（4）能够墙面滚涂水性涂料。
（5）会常用油漆材料的识别。
（6）会规范使用常用的工具、量具。
（7）会消防器材的使用。

1.1.2 四级油漆工

1. 理论知识

（1）掌握普通涂料施工方法。
（2）掌握弹涂和喷涂的施工方法。
（3）熟悉一般涂料的配制方法。
（4）熟悉常用腻子的配制方法。
（5）熟悉油漆施工中常见的瑕疵、通病及处理方法。
（6）熟悉地仗活的处理方法。
（7）熟悉常用机具的使用和维护。
（8）了解房屋构造基础知识。
（9）了解质量检验评定标准。

2. 操作技能

（1）能够木门窗分色调和漆操作。

（2）能够调拌石膏纯油腻子和生漆腻子。
（3）能够钢门窗分色调和漆操作。
（4）能够木制品柚木色、罩清漆操作。
（5）会调配铅油、无光油和虫胶漆。
（6）会大木撕缝、下竹钉、汁浆、捉缝灰、扫荡灰的操作。
（7）会喷涂墙面色浆和色油操作。
（8）会墙面滚花操作。
（9）会画宽、窄油线。

1.1.3 三级油漆工

1. 理论知识

（1）掌握木制品透明涂饰知识。
（2）掌握缩、放字样及刻字样方法。
（3）掌握模拟涂饰知识。
（4）掌握预防和处理质量和安全事故方法及措施。
（5）熟悉较复杂的施工图。
（6）熟悉常用涂料和稀释剂。
（7）熟悉特种涂料的性能及其使用部位。
（8）熟悉木材的染色知识。
（9）熟悉大漆知识。
（10）熟悉按图计算工料的方法。
（11）了解建筑学的一般知识。

2. 操作技能

（1）熟练掌握一底二度广漆。
（2）能够配制水色、油色、酒色。
（3）能够硝基清漆理平见光、打砂蜡、上油蜡。
（4）能够模拟木纹或石纹。
（5）能够彩砂喷涂。
（6）能够按安全生产规程指导本等级以下技工作业。
（7）会揩色。
（8）会缩、放、刻字样。
（9）会多彩内墙涂料喷涂。
（10）会按图计算工料。

1.1.4 二级油漆工

1. 理论知识

（1）掌握古建筑油漆作的知识。
（2）掌握有关安全法规及突发安全事故的处理程序。

（3）熟悉制图的基本知识。
（4）熟悉计算机基础知识。
（5）熟悉施工管理方法。
（6）熟悉古建筑油漆、彩画的材料和工具。
（7）熟悉施工方案编制方法。
（8）了解有关涂料的化学性能。
（9）了解新技术、新工艺。

2. 操作技能

（1）熟练进行熟猪血的配制。
（2）熟练进行一麻五灰操作。
（3）能够计算机文字处理。
（4）能够配制油满。
（5）能够熬制灰油、光油、坯油。
（6）能够推光漆磨退操作。
（7）能够刻各种刀法字样操作。
（8）能够根据生产环境，提出安全生产建议。
（9）会绘制建筑施工图。
（10）会参与编制施工方案。
（11）会框线、齐边、扣地、贴金操作。
（12）会红木制品揩漆操作。
（13）会堆各种图案、字漆灰操作。

1.1.5　一级油漆工

1. 理论知识

（1）掌握涂料的施涂质量与工种交接、材质、施涂前涂料检查、温湿度的关系。
（2）掌握各种油漆、彩画瑕疵、通病的修理方法。
（3）掌握安全法规及突发安全事故的处理程序。
（4）熟悉复杂施工图的识读及审核施工图。
（5）熟悉计算机绘制施工图。
（6）熟悉古建筑彩画作的知识。

2. 操作技能

（1）熟练掌握彩画材料的配制。
（2）能够扫青或扫绿匾额。
（3）能够沙金底、黑字招牌。
（4）能够雨雪金楹联。
（5）会贴金、扫金。
（6）会和玺彩画。
（7）会新式彩画。

(8) 会斗拱彩画。
(9) 会各种油漆、彩画瑕疵、通病的修理。
(10) 会编制安全事故处理预案，并熟练进行现场处置。
(11) 会电脑绘制建筑施工图。

1.2 油漆工识图基础知识

1.2.1 房屋施工图分类

学会看懂各种常用的施工图，是建筑工人必须具备的基本功。对于任何一个技术工人来讲，都应该有“读图”和“制图”的能力。而作为工长，还同时肩负着指导教会施工工人读图的重任。

作为油漆工长，首先要传授给普通油漆工人基本识图知识和对房屋施工图的一般认识。

房屋的设计一般有三个方面，即建筑设计、结构设计和设备设计。相应所产生的设计图样分别称为建筑施工图（简称建施）、结构施工图（简称结施）和设备施工图（简称设施）。

1. 建筑施工图

建筑施工图是为了满足建设单位的使用功能需要而设计的工程图样。主要表达建筑物的总体布局、外部造型、内部布置和细部构造等内容。主要的图样包括建筑总平面图、建筑平面图、建筑立面图、建筑剖面图和建筑详图等。

2. 结构施工图

结构施工图是为了保障建筑物的使用安全而设计的施工图样。主要表达建筑物各承重构件（如基础、承重墙、柱、梁、板、屋架等）的布置、形状、大小、材料、配筋和构造等内容。主要的图样有基础图、结构布置图和结构详图等。

3. 设备施工图

设备施工图是为了满足房屋设备的布置和安装而设计的施工图样。主要表达给水排水、电气、采暖通风等各种设备的布置及安装构造等内容。主要有各管道、管线和设备的平面布置图、系统原理图和安装详图等图样。

各专业施工图之间，既体现有各自专业的特点，又要相互配合。在建筑工程设计中，建筑是主导专业，而结构和设备是配合专业，因此在施工图的设计中，结构施工图和设备施工图必须与建筑施工图协调一致，做到整套图样完整统一、尺寸齐全、明确无误。

1.2.2 房屋基本组成

房屋是为了满足人们各种不同的生活和工作需要而建造的。按照房屋的使用性质，通常可以分为工业建筑和民用建筑，民用建筑一般又分为居住建筑和公用建筑两种。

各类建筑，虽然它们的使用要求、外形设计、空间构造、结构形式及规模大小各不相同，但是其基本构成大致相似，都有基础、墙体（柱、梁）、楼（地）面、楼梯、屋面和门窗等。此外，一般还有台阶、雨篷、阳台、雨水管、天沟、明沟或散水等其他配构件及室内外墙面装饰等。

怎样更好地阅读房屋施工图，首先应该教会油漆工人了解房屋各部分的组成、名称及其作用。房屋组成示意图如图 1－1 所示。

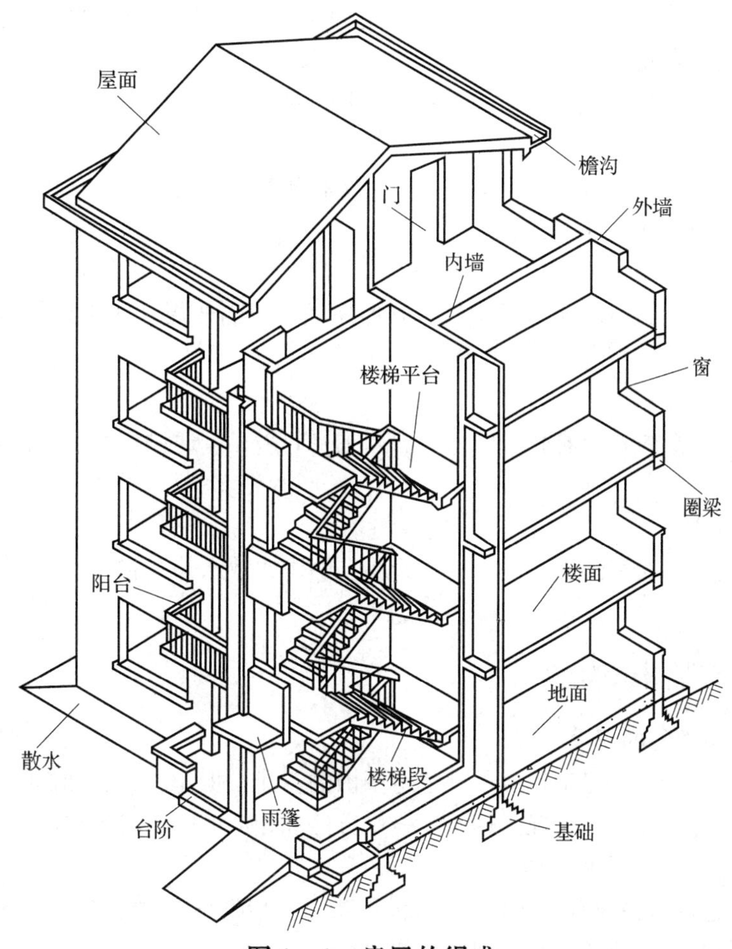

图 1－1　房屋的组成

1. 基础

基础是建筑最下部的承重构件，承受房屋的全部荷载，并将这些荷载传给地基。基础底面承受基础荷载的土壤层称为地基。基础有多种形式，图 1－1 所示的房屋的基础，采用的是钢筋混凝土条形基础。

2. 墙体（柱、梁）

墙体是房屋的垂直构件。外墙起着抵御自然界各种因素对室内侵袭的作用，内墙起着分隔房间的作用。

按受力情况分析，墙体可分为承重墙和非承重墙。

（1）承重墙除承受自身的重量外，还起着将屋面、各层楼面传来的荷载等传递给基础的作用。

（2）非承重墙只起围护、分隔作用。当房屋内部空间较大时，有时用梁、柱来承受上部荷载。

3. 楼（地）面

楼地面是楼房中水平方向的承重和分隔构件。

（1）楼面是二层以上各层的水平分隔，它承受家具、设备和人的重量，并把这些荷载传递给承重墙体或柱子。

（2）地面位于房屋的底层，它直接将底层房间的荷载传下去。

4. 楼梯

楼梯是楼房的垂直交通设施，供人们上下楼和疏散时使用，它一般由楼梯段、休息平台、栏杆、扶手和楼梯井等组成。

5. 屋面

屋面是房屋顶部的围护和承重构件，它由屋面板、隔热层、防水层等组成，起防水、保温、隔热等作用。

6. 门窗

门主要供人们作内外交通联系之用。窗则主要起采光、通风作用。门窗均属于非承重构件。

7. 其他

房屋其他组成一般有雨篷、雨水管、天沟、明沟或散水等，它们主要起到排水和保护墙身的作用。

1.2.3 建筑工程图识读

1. 建筑总平面图的识读

建筑总平面图是将拟建工程四周一定范围内的新建、拟建、原有和拆除的建筑物、构筑物连同其周围的地形地物状况，用水平投影方法和相应的图例所画出的图样。

（1）建筑总平面图的基本内容：

1）表明新建区域的地形、地貌、平面布置，包括红线位置，各建（构）筑物、道路、河流、绿化等的位置及其相互间的位置关系。

2）确定新建房屋的平面位置。一般根据原有建筑物或道路定位，标注定位尺寸；修建成片住宅、较大的公共建筑物、工厂或地形复杂时，用坐标确定房屋及道路转折点的位置。

3）表明建筑物首层地面的绝对标高，室外地坪、道路的绝对标高；说明土方填挖情况、地面坡度及雨水排除方向。

4）用指北针和风向频率玫瑰图来表示建筑物的朝向。

（2）总平面图识读要点：

1）熟悉总平面图的图例，查阅图标及文字说明，了解工程性质、位置、规模及图纸比例。

2）查看建设基地的地形、地貌、用地范围及周围环境等，了解新建房屋和道路、绿化布置情况。

3）了解新建房屋的具体位置和定位依据。

4）了解新建房屋的室内外高差、道路标高、坡度以及地表水排流情况。

2. 建筑平面图的识读

建筑平面图，简称平面图，实际上是一幢房屋的水平剖面图。它是假想用一水平剖面将房屋沿门窗洞口剖开，移去上部分，剖面以下部分的水平投影图就是平面图。

（1）建筑平面图的基本内容：

1）表明建筑物的平面形状，内部各房间包括走廊、楼梯、出入口的布置及朝向。

2）表明建筑物及各部分的平面尺寸。在建筑平面图中，必须详细标注尺寸。平面图中的尺寸分为外部尺寸和内部尺寸。外部尺寸有三道，一般沿横向、竖向分别标注在图形的下方和左方。

3）表明地面及各层楼面标高。

4）表明各种门、窗位置，代号和编号，以及门的开启方向。门的代号用 M 表示，窗的代号用 C 表示，编号数用阿拉伯数字表示。

5）表示剖面图剖切符号、详图索引符号的位置及编号。

6）综合反映其他各工种（工艺、水、暖、电）对土建的要求：各工程要求的坑、台、水池、地沟、电闸箱、消火栓、雨水管等，以及其在墙或楼板上的预留洞，应在图中表明其位置及尺寸。

7）表明室内装修做法，包括室内地面、墙面及顶棚等处的材料及做法。一般简单的装修在平面图内直接用文字说明；较复杂的工程则另列房间明细表和材料做法表，或另画建筑装修图。

8）平面图中不易表明的内容，如施工要求、砖及灰浆的强度等级等需用文字说明。

（2）平面图识读要点：

1）熟悉建筑配件图例、图名、图号、比例及文字说明。

2）定位轴线。定位轴线是表示建筑物主要结构或构件位置的点画线。凡是承重墙、柱、梁、屋架等主要承重构件都应画上轴线，并编上轴线号，以确定其位置；对于次要的墙、柱等承重构件，则编附加轴线号确定其位置。

3）房屋平面布置，包括平面形状、朝向、出入口、房间、走廊、门厅、楼梯间等的布置组合情况。

4）阅读各类尺寸。图中标注房屋总长及总宽尺寸，各房间开间、进深、细部尺寸和室内外地面标高。阅读时，应依次查阅总长和总宽尺寸，轴线间尺寸、门窗洞口和窗间墙尺寸、外部及内部局（细）部尺寸和高度尺寸（标高）。

5）门窗的类型、数量、位置及开启方向。

6）墙体、（构造）柱的材料、尺寸。涂黑的小方块表示构造柱的位置。

7）阅读剖切符号和索引符号的位置和数量。

3. 建筑立面图的识读

建筑立面图，简称立面图，是对房屋的前后左右各个方向所做的正投影图。对于简单的对称式房屋，立面图可只绘一半，但应画出对称轴线和对称符号。

（1）建筑立面图的基本内容：

1）图名，比例。立面图的比例常与平面图一致。

2）标注建筑物两端的定位轴线及其编号。在立面图中一般只画出两端的定位轴线及其编号，以便与平面图对照。

3）画出室内外地面线，房屋的勒脚，外部装饰及墙面分格线。表示出屋顶、雨篷、阳台、台阶、雨水管、水斗等细部结构的形状和做法。为了使立面图外形清晰，通常把房屋立面的最外轮廓线画成粗实线，室外地面用特粗线表示，门窗洞口、檐口、阳台、雨篷、台阶等用中实线表示；其余如墙面分隔线、门窗格子、雨水管以及引出线等均用细实线表示。

4）表示门窗在外立面的分布、外形、开启方向。在立面图上，门窗应按标准规定的图例画出。门、窗立面图中的斜细线，是开启方向符号。细实线表示向外开，细虚线表示向内开。一般无须把所有的窗都画上开启符号。凡是窗的型号相同的，只画出其中一、二个即可。

5）标注各部位的标高及必须标注的局部尺寸。在立面图上，高度尺寸主要用标高表示。一般要注出室内外地坪，一层楼地面，窗台、窗顶、阳台面、檐口、女儿墙压顶面，进口平台面及雨篷底面等的标高。

6）标注出详图索引符号。

7）用文字说明外墙装修做法。根据设计要求，外墙面可选用不同的材料及做法，在立面图上一般用文字说明。

（2）立面图识读要点：

1）了解立面图的朝向及外貌特征。如房屋层数，阳台、门窗的位置和形式，雨水管、水箱的位置以及屋顶隔热层的形式等。

2）外墙面装饰做法。

3）各部位标高尺寸。找出图中标示室外地坪、勒脚、窗台、门窗顶及檐口等处的标高。

4．建筑剖面图的识读

建筑剖面图简称剖面图，一般是指建筑物的垂直剖面图，且多为横向剖切形式。

（1）建筑剖面图的基本内容：

1）图名、比例及定位轴线。剖面图的图名与底层平面图所标注的剖切位置符号的编号一致。在剖面图中，应标出被剖切的各承重墙的定位轴线及与平面图一致的轴线编号。

2）表示出室内底层地面到屋顶的结构形式、分层情况。在剖面图中，断面的表示方法与平面图相同。断面轮廓线用粗实线表示，钢筋混凝土构件的断面可涂黑表示。其他没被剖切到的可见轮廓线用中实线表示。

3）标注各部分结构的标高和高度方向尺寸。剖面图中应标注出室内外地面、各层楼面、楼梯平台、檐口、女儿墙顶面等处的标高。其他结构则应标注高度尺寸。

4）用文字说明某些用料及楼、地面的做法等。

5）详图索引符号。

（2）剖面图识读要点：

1）熟悉建筑材料图例。

2）了解剖切位置、投影方向和比例。注意图名及轴线编号应与底层平面图相对应。

3）分层、楼梯分段与分级情况。

4）标高及竖向尺寸。图中的主要标高有：室内外地坪、入口处、各楼层、楼梯休息平台、窗台、檐口、雨篷底等；主要尺寸有：房屋进深、窗高度、上下窗间墙高度、阳台高度等。

5）主要构件间的关系，图中各楼板、屋面板及平台板均搁置在砖墙上，并设有圈梁和过梁。

6）屋顶、楼面、地面的构造层次和做法。

1.3　施工中的安全常识

1.3.1　劳动保护

劳动保护见表1-1。

表1-1　劳动保护

类别	图示及内容
头部护具类	用于保护头部，防撞击、挤压伤害、防物料喷溅、防粉尘等的护具，如玻璃钢安全帽 
呼吸护具类	预防尘肺和职业病的重要护品。按用途分为防尘、防毒、供氧三类，按作用原理分为过滤式防尘罩、隔绝式防毒面具两类 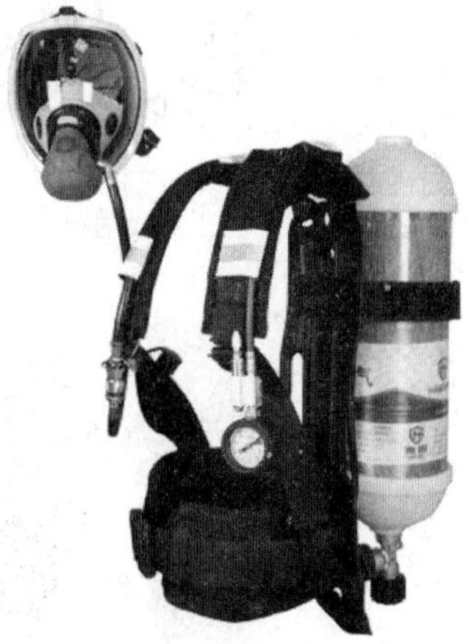

续表 1 - 1

类别	图示及内容
眼防护具类	用以保护作业人员的眼睛、面部，防止外来伤害。分为焊接用眼防护具、炉窑用眼护具、防冲击眼护具、微波防护具、激光防护镜以及防 X 射线、防化学、防尘等眼护具 
听力护具类	长期在 90dB（A）以上或短时在 115dB（A）以上环境中工作时应使用听力护具，主要有耳罩 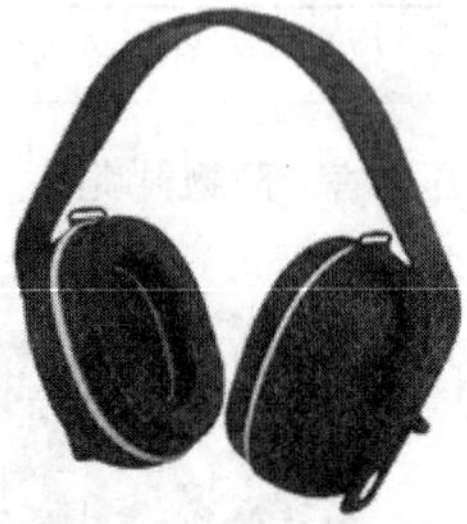
防护鞋	用于保护足部免受伤害。目前主要产品有防砸、绝缘、防静电、耐酸碱、耐油、防滑鞋、钢板军靴等 
防护手套	用于手部保护，主要有耐酸碱手套、电工绝缘手套、电焊手套、防 X 射线手套、石棉手套、丁腈手套等 

续表 1－1

类别	图示及内容
防护服	用于保护职工免受劳动环境中的物理、化学因素的伤害。防护服分为特殊防护服和一般作业服两类 
防坠落护具	用于防止坠落事故发生。主要有安全带、安全绳和安全网  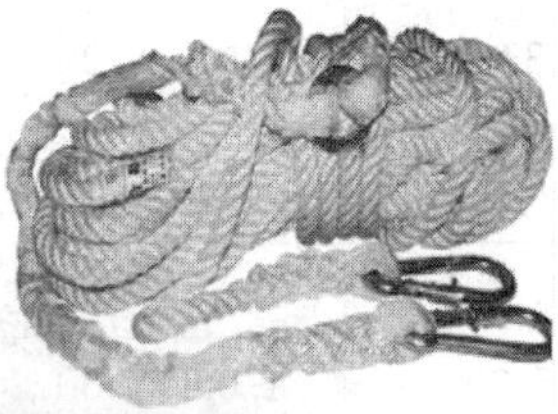 
护肤用品	用于外露皮肤的保护，分为护肤膏和洗涤剂

在目前各产业中，劳动防护用品都是必须配备的。根据实际使用情况，应按时间更换。在发放中，应按照工种不同进行分别发放，并保存台账。

进入施工区域，要注意消防安全。

注意逃生路线和安全出口的具体位置，如遇火灾、中毒、空中坠物等，要按疏散指示标志的方向或疏散到预先考虑的安全区域，以及现场工作人员的引导，正确、快速、有序地进行疏散和自救。

安全按事故类别分为十四类事故，即物体打击、车辆伤害、机械伤害、起重伤害、触电、灼烫、火灾、高处坠落、坍塌、透水、爆炸、中毒、窒息或其他伤害，这需要重点防范。

1.3.2 防火防爆

1. 防火、防爆一般知识

涂料及稀料绝大部分都是可挥发且易燃物质，在涂装过程中形成的漆雾，有机溶剂蒸气、粉尘等与空气混合、积聚到一定的浓度范围时一旦接触到火源，极易引起火灾，当达到一定浓度时甚至可以引发爆炸事故。

众所周知，火灾发生的必备条件为空气、可燃物、火源，三者缺一不可，空气无可避免，只有使可燃物与火源隔离，就可以有效地控制火灾的发生。

由于闪点、爆炸界限与涂料及其溶剂的沸点、挥发速率有关。现将常用涂料溶剂的闪点、爆炸界限、沸点及挥发速率列于表1－2。

表1－2 常用涂料溶剂的闪点和爆炸界限等参数

溶剂	闪点（℃）	爆炸界限（%）	沸点（℃）	自燃点（℃）	相对挥发速率（乙酸丁酯＝1）
石油醚	<0	1.40～5.90	30～120	—	—
200号溶剂汽油	33	1.00～6.20	145	—	0.18
苯	－11.10	1.40～21	200	562.20	5.00
甲苯	4.40	1.27～7.00	79.60	552	1.95
二甲苯	25.29	1.00～5.30	111.00	530	0.68
松节油	35	0.80	135	253.30	0.45
甲醇 乙醇	12 14	6.00～36.50	150 170	470 390.40	6.00 2.60
正丁醇	35.00	1.45～11.25	64.65	340	0.45
异丙醇	11.70	2.02～7.99	78.30	420	2.05
丙酮	－17.80	2.55～12.80	56.10	561	7.20
甲乙酮	－4	1.80～11.50	79.60	505	4.65
甲基异丁基酮	15	1.40～7.50	118.00	460	1.45
甲环已酮	44	1.10～8.10	155.00	420	0.25
乙酸乙酯	－4.00	2.18～11.40	77.00	425.50	5.25
乙酸丁酯	27	1.40～8.00	126.50	421	1.00
乙二醇乙醚	45	1.80～14.00	135.00	238	0.40
乙二醇丁醚	61	1.10～10.60	170.60	244	0.10

2. 防火和防爆安全注意事项

（1）留意消防设施器材及逃生设备的放置和使用方法，如遇火灾应正确使用，确保安全。

（2）消防安全“四个能力”：

1）扑救初起火灾能力，制定灭火和应急疏散预案；发生火情，员工按职责分工、有效处置。

2）消防火灾隐患能力，确定消防安全管理人；定期开展放火检查巡查；发现火灾隐患，及时消除。

3）宣传教育培训能力，半年组织一次消防安全培训；会使用器材、掌握自救技能；会查隐患、会扑救初起火灾、会组织疏散。

4）组织人员疏散逃生能力，掌握逃生技能；掌握逃生路线；掌握疏散程序。

（3）灭火器的使用，撕下小铅封［图1－2（a）］，再拔下保险销［图1－2（b）］，然后右手紧握压把，左手握住喷嘴［图1－2（c）］，对准火焰根部即可灭火，切忌颠倒喷射。

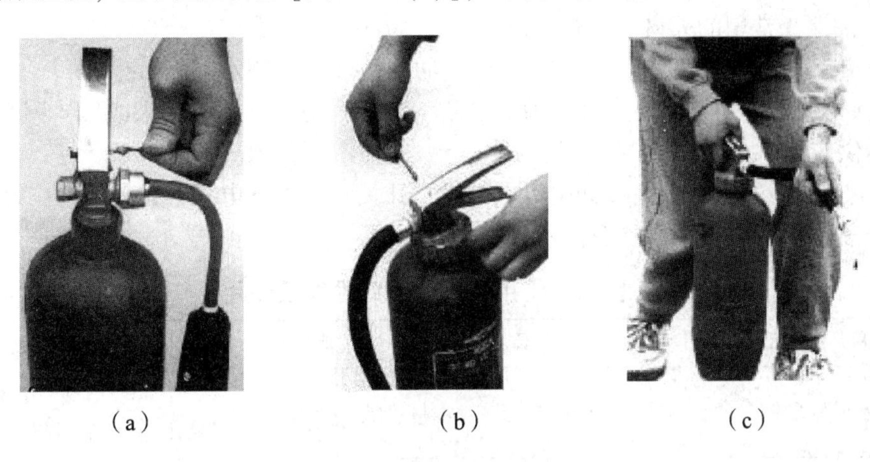

（a）　（b）　（c）

图1－2　灭火器的使用方法

（4）涂料施工中应注意所处场所的溶剂蒸发浓度不能超过上述规定的范围，贮存涂料和溶剂的桶应盖严，避免溶剂挥发。工作场所应有排风和排气设备，以减少溶剂蒸气的浓度。

（5）在有限空间内施工，除加强通风外，还要防止室内温度过高。

（6）施工现场严禁吸烟，不准携带火柴、打火机和其他火种进入工作场地。如必须生火，使用喷灯、烙铁、焊接时，必须在规定的区域内进行。

（7）施工中，擦涂料和被有机溶剂污染的废布、棉球、棉纱、防护服等应集中并妥善存放，特别是一些废弃物要存放在贮有清水的密闭桶中，不能放置在灼热的火炉边或暖气管、烘房附近，避免引起火灾。

（8）各种电气设备，如照明灯、电动机、电气开关等，都应有防爆装置。要定期检查电路及设备、绝缘有无破损，电动机有无超载，电器设备是否可靠接地等。

（9）在涂料施工中，尽量避免敲打、碰撞、冲击、摩擦铁器等动作，以免产生火花，引起燃烧。严禁穿有铁钉皮鞋的人员进入工作现场，不用铁棒启封金属漆桶等。

(10) 防止静电放电引起的火花，静电喷枪不能与工件距离过近，消除设备、容器和管道内的静电积累，在有限空间生产和涂装时，要穿着防静电的服装等。

(11) 防止双组分涂料混合时的急剧放热，要不断搅拌涂料，并放置在通风处。铝粉漆要分罐包装，并防止受潮产生氢气自燃等。在预热涂料时，不能温度过高，且不能将容器密闭，需开口，不用明火加热。

(12) 生产和施工场所，必须备有足够数量的灭火机具、石棉毡、黄沙箱及其他防火工具，施工人员应熟练使用各种灭火器材。

(13) 一旦发生火灾，切勿用水灭火，应用石棉毡、黄沙、灭火机（二氧化碳或干粉）等进行灭火，同时要减少通风量。如工作服着火，不要用手拍打，就地打滚即可熄灭。

(14) 大量易燃物品，应存放在仓库安全区内，施工场所避免存放大量的涂料、溶剂等易燃物品。

3. 灭火

(1) 油漆工常用的灭火方法有三种：

1) 固体燃料引起的燃烧（如木材、纸、布或垃圾）应用水扑灭。

2) 液体或气体引起的燃烧（如油、涂料、溶剂）应用泡沫、粉末或气体灭火器材切除氧气的供应。

3) 电气设备发生的火焰（如电机、电线、开关）用非导电灭火材料隔离扑灭。

(2) 常用灭火器材的性能及使用见表1-3。

表1-3 常用灭火器材的性能及使用

灭火器类型	平均有效范围	适用范围	禁止使用的范围
水或碳酸钠	4m	木材、纸、破布、喷灯	电气、油类、溶剂引起的火灾
泡沫	4m	液体、油、涂料	电气火灾
雾状泡沫或蒸汽状液体	4m	电气、汽油机或柴油发动机着火	封闭处的火灾
雾状泡沫气体（二氧化碳）	1m	电气及极易燃烧体	自身可产生气体的材料，如纤维素
干粉	2m	极易燃液体、电气，汽油或柴油发动机着火	
砂	—	隔离小火	
石棉毡	—	衣服着火、隔离小火	
烟雾剂	短距离	小火	

(3) 油漆工衣服燃烧后处理的方法如下：

1) 先使被烧者面向下躺卧，避免火焰烧到脸部。

2) 用水或其他非易燃液体扑灭火焰。

3）用毯子或衣物将人裹住，隔离空气直至火焰熄灭（不可使用尼龙或其他合成纤维包裹）。当只有一个人时，应在地面上滚动，用附近的可覆盖的物件灭火，不可乱跑。

1.3.3 防毒

1. 防毒一般知识

在涂料施工过程中，使用的溶剂和某些颜填料、助剂、固化剂等都是严重危害作业人体的有害物质。例如，苯类、甲醇、甲醛等溶剂的蒸气挥发到一定浓度时，对人体皮肤、中枢神经、造血器官、呼吸系统等都有侵袭、刺激和破坏作用。铅（烟、尘）、铬（尘）、粉尘、氧化锌（烟雾）、甲苯二异氰酸酯、有机胺类固化剂、煤焦沥青、氧化亚铜、有机锡等均为有害物质，若吸人体内容易引起急性或慢性中毒，促使皮肤或呼吸系统过敏。各种有害物质均有其特性，毒性也不一，在空气中有最高允许浓度，见表1－4。为保证操作者身体健康，必须靠排气或换气，来使空气中的溶剂等有害物质蒸气浓度低于最高允许浓度，达到确保长期不受损害的安全浓度。

表1－4 涂漆作业场所空气中有毒物质容许浓度

中文名	职业接触限值 OELs（mg/m^3）			备注
	最高容许浓度 MAC	时间加权平均容许浓度 PC－TWA	短时间接触容许浓度 PC－STEL	
乙醚	—	300	500	
二甲苯（全部异构体）	—	50	100	
二硫化碳	—	5	10	皮
多亚甲基多苯基多异氰酸酯	—	0.3	0.5	
三氧化铬、铬酸盐、重铬酸盐（按Cr计）	—	0.05	—	G1
丙酮	—	300	450	
甲苯	—	50	100	皮
1，3－丁二烯	—	5	—	
吡啶	—	4	—	
汞－金属汞（蒸汽）	—	0.02	0.04	皮
汞－有机汞化合物（按Hg计）	—	0.01	0.03	皮
环氧氯丙烷	—	1	2	皮，G2A
苯胺	—	3	—	皮
环已酮	—	50	—	皮

续表 1-4

中文名	职业接触限值 OELs（mg/m^3）			备注
	最高容许浓度 MAC	时间加权平均容许浓度 PC-TWA	短时间接触容许浓度 PC-STEL	
环己烷	—	250	—	
苯	—	6	10	皮，G1
苯乙烯	—	50	100	皮，G2B
氧化锌	—	3	5	
铅及其无机化合物（按 Pb 计）	—	—	—	G2B（铅），G2A（铅的无机化合物）
铅尘	—	0.05	—	
铅烟	—	0.03	—	
氯苯	—	50	—	
三氯乙烯	—	50	—	G2A
丙烯腈	—	1	2	皮，G2B
乙酸乙酯	—	200	200	
乙酸丁酯	—	200	200	
丙醇	—	200	200	
丁醇	—	100	—	
四氯化碳	—	15	25	皮，G2B
松节油	—	300	—	
其他粉尘	总尘 8	—	—	此处“其他粉尘”指游离 SiO_2 低于 10% 的粉尘

2. 防毒安全措施

（1）加强涂料施工场所的排气和换气，定期检查有害物质蒸气的浓度，确保空气中的蒸气浓度低于最高允许浓度，一般最高允许浓度是毒性下限值的 1/10 至 1/2。

（2）在涂料施工时，尽量少用或不用毒性较大的苯类、甲醇等溶剂作为稀释剂，可采用毒性较小的高沸点芳烃溶剂或新型绿色芳烃类溶剂替代。对某些有害的已是国际上禁用添加物质，尽量不选用或选用油害物质含量较低的涂料。

（3）在建筑物室内施工时，尽量选用绿色水性无溶剂涂料，如水性的高质量乳胶漆等品种进行涂装。不要使用含甲醛、有机溶剂类物质的涂料和胶粘剂。施工完成后，要经过一定时间，并开窗换气，待有害物质挥发完后，再进入使用期。

（4）涂料对人体的毒害，除呼吸道吸入之外，还可通过皮肤或胃的吸收而中毒，某

些毒物皮肤吸收的含量远远大于呼吸道的吸入量。因此尽量避免有害物质触及皮肤，同时应将外露皮肤擦上医用凡士林或专用液体防护油，禁止在生产和施工中吃东西。在作业时，应戴好防毒口罩和防护手套，穿上工作服，佩戴防护眼镜等。

（5）工作场所必须有良好的通风、防尘、防毒等设施，在没有防护设备的情况下，应将门窗打开，使空气流通。

（6）在罐、箱、船舱等密闭空间内的涂装工作人员应具有一定的资质和经验，应穿着防护服和使用防毒面具或送风罩，加强通风、换气量需每小时 20～30 回，并将新鲜空气尽可能送到操作人员面部，一般操作人员至少要有 2 人，并定期轮换人员。在进口处外面设置标志，并应有专人负责安全监护，随时与密闭空间操作人员保持联系，准备急救用具。

（7）对于毒性大、有害物质含量较高的涂料不宜采用喷涂、淋涂、浸涂等方法涂装。喷涂时，被漆雾污染的空气在排出前应过滤，排风管应超过屋顶 1m 以上。在喷漆室内操作时，应先开风机，后启动喷涂设备；作业结束时，应先关闭喷涂设备，后关风机。全面排风系统排出有害气体及蒸气时，其吸风口应设在有害物质浓度最大的区域，全面排风系统气流组织的流向应避免有害物质流经操作者的位置。

（8）注意某些对大漆、酚醛、呋喃树脂、聚氨酯涂料过敏的施工人员，重者会患皮肤过敏症。若皮肤已皲裂、瘙痒，可用 2% 稀氨水或 10% 碳酸钾水溶液擦洗，或用 5% 硫代硫酸钠水溶液擦拭，并应立即就诊治疗。对大漆过敏的人较多，可用改性漆酚代替大漆。接触大漆一段时期后，过敏症状会逐步减轻，将明矾和铬矾碾成粉末，用开水溶解，擦拭患处，也可洗澡时使用，需用温水洗涤，7 天可痊愈。在涂料生产和施工后，应到通风处休息，并多喝开水。

（9）禁止未成年人和怀孕期、哺乳期妇女从事密闭空间作业和含有机溶剂、含铅等成分涂料的喷涂作业。

1.3.4　防尘

灰尘主要来自基层处理和打磨，灰尘飘浮在空气中，被吸入呼吸道，会影响肺部功能，故应避免在有灰尘环境下作业。

清除灰尘不宜采用人工扫刷。有条件的要使用吸尘器，也可以采取湿作业。在有灰尘的环境下作业，要戴口罩、戴眼镜防护罩。

图 1－3　高处作业

1.3.5　防坠物打击

高处坠落，是建筑施工重点防范事项。凡在有可能坠落高度基准面 2m 以上（含 2m）高处进行涂饰，或安装门窗玻璃，均称高处作业。高处作业必须严格执行《建筑施工高处作业安全技术规范》JGJ 80—2016。要穿紧口工作服、脚穿防滑鞋、头戴安全帽，腰系安全带，如图1－3 所示。

室内作业使用人字梯规定：高度2m以下作业（超过2m按规定搭设脚手架）使用的人字梯应四脚落地，摆放平稳，梯脚应设防滑橡皮垫和保险拉链，如图1－4所示。

人字梯上搭铺脚手板，脚手板两端搭接长度不得少于200mm，脚手板中间不得同时两人操作，梯子挪动时，作业人员必须下来，严禁站在梯子上踩高跷式挪动。人字梯铰轴不准站人、不准铺设脚手板。

人字梯应经常检查，发现开裂、腐朽、榫头松动、缺档等不得使用。室内作业，需攀登时应从规定的通道上下，不得在阳台之间及非规定的通道攀登、翻越。上下梯子时，必须面对梯子，双手扶牢，不得手持物件攀登。

室内涂饰，应选用双梯（图1－5），两梯之间要系绳索固定角度，严禁站在双梯的压当上作业。

图1－4　人字梯

图1－5　双梯

室外作业，一定要先搭好脚手架，当使用吊篮作业时，一定要注意吊篮的安全性，多方面采取保护措施。禁止在阳台栏杆等处作业。外墙、外窗、外楼梯等高处作业时，应系好安全带。安全带应高持低用，挂在牢靠处。油漆窗户时，严禁站在或骑在窗栏上操作，刷封檐板或落水管时，应利用脚手架或在专用操作平台架上进行。刷坡度大于25℃的铁皮屋面时，应设置活动跳板、防护栏杆和安全网。

防坠物打击。在高处作业暂时不用的工具应装入工具袋（箱）。施工在垂直方向上下两层同时进行，应设置防护棚并应加护栏并警示行人注意。

1.3.6　防触电

大面积的涂饰工程和大工程量的门窗玻璃安装，越来越多的使用中、小型电动机具，应注意安全用电。

（1）选用手持电动工具，要根据作业环境决定。

（2）电动工具的分类：

Ⅰ类：适用于干燥作业场所。

Ⅱ类：适用于比较潮湿的作业场所。

Ⅲ类：适用于特别潮湿的作业场所和在金属容器内作业。

（3）使用电气设备，线路必须绝缘良好，必须按规定接零接地。工具使用前，应经专职电工检验接线是否正确，作业人员按规定穿戴绝缘防护用品（绝缘鞋、绝缘手套等）。

（4）发生有人触电，要首先关闭电源，再进行抢救。

2 油 漆 用 料

2.1 油漆的性能及用途

1. 清漆

清漆代号01，以树脂为主要成膜物质，分油基清漆和树脂清漆两类。油基清漆含有干性油，如钙酯清漆、酯胶清漆（T01－1）、酚醛清漆（F01－14）、醇酸清漆（C01－1）、硝基清漆（Q01－1）等。树脂清漆不含干性油，如虫胶清漆等。清漆是一种不含颜料的透明物质，常用的品种性能及用途见表2－1。

表2－1 常用清漆的性能及用途

品种	组成	性能	用途
酯胶清漆 T01－1	用干性油和甘油松香加热熬炼后，加入200号溶剂汽油或松节油作溶剂调配而成中长油度清漆	涂膜光亮、耐水性较好，但次于酚醛清漆。有一定的耐候性，但光泽不持久，干燥性较差	适用于木制家具、门窗、板壁的涂刷及金属表面的罩光
虫胶清漆 T01	将虫胶溶于乙醇配制	使用方便、干燥快、涂膜坚硬光亮、附着力较好，但耐水性和耐候性差，日光暴晒会丢失光，热水浸烫会泛白	木器罩光或油基清漆表面的再度上光及做封闭隔离层用
酚醛清漆（长油度）F01－14	松香改性酚醛树脂与干性油熬炼，加催干剂和200号溶剂汽油或松节油作溶剂制成	涂膜硬、光泽好、耐水、耐热、耐弱酸碱	室内外木质面（可显出木质底色和木纹）和金属面的涂饰
酚醛清漆（中油度）F01－14	松香改性酚醛树脂与顺丁烯二酸酐树脂、干性油熬炼，加催干剂和200号溶剂汽油制成	比长油度酚醛清漆干燥稍快、硬度稍高、耐沸水杯烫不发黏，但耐候性稍差	室内外木质面（可显出木质底色和木纹）和金属面的涂饰
酚醛清漆（短油度）F01－14	松香改性酚醛树脂与桐油为主的干性油熬炼，加催化剂和200号溶剂汽油制成	涂膜干燥较快、光亮、坚硬、耐水，但较脆、易泛黄	室内不常碰撞的木质表面

续表 2－1

品种	组成	性能	用途
硝基木器清漆 Q22－1	由硝化棉、油改性醇酸树脂、松香甘油酯、增韧剂及挥发性溶剂组成	涂膜光泽好、坚硬可打磨、但耐候性差，可喷涂亦可刷涂或擦涂施工	高级建筑室内木质面和高级木器面的透明涂装
硝基清漆 Q01－1	由硝化棉、醇酸树脂、增韧剂组成，挥发部分由脂、醇、苯组成	涂膜具有良好的光泽与耐久性，宜喷涂施工	高级建筑室内木质面的透明装饰
醇酸清漆（长油度）C01－1	用干性油改性季戊四醇醇酸树脂，溶于松节油或200号溶剂汽油与二甲苯的混合溶剂中，加催干剂制成	耐气候性优异，比同类油性涂料高出1倍以上，涂抹韧性好、附着力强，缺点是光泽不强，装饰性和三防性不是很好	做室外建筑物木质面或钢铁面面漆
醇酸清漆（中油度）C01－1	用干性油改性的中油度醇酸树脂，溶于松节油或200号溶剂汽油与甲二苯的混合溶剂中，加催干剂制成	在建筑涂料中使用广泛，装饰性好，涂膜具有较高的硬度和柔韧性，附着力、耐久性、光泽度比酯胆清漆和酚醛清漆好，但耐水性次于酚醛清漆	中、高级建筑室内外木质、金属面的涂装
丙烯酸清漆 B01－3	甲基丙烯脂与丙烯酸酯的共聚树脂	可常温下干燥、具有良好的耐候性、耐光性、耐热性、防毒性及附着力，但耐汽油性较差	喷涂经阳极化处理的铝合金表面、高级木面装饰
环氧沥青 H01－4	环氧树脂、煤焦沥青、有机溶剂、固化剂等（双组分）	涂膜坚牢、耐着力好，有良好的耐潮和防腐性能	地下管道、贮槽及需抗潮、抗腐的金属和混凝土表面的涂覆
过氯乙烯清漆 G01－5	过氯乙烯树脂、五氯联苯增韧剂、酮、苯脂类溶剂	干燥快、颜色浅、耐酸、碱、盐性好，但附着力较差	在建筑上用于木材表面涂装、作防火、防腐、防毒用或化工设备、管道的防腐蚀用

续表 2－1

品种	组成	性能	用途
沥青清漆 L01－6	由石油沥青、芳烃溶剂加工而成	有良好耐水、防腐性，机械强度低，耐候性差	容器、管道内表面的涂刷
黑沥青漆 L01－13	由天然沥青、石油沥青、石灰松香、干性植物油炼制而成	漆膜干燥快、光泽好、有良好耐水、防腐性、防化学性能，机械强度低、耐候性差	用作不受阳光直接照晒的金属及木材表面

2. 色漆

与清漆相对，凡是漆中带颜色、不透明的均属于色漆。包括厚漆、调和漆、磁漆等。

（1）厚漆。厚漆代号 02，又名铅油，是用颜料与干性油混合研磨而成，呈厚浆状，需加清油溶剂搅拌后使用。这种漆遮盖力强，与面漆的粘结性好，广泛用作罩面漆前的涂层打底，也可单独作面层涂刷，但漆膜柔软，坚硬性稍差。厚漆也可用来调配色漆和腻子。

（2）调和漆。调和漆代号 03，是能作面漆一类的色漆。原意为已经调和处理，开桶后不必添加任何材料即可涂刷，是相对于不能开桶即用的厚漆而命名的。调和漆内含填料较多，分油性和磁性两类。

油性调和漆以干性油和颜料研磨后，加入催干剂和溶剂调配而成。这种漆附着力好，不易脱落、龟裂、松化，经久耐用，但干燥较慢，漆膜较软，适于室外饰面的涂刷。

磁性调和漆是用甘油松香脂、干性油与颜料研磨后加入催干剂、溶剂配制而成。这种漆干燥性较油性调和漆好，漆膜较硬、光亮、平滑，但抗气候变化的能力较油性调和漆差，易失光、龟裂，故用于室内较为适宜。该漆又称为酯胶调和漆。如 T03－82 为各色无光酯胶调和漆（原称磁性平光调和漆）。T03－3 为各色钙酯调和漆（原称大红酚醛内用磁漆）。T03－64 为各色酯胶半光调和漆。

常用调和漆种类、性能、用途见表 2－2。

表 2－2　常用调和漆种类、性能、用途

名称	组成	性能	作用
各色酚醛调和漆 F03	松香改性酚醛树脂与以干性植物油为主进行熬炼，与体质颜料研磨，加入催干剂、溶剂等制成	干燥快、光亮、平滑、漆膜坚韧（天气过冷时可适当再加入催干剂后使用）	室内外木质面、金属面和砖墙、水泥墙面的涂饰

续表 2－2

名称	组成	性能	作用
各色醇酸调和漆 C03	用松香、干性植物油及合成脂肪酸改性醇酸树脂，加颜料、体质颜料及催干剂、有机溶剂调配制成	做室内外一般金属、木质面涂装	耐候性好，常温下干燥，附着力好，光泽度比酚醛调和漆好
各色酯胶调和漆 T03	用甘油松香酯、干性植物油与各色颜料研磨后加入催干剂，并以 200 号溶剂汽油及松节油作溶剂调配而成	干燥性比油性调和漆好，涂膜较硬，光亮平滑。耐气候变化能力较油性调和漆差，易失光、龟裂	适用于室内一般木质、金属物件表面的保护和装饰
各色钙酯调和漆 T03	以石灰松香酯为主，加入部分改性酚醛树脂、干性油与颜料研磨后，再加入催干剂及 200 号溶剂汽油制成	涂膜干燥较快、平整光滑，但耐候性差	只宜做室内木材、金属表面装饰保护用

（3）磁漆。磁漆代号 04，是色漆的一种。它是以清漆为基础，加入各种颜料等研磨制得的黏稠状液体，漆膜光亮、平整、细腻、坚硬，外观类似于陶瓷或搪瓷。根据使用要求可在磁漆中加入不同剂量的消光剂，能制得半光或无光磁漆。在建筑行业及其他工业部门广泛用作装饰面漆。磁漆的品种极多，所用的树脂与相应的清漆基本相似，以其主要成膜物质命名。常用的品种有：F04－1 原称特酯胶磁漆，常温下干燥，具有良好的附着力，光泽好，色彩鲜艳，但耐候性较醇酸磁漆差；F04－89 为各色无光酚醛磁漆，又称水陆两用漆，常温下干燥，漆膜坚韧，耐水、耐候性及耐化学性均比 F04－1 酚醛磁漆好，用于要求防潮或干湿交替的金属或木质表面；丙醇酸磁漆，在耐光、耐磨、坚韧性方面比酚醛磁漆好，适用于高级建筑的金属、木装修和家具的表面装饰。

部分常用磁漆性能、用途见表 2－3。

表 2－3　部分常用磁漆性能、用途

名称	组成	性能	作用
各色酚醛磁漆 F04－6	由长油度松香改性酚醛漆料、颜料、体质颜料，加催干剂及 200 号溶剂汽油制成	色彩鲜艳、光泽好，具有良好的附着力	较高级建筑的室内外木材金属表面

续表 2 – 3

名称	组成	性能	作用
各色酚醛无光和半光磁漆 F04	由中油度或短油度松香改性酚醛漆料、季戊四醇香酯、颜料、体质颜料，加催干剂及 200 号溶剂汽油制成	色彩鲜艳、具有良好的附着力。无光或半光	较高级建筑的室内外木材金属表面，该漆用喷涂施工较好
各色醇酸磁漆 C04	由中油度醇酸树脂或酚醛改性醇酸树脂与颜料研磨后，加适量催干剂及有机溶剂调配制成	涂膜平整光滑、坚韧，机械强度、光泽性、保光性、保色性、耐气候件均优于酚醛磁漆，常温下干燥快，耐水性次于酚醛漆。酚醛树脂改性的醇酸磁漆颜色鲜艳，耐油，耐汽油，耐热好	高级建筑室内外木质、金属面的涂装
各色过氯乙烯磁漆 G04 – 2	过氯乙烯树脂、醇酸树脂、颜料、填充料及苯、酯、酮类溶剂	透气性好，耐化学腐蚀，干燥快，光泽柔和	适用于建筑工程中防化学腐蚀的室内、外墙壁表面
各色硝基外用磁漆 Q04 – 2	由硝化棉、季戊四醇醇酸树脂、各色颜料、增韧剂、溶剂组成	干燥迅速，涂膜平整光滑、耐候性好、可用砂蜡打磨。底漆应为硝基底漆，并以喷涂为主	室外木质面及金属面的涂饰
各色硝基内用磁漆 Q04 – 3	由硝化棉、醇酸树脂等合成树脂、各色颜料、增韧剂、溶剂组成	干燥快，光泽较好，耐候性差，漆膜不宜用砂纸打磨，以喷涂为主	室内木质、金属面的涂装
各色硝基半光磁漆 Q04 – 62	由硝化棉、醇酸树脂等合成树脂、各色颜料、体质颜料、增韧剂、溶剂组成	干燥快、漆膜反光性不大、光泽柔和，但耐久性较差，宜喷涂，应采用硝基底漆	室内木质、金属面要求半光的涂装
沥青铝粉磁漆 L04 – 2	由石油沥青、干性植物油、铝粉、催干剂、溶剂组成	有良好附着力，耐水、防腐、防化学性较好，耐候性较好	用作室外金属面的涂刷
各色环氧磁漆 H04 – 1、H04 – 9	由环氧树脂胶、体质颜料、固化剂等（双组分）组成	漆膜坚硬，附着力好，耐化学性、耐腐蚀、耐碱性好	化工设备、贮槽及需抗腐蚀的金属和混凝土的涂覆

3. 底漆

底漆代号06，是直接涂施于物体表面的第一层涂料，作为面层涂料的基础。底漆涂层应对基层有良好的附着力，并与面层涂料结合牢固，与面层涂料互相适应。根据施工对象，底漆又分为金属表面底漆、木材表面底漆、混凝土或抹灰面底漆。

在工程中常用的底漆品种有天然树脂底漆，如T06－6各色酯胶二遍底漆、T06－5铁红酯胶底漆、灰酯胶底漆，用于填平腻子面上的孔隙及打磨后的纹道。还有酚醛树脂底漆，如F06－1、F06－8、F06－9，都具有良好的附着力和防锈性，适用于钢铁、铝合金表面。F06－B含粉料多，易打磨，用于填平底漆及腻子表面上的棕眼、擦纹等不平之处，亦可供各种浅色面漆的打底。醇酸树脂底漆，如L06－10即醇酸二遍底漆、L06－32醇酸烘干漆，用于镁及铝合金等轻金属物件表面打底防锈。硝基底漆，如Q06－4、Q06－5，用于硝基磁漆面层的打底。

各类常用底漆性能和用途见表2－4。

表2－4 常用底漆性能、用途

名称	组成	性能	作用
各种环氧树脂底漆 H06－2、H06－4、H06－19、H53－1	环氧树脂、改性植物油、防锈颜料、体质颜料、固化剂等（双组分）	漆膜坚硬、附着力好，耐水、防腐、耐磨性均好	不同品种分别适用于黑色金属表面或轻金属表面打底用
各色酚醛底漆 F06－	与酚醛磁漆相同	漆膜坚硬，干燥快，遮盖力强，附着力好，具耐硝基漆性能	用作打底或中间涂层、金属面底漆
各色硝基底漆 Q06－4	由硝化棉、醇酸树脂、松香甘油酯、颜料、体质颜料、增韧剂、溶剂组成	附着力强，覆盖力强，有防锈性能，宜喷涂	各种硝基漆配套的底漆
各色过氯乙烯底漆 G06－4	与过氯乙烯磁漆相似	有一定的防腐性及耐化学性能，但附着力不太好	适于木材、钢铁表面打底用，与过氯乙烯面漆、腻子配套使用
各色过氯乙烯二遍漆	过氯乙烯树脂、醇酸树脂、颜料、填充料、有机溶剂	有较好的打磨性、宜喷涂、能增加面漆的附着力及丰满度	用于过氯乙烯腻子及底漆的中间层
铁红醇酸底漆 C06－1	用干性植物油、改性醇酸树脂，加入铁红、体质颜料、催干剂、有机溶剂混合研磨而成	附着力好，有一定的防锈性能，与硝基、醇酸等面漆结合力好	室内外黑色金属面作打底防锈之用

4. 地板漆

常用的几种地板漆的性能与用途见表2-5。

表2-5 几种地板漆的性能与用途

类别	型号	名称	曾用名称	性能	用途
天然树脂漆	T08-1	钙酯地板漆	地板清漆	漆膜干燥迅速，光亮，有一定耐磨度和硬度	室内木质地板涂装，使用量为40~50g/m^2
	T80-2	各色酯胶地板漆	紫红地板漆	耐磨性好，有一定的硬度的耐水性	用于涂刷地板，使用量为150g/m^2
酚醛树脂漆	F80-1	酚醛地板漆	306紫红地板漆、铁红地板漆	涂膜坚硬、平整光亮、耐水及耐磨性较好	适宜涂装木质地板或钢质甲板，使用量为100g/m^2
聚氨酯漆	S01-5	聚氨酯清漆（分装）	—	附着力好，涂膜光亮、坚硬、耐磨性优异，耐水、耐油、耐碱	用于涂装甲级木质地板及混凝土地面

5. 防锈漆

防锈漆代号53，有油性防锈漆和树脂防锈漆两类。油性防锈漆是以干性油、各种防锈颜料及体质颜料经混合研磨后，加入溶剂、催干剂制成。其特点是油脂的渗透性、润湿性较好，漆膜经充分干燥后附着力、柔韧性好，对于被涂物表面处理不像树脂防锈漆那样要求严格。防锈漆中红丹油性防锈漆（Y53-31）一直被认为是黑色金属优良的防锈涂料。但干燥较慢，漆膜软，目前已被其他防锈漆所取代。

树脂防锈漆以各种树脂作主要成膜物质，有红丹醇酸防锈漆（C53-31）、红丹酚醛防锈漆（F53-31）。

一般的防锈漆对轻金属（如铝）等是不适宜的，轻金属的打底防锈最好用锌黄醇酸防锈漆（C53-34），该漆属于锌黄防锈漆的一种，锌黄防锈漆是以锌铬黄为主要防锈颜料的防锈漆的简称，俗称黄丹漆。锌铬黄的主要成分是铬酸锌、铬酸钾和含结晶水的氢氧化锌。锌铬黄属于铬酸盐防锈颜料。它在工业气氛中的防锈效果不太理想，所以常配合氧化锌一起使用，也可与溶解度较低的铁黄配合使用，以避免漆膜起泡，从而提高防锈效果。可与油基、醇酸、酚醛、环氧树脂等漆料配制成锌黄防锈漆。

锌黄中的铬酸锌能与铁结合生成铬酸铁覆盖于钢铁表面而达到防锈效果。防锈能力不比红丹防锈漆差。它可用于红丹漆无法涂装或不宜涂装的地方，广泛地用作钢铁表面的可焊接底漆或预涂底漆，同时大量地用作铝、镁合金等轻金属的防锈涂装。

部分防锈漆的组成、性能及用途见表2-6。

表 2－6 部分防锈漆的组成、性能及作用

名称	组成	性能	作用
红丹酯胶防锈漆	用脂胶漆料与少量红丹、体质颜料研磨，加入催干剂及有机溶剂制成	干燥性比红丹油性防锈漆好，但耐久性差，不宜暴露在大气中，必须用适当面漆覆盖	作室内外钢铁构筑物的打底用
锌灰酯胶防锈漆	以氧化锌为主，加入部分颜料、体质颜料与酯胶漆料混合研磨，加入催干剂和有机溶剂制成	耐候性较一般调和漆强，干燥性比油性防锈漆好，机械强度较高，但耐水性、耐化学腐蚀、耐汽油及溶剂性差	涂装已经用红丹或铁红防锈漆打底的室内外金属结构，可作防锈底漆，也可作防锈面漆
红丹醇酸防锈漆 C53－31	由红丹、体质颜料与醇酸树脂、催干剂、有机溶剂混合研磨而成。红丹用量不低于60%	涂膜坚韧，具有良好的防锈性能，干燥性、附着力比油性红丹防锈漆好 此底漆干后应及时涂刷面漆	室内外黑色金属的打底防锈用
红丹酚醛防锈漆 F53－31	长油度松香改性酚醛树脂漆料，山松香甘油酯加红丹、体质颜料、催干剂制成	防锈性、附着力好，机械强度较高，耐水性较油性防锈漆和醇酸防锈漆好，干燥性较油性防锈漆好。缺点是易沉降、有一定毒性、不宜喷涂、价格较一般防锈漆高	室内外钢铁表面作防锈打底用

6. 特种油漆

当建筑上有特殊功能要求时，可选用相应编号的油漆，如 50 为耐酸漆，51 为耐碱漆，52 为防腐漆，55 为耐水漆，60 为防火漆，61 为耐热漆，80 为地板漆等。

特种油漆性能、用途见表 2－7。

表 2－7 特种油漆性能、用途

名称	组成	性能	作用
沥青耐酸漆 L50－1	石油沥青、干性植物油、催干剂、溶剂等	有良好附着力、耐硫酸腐蚀	需防止硫酸腐蚀金属表面
过氯乙烯防腐清漆 G52－2	过氯乙烯树脂、增韧剂、酯、酮、苯类溶剂	干燥快，有优良的防化学侵蚀性，耐无机酸、盐、碱类及煤油等侵蚀，但附着力较差	用来浸渍木质物件，具有良好的防火、防霉、防潮及防腐蚀性

续表 2 -7

名称	组成	性能	作用
各色过氯乙烯防腐漆 G52 -31	过氯乙烯树脂颜料、五氯联苯增韧剂及酯、酮、苯类溶剂	干燥快、涂膜平整光滑，具有良好的耐酸碱性	用于建筑物内、外墙面的防腐蚀
氯丁橡胶漆	由二烯聚合而成，有单组分和双组分之分	耐水、耐磨、耐晒、耐碱、耐高温可达93℃，低温可达 -40℃，对金属、木材、水泥有良好附着力 缺点：有颜色变深倾向，不适宜制造白漆或浅色漆	制作防腐漆可涂饰在金属、木材、水泥面上，对地下或有腐蚀性介质及潮湿环境下的物面起保护作用
防霉无毒环氧涂料 H55 -（分腻子、底漆、中间层漆、面漆）	改性胺纯环氧树脂、体质颜料、固化剂等（双组分）	漆膜较硬、耐腐蚀、无毒、防霉	可用于金属及混凝土表面需清洁、防霉的面层涂覆及食用饮料贮罐、饮水管道内壁和外壁的涂覆
丙烯酸防火漆 B60 -70	丙烯酸树脂，合成树脂乳液等	防火性能较好，无毒无污染，装饰性能好	用于室内木结构、木装修防火装饰
环氧地面涂料 H80（分腻子、底漆、中层漆、面漆）	环氧树脂胶、体质颜料、固化剂等（双组分）	漆膜坚韧、耐磨、耐腐蚀、耐油、耐水、耐热、抗冲击，并有一定韧性	各种需耐腐蚀及耐化学性能的地面用
氯化橡胶漆	由天然橡胶经深度氯化加入树脂颜料及多种添加剂制成	除与其他含氯树脂有许多类似性能外，还具有以下优点： 1）耐化学性及耐水性好； 2）涂膜坚韧、耐磨、保色性好且附着力好； 3）耐燃性好，固体含量高，有优异的绝缘性和防霉性。 缺点：对强硝酸、浓醋酸、28%氢氧化铵溶液和动植物脂肪酸不能抵抗。在高温下会失去附着力而损坏	潮湿环境的混凝土、砖石面及游泳池的涂料，用于保护钢铁、镀锌面的底漆或面漆

续表 2－7

名称	组成	性能	作用
丁苯橡胶漆	由丁二烯与苯乙烯的共聚物制成	涂膜透明、无味、无臭、无毒，耐酸碱、醇、水、动植物油、洗涤剂，涂膜干燥快	用作砖石、混凝土面的外用涂料和室内水泥地面涂料
丙苯橡胶漆	丙乙烯与丙烯酸的共聚物树脂	涂膜坚韧、耐摩擦性、遮盖力强，对各种物面黏附性好，与氯化橡胶相比最大的优点是能溶于价廉的石油溶剂中	用作室内外砖石、混凝土面的防水涂料
丙烯酸木器漆 B22－5	甲基丙烯酸酯、改性醇酸树脂、甲苯溶液（双组分）	漆膜丰满光亮、耐水、耐热、耐磨、耐油，可进行抛光、打蜡。表面美观	高档木器家具及木装饰表面涂刷
丙烯酸文物保护漆	甲基丙烯酸树脂、聚乙烯醇缩丁醛树脂、乙醇	淡黄色透明液体，附着力强，耐热、耐水、耐候性较好，不起泡，不变色	涂刷于需保护的文物表面，如碳化物、陶器、砖、瓦、壁画及古建筑等
丙烯酸路线漆 B86－1	丙烯酸树脂、有机溶剂、颜料等	耐磨、耐候、耐碱、耐溶剂性均好	水泥路及沥青路面上画线使用
银色有机硅耐热漆 W61－1	有机硅树脂、羟基丙烯酸树脂，酯类、酮类、苯类溶剂。使用时加铝粉	耐 300～350℃高温。在高温下表干，颜色为银灰色	用于烟囱、高温设备等表面的涂刷
草绿色有机硅耐热漆 W61－24	有机硅树脂、乙基纤维、氧化铬绿体质颜料，加混合剂	耐 400℃高温，颜色为草绿色	用于烟囱、高温设备等表面的涂刷
500 号～800 号有机硅耐高温漆	以环氧改性有机硅树脂、耐高温颜料、玻璃料、助剂、氨基树脂及有机溶剂制成	耐高温在 500℃、600℃及 800℃不等（200h）。颜色有银灰、银红、绿色等	用于烟囱、高温设备等表面的涂刷

7．稀释剂

各类油漆在施工中一般均加入稀料加以稀释。稀释剂是根据它对主要成膜物质的溶解力、对漆膜形成的影响，自身的挥发速度等因素选用，还要符合环保要求。分为成品稀释剂和自配稀释剂。常用成品稀释剂见表2－8；自配稀释剂配方见表2－9。

表2－8　常用成品稀释剂

名称	曾用名称	型号	性能及作用
硝基漆稀释剂	甲级天那水 甲级香蕉水	X－1	可稀释硝基底漆、磁漆和清漆，稀释效果高于X－2，低于X－20
	乙级天那水 乙级香蕉水	X－2	稀释效果低于X－1，用于质量要求不高的硝基漆或洗涤硝基漆的施工工具
	特级香蕉水	X－20	溶解力强，稀释效果比X－1好，挥发性较X－1稍慢。防白性好，特别是当湿度大于70%或室温高于35℃和低于20℃时更显示其优点，但价格较X－1高
	500号稀释剂	X－22	供稀释用，但挥发快、易泛白
醇酸漆稀释剂	醇酸漆稀料	X－6	供各种中、长度醇酸清漆、磁漆作稀释用，也可用于油基漆
过氯乙烯漆稀释剂	甲级 过氯乙烯 稀释剂	X－3	挥发速度适当。稀释能力好，效果比X－23强，用来稀释各种过氯乙烯清漆、磁漆、底漆、腻子
	乙级过氯乙烯 稀释剂	X－23	具有一定稀释力，但较X－3差，供要求不高的过氯乙烯磁漆、底漆、腻子、稀释用及清洗施工工具用
氨基漆稀释剂	—	X－4	溶解性良好，供稀释氨基漆和短油度醇酸漆用
丙烯酸漆稀释剂	—	X－5	溶解性良好，挥发速度适中，除供丙烯酸漆稀释外，也可稀释硝基漆
环氧漆稀释剂	—	X－7	具有较强的溶解性，可稀释环氧清漆、磁漆、防腐漆、底漆及腻子
聚氨酯漆稀释剂	—	X－10	具有较强的稀释能力，专用于聚氨酯漆
	—	X－11	具有良好的稀释、溶解性能，专用于501－2、504－2、506－2、507－1的聚氨酯清漆、磁漆、底漆及腻子
有机硅漆稀释剂	—	X－12	供W61－1磁漆、W06－1底漆和W07－1腻子稀释用

表2-9 自配稀释剂配方

<table>
<tr><th>涂料名称</th><th>选用稀释剂</th></tr>
<tr><td>油基漆</td><td>选200号溶剂汽油或松节油，如涂料树脂含量较高，需将两者按一定比例混合使用或添加二甲苯</td></tr>
<tr><td>醇酸树脂漆</td><td>长油度：200号溶剂汽油
中油度：200号溶剂汽油和二甲苯按1∶1混合使用
短油度：二甲苯</td></tr>
<tr><td>硝基漆</td><td>由酯、酮、醇和芳香烃类溶剂组成。配方如下（按重量%）：
<table>
<tr><th>配比
组分</th><th>（一）</th><th>（二）</th><th>（三）</th><th>（四）</th></tr>
<tr><td>醋酸丁酯</td><td>25</td><td>18</td><td>20</td><td>—</td></tr>
<tr><td>醋酸乙酯</td><td>18</td><td>14</td><td>20</td><td>—</td></tr>
<tr><td>丙酮</td><td>2</td><td>—</td><td>—</td><td>—</td></tr>
<tr><td>丁醇</td><td>10</td><td>10</td><td>16</td><td>10</td></tr>
<tr><td>甲苯</td><td>45</td><td>50</td><td>44</td><td>10</td></tr>
<tr><td>酒精</td><td>—</td><td>8</td><td>—</td><td>64</td></tr>
<tr><td>乙基溶纤剂</td><td>—</td><td>—</td><td>—</td><td>16</td></tr>
</table>
配方（四）为硝基木器清漆用</td></tr>
<tr><td>过氯乙烯漆</td><td>由酯、酮、苯等溶剂混合而成，可用价格较低的甲醛酯和120号汽油代替毒性大的纯苯。配方如下（按重量%）：
<table>
<tr><th>配比
组分</th><th>（一）</th><th>（二）</th><th>（三）</th></tr>
<tr><td>醋酸丁酯</td><td>20</td><td>38</td><td>30</td></tr>
<tr><td>丙酮</td><td>10</td><td>12</td><td>25</td></tr>
<tr><td>甲苯</td><td>65</td><td>—</td><td>—</td></tr>
<tr><td>环已酮</td><td>5</td><td>—</td><td>—</td></tr>
<tr><td>二甲苯</td><td>—</td><td>50</td><td>45</td></tr>
</table></td></tr>
<tr><td>环氧漆</td><td>由环已酮、二甲苯等溶剂组成。配方如下（按重量%）：
<table>
<tr><th>配比
组分</th><th>（一）</th><th>（二）</th><th>（三）</th></tr>
<tr><td>环已酮</td><td>10</td><td>—</td><td>—</td></tr>
<tr><td>丁酮</td><td>30</td><td>30</td><td>25</td></tr>
<tr><td>二甲苯</td><td>60</td><td>70</td><td>75</td></tr>
</table>
环氧清漆可用甲苯∶丁醇∶乙二醇乙醚=1∶1∶1
环氧磁漆可用甲苯∶丁醇∶乙二醇乙醚=7∶2∶1</td></tr>
</table>

续表 2－9

<table>
<tr><th>涂料名称</th><th>选用稀释剂</th></tr>
<tr><td>氨基漆</td><td>
<table>
<tr><th>配比
组分</th><th>（一）</th><th>（二）</th><th>（三）</th></tr>
<tr><td>二甲苯</td><td>50</td><td>80</td><td>80</td></tr>
<tr><td>丁酮</td><td>50</td><td>20</td><td>10</td></tr>
<tr><td>醋酸丁酯</td><td>—</td><td>—</td><td>10</td></tr>
</table>
</td></tr>
<tr><td>聚氨酯漆</td><td>由无水二甲苯及酮或酯类溶剂组成，不可使用醇类溶剂。配方如下（按重量%）
<table>
<tr><th>配比
组分</th><th>（一）</th><th>（二）</th></tr>
<tr><td>无水二甲</td><td>50</td><td>70</td></tr>
<tr><td>无水环已酮</td><td>50</td><td>20</td></tr>
<tr><td>无水醋酸丁酯</td><td>—</td><td>10</td></tr>
</table>
</td></tr>
<tr><td>沥青漆</td><td>可选用 200 号煤焦溶剂、200 号溶剂汽油或二甲苯，有时可加入些丁醇，加入少量煤油可改善其流平性</td></tr>
<tr><td>大漆</td><td>可用松节油、二甲苯、甲苯、200 号溶剂汽油等，用量为原漆的 30% 左右</td></tr>
<tr><td>虫胶漆</td><td>95% 浓度的酒精</td></tr>
</table>

8. 各类油漆的特点

在如此多的油漆中，如何根据它们各自的特点正确使用，可参考表 2－10。

表 2－10 各类油漆的特点

油漆种类	优　　点	缺　　点
油脂漆	耐候性良好，涂刷性好，可内用和外用，价廉	干燥慢，机械性能不高，漆膜水膨胀性大，不能打磨抛光
天然树脂漆	干燥快，短油度漆膜坚硬，易打磨；长油度柔韧性及耐候性较好	短油度的耐候性差，长油度的不能打磨抛光
酚醛漆	干燥快，漆膜坚硬，耐水，耐化学腐蚀，能绝缘	漆膜易泛黄、变深，故很少生产白色漆
沥青漆	耐水、耐酸、耐碱、绝缘，价廉	颜色黑，没有浅、白色漆，对日光不稳定，耐溶剂性差

续表 2－10

油漆种类	优　　点	缺　　点
醇酸漆	漆膜光亮，施工性能好，耐候性优良，附着力好	漆膜较软，耐碱性、耐水性较差
氨基漆	漆膜光亮、丰满，硬度高，不易泛黄，耐热、耐碱，具有良好的附着力	需加温固化，烘烤过度漆膜会泛黄、发脆，不适用于木质表面
硝基漆	干燥快，耐油，坚韧耐磨，耐候性尚好	易燃，清漆不耐紫外光，能在60℃以上温度下使用，固体分低
纤维素漆	耐候性好，色浅，个别品种耐碱、耐热	附着力、耐潮件较差，价格高
过氯乙烯漆	耐候性好，耐化学腐蚀，耐水、耐油、耐燃	附着力、打磨、抛光性能较差，不耐70℃以上温度，固体分低
乙烯树脂漆	柔韧性好，色浅，耐化学腐蚀性优良	固体分低，清漆不耐晒
丙烯酸漆	漆膜光亮、色浅、不泛黄，耐热、耐化学药品、耐候性优良	耐溶剂性差，固体分低
聚酯漆	漆膜光亮，韧性好，耐热、耐化学药品	不饱和聚酯干性不易掌握，对金属附着力差，施工方法复杂
环氧漆	附着力强，漆膜坚韧，耐碱，绝缘性能好	室外使用易粉化，保光性差，色泽较深
聚氨酯漆	漆膜坚韧、耐磨、耐水、耐化学腐蚀，绝缘性能良好	喷涂时遇潮湿易起泡，漆膜会粉化、泛黄，有一定毒性
有机硅漆	耐高温、耐化学性好，绝缘性能优良	耐汽油性较差，个别品种漆膜较脆，附着力较差
橡胶漆	耐酸、碱腐蚀，耐水、耐磨、耐大气性好	易变色，清漆不耐晒，施工性能不太好

2.2　油漆的调配

市场出售的油漆和涂料虽然品种很多，大多数是基本色，但并不能完全满足各种工程的需要，这时需要进行调配。调配油漆时，必须注意不同性质的油漆不能互相配兑，否则会引起离析、沉淀、浮色，甚至报废，造成浪费。

有些产品出厂时是半成品，由于气候和施工条件的变化，需要调整油漆或涂料的稠度和干燥速度；许多粉刷材料需要临时随配随用；还有一些双组分材料需要临时组兑；有些腻子、填充料、着色剂等也需要临时配制。所以，配料在油漆工程中是一项非常重要工作，会直接关系到涂饰面层的质量、涂膜的耐久程度及材料的节约等。

2.2.1 颜色的调配

要根据设计要求，先配制各种颜色样板，经研究审定后才能开始配料。

调配颜色时首先要了解清楚各种涂料的性能，以便混合后不致发生不良反应，其次要抓住各类颜色的不同特征，掌握颜色中所含主、次颜料颜色及其数量的规律。并应注意一次调足使用数量，将次色和副色慢慢间断地掺入主色。颜料要由浅至深徐徐加入，切忌过量。通常留出一半作为备用，万一配过头可往里加入，重新仔细调配。

用红、黄、蓝、白、黑这五种基本颜色可以调配出各种颜色。其中，红、黄、蓝为三原色，两种原色混合就可得到复色。从图 2－1 中颜料拼色法可以知道蓝黄相加成绿，黄红相加成橙，红蓝相加成紫，红、黄、蓝相加可成黑色。

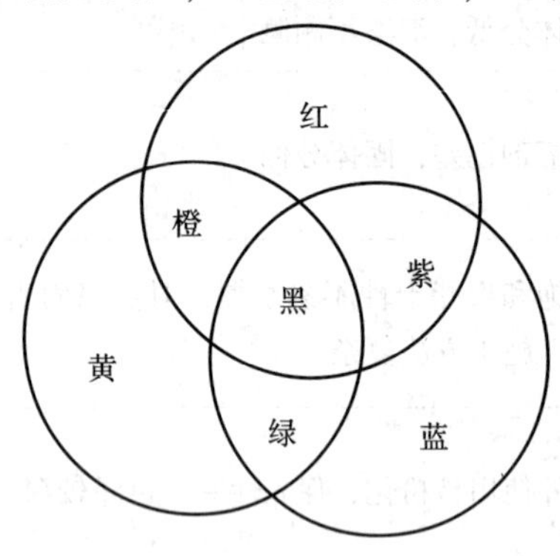

图 2－1 三原色调配示意图

颜料拼色法可以知道蓝黄相加成绿色，黄红相加成橙色，红蓝相加成紫色，红黄蓝相加可成黑色。从 3 种原色的互相混合来看，改变它们相互的用量，可以获得很多不同的颜色。

其中黄色是最浅的，紫色是最深的。一定比例的黄色加紫色，或蓝色加橙色，或绿色加红色即形成灰色，红色、黄色、蓝色加在一起就形成黑色。现将油漆的各种颜色组合排列如下，其中前列者为主色，后列者为次色、副色。调配各种颜色时，应把次、副色加入主色内，而不是相反。常用颜色配比见表 2－11。

表 2－11 常用颜色配比

色相 \ 配比（%） \ 原色	红	黄	蓝	白	黑
粉红	3	—	—	97	—
橘红	9	91	—	—	—
枣红	71	24	—	—	5
淡棕	20	70	—	—	10
铁色	72	16	—	—	12
栗壳色	72	11	14	—	3

续表 2-11

色相 \ 配比(%) \ 原色	红	黄	蓝	白	黑
鸡蛋色	1	9	—	90	—
淡紫	2	—	1	97	—
紫红	93	—	7	—	—
深棕	67	—	—	—	33
国防绿	8	60	9	13	10
褐绿	—	66	2	—	32
解放绿	27	23	41	8	1
茶绿	—	56	20	—	24
灰绿	—	11	8	70	11
蓝灰	—	—	13	73	14
奶油色	1	4	—	95	—
乳黄	—	9	—	91	—
沙黄	1	8	—	89	2
浅灰绿	—	5	2	90	2
淡豆绿	—	8	2	90	—
豆绿	—	10	3	87	—
淡青绿	—	20	10	70	—
葱心绿	—	92	8	—	—
冰蓝	—	2.5	1	96.5	—
天蓝	—	—	5	95	—
湖绿	—	6	3	91	—
浅灰	—	—	1	95	4
中灰	—	—	1	90	9

常用色浆、色漆配制：色浆，是一种有颜料浓缩浆，由颜料或颜料和填充料分散在漆料内而成的半成品。以纯油为胶粘剂的称为油性色浆，以树脂漆料为胶粘剂的称为树脂色浆。以水为介质添加表面活性剂分散而成的颜填料浆称为水性色浆。由于漆料种类很多，

色浆种类也很多。为了使颜料等更好地分散在漆料中，往往在制造过程中，加少量的表面活性剂，如环烷酸锌等。

颜色调配的依据有两种方式，一种是按文字要求调配，另一种是照颜色样板调配。

1. 按文字要求调配

按文字要求调配颜色是以文字形式阐述对颜色施工的质量要求，对油漆工来说这种形式比较方便容易。因为按文字说明的色相都可以有一定的灵活性，色差有一些变化也没关系，只要掌握准主题颜色就可以了。它便于调配时选用耐久颜色或美观颜色。尽管这种方法比较简单，但如果颜色选用不适宜，配色的效果仍不会理想。比如，调配中绿色，任何黄色和蓝色都可调配成中绿色，但只有在黄色和蓝色纯度较好的情况下调出的中绿色才比较纯正鲜艳。黄色、蓝色的种类很多，如将深黄色用白色冲淡成为中黄或浅黄的颜色，在鲜艳程度和色相上都没有原中黄色调配的效果好。同样，在各种蓝色中又没有用浅蓝或孔雀蓝调配的效果好。而其中又以孔雀蓝与中黄色调配的效果最好。所以按文字要求调配颜色，会有较大的出入。

利用色漆漆膜透明的特点，选用适宜的底色可使面漆的颜色比原油漆颜色更加鲜艳，它是根据自然光线反射吸收的原理，底色与原色叠加后产生的一种颜色，油漆工叫透色。如黄色底漆可使红色面漆更鲜艳，灰色底漆使红色面漆更红，正蓝色底漆可使黑色面漆更黑亮，水蓝色底漆可使白色面漆更加清白等。奶油色、粉红色、象牙色、天蓝色面漆应采用白色作底漆。以上效果只有在面漆涂膜小于 20μm 时才可显示出来，当涂膜厚度大于 25μm 时，在油漆中滴入两滴上述底色油漆也可起到同样效果。

2. 按颜色样板调配

这是最常使用、也是比较不易掌握的方法。因为样板是由多层涂层组成的，各道涂层间又互有影响，要想达到样板的质量要求，必须将样板各道涂膜的涂料的种类、颜色、涂层陈旧情况、调配施工方法及样板材质了解清楚。在对照样板调色时，主要是分析样板所含的色相，因为很少能有一种涂料的颜色成分、质量恰好与样板相同。由于影响颜色的因素很多，在观察样板色相时虽然可按色彩的基本原理去分析，但是在调色时却不能照搬，要按色量进行调配，不能按重量调配。比如红色、蓝色、深绿色在黑暗处向黑色接近，而黄色却向白色接近，浅绿、浅灰、浅蓝色在黑暗处几乎分不清。

调色时必须小心谨慎，一般先试小样，初步求得应配色漆的数量，然后根据小样结果再配大样。先在小容器内将副色和次色分别调好。要将染色力大的深色慢慢加到浅色中，边倒边搅拌，当快要接近副色或次色时便停止加入，搅拌均匀。在调配副色和次色期间，可不断用主色调配试样与样板比较，以此验证副色和次色正确与否，如有问题可就此找正。直至将副色、次色调好，加入主色中以同样方法调配。将调配好的涂料采用与样板相同的涂饰方法涂刷在材质相同的板面上，在光线、视线角度等方面都相同的条件下进行比较。不要直接在太阳光下或在阴天、阴暗处比较。不要持续观察比较，要让眼睛休息一下再看。调色过程中各容器、工具要保持干净、无色，备用料要搅拌均匀，保持原有稠度。最后的对比结果应在涂膜完全干时才能确定。一般油漆经过 6 ~ 8h 可干燥，硝基漆仅为 3 ~ 4h。如不能等待涂膜干实，则颜色要稍浅于样板；如系水溶性涂料，可将样板用水润湿后进行比较，做出初步决定。

对于厂家供应的成品涂料，由于颜色不可能与样板完全一样，在涂饰前仍需审核校对，不能急于将购来的涂料立即涂在物面上。

尽管目前通过现代供应振荡器调色机能够调出与样板完全一样的颜色，但作为优秀油漆工一定要明白调配的原理过程，现代供应振荡器调色机有其适用范围水性或油性色浆（1～16种）。色浆桶容量：2.3L/1.75L。调色机装配有12～24个耐溶剂塑料罐，可选最大排出量：60mL，可调节精度：0.077mL。工作电压：220V，频率：50/60Hz，功率：40W。双泵开关，阀体采用耐腐蚀陶瓷防漏结构，确保色浆滴浆不漏。出漆口采用回吸结构，保证出漆口的洁净和注入量的准确，不浪费一滴色浆。

常用色浆颜料的调配：按不同颜色所列比例为重量比。

一体化调色系统优越性能：全新设计的集调色机、振荡混油机一体化的调色系统。调色混匀上下一体化设计，不但外形美观，而且占地空间少。调色快速稳定，优质的色浆和精确的计量完全可以保证复制质量，调色混匀，一般调色5min内完成。集成化线路布局，维护更方便、简单。

2.2.2 油漆涂料的调配

油漆涂料的调配包括稠度的调配、性能的调配、各类品种的调配和水浆的调配。

1. 油漆涂料稠度的调配

涉及稠度调配的常是某些成品油漆涂料，这类油漆涂料大都比较稠，为满足施工需要，使用时需要酌情加入部分稀料。各类油漆涂料的性能不同，选用的稀料和需要的数量也不相同，调配时不能同样对待。油漆涂料的稠度包括两个方面，即基本稠度和施工稠度。

（1）基本稠度。涂料的黏度又叫作涂料的稠度，是指流体本身存在黏着力而产生流体内部阻碍其相对流动的一种特性。这项指标主要控制涂料的稠度，合乎使用要求，其直接影响涂料的施工性能，漆膜的流平性、流挂性。基本稠度是经多次试验得出的结果，适宜在一般情况下某种油漆涂料采用固定的施工方法使用。如作机械化涂装的基本稠度或手工操作的基本稠度，常用涂—△号黏度计来测量。如油基漆和各类底漆，涂刷时的平均稠度为35～40s，一般情况下在这个稠度范围内比较适宜涂刷，这时油漆涂料的浮力与刷毛的弹力相接近，刷毛即能不费力地插入油漆涂料内拨动涂料。又如喷涂的稠度一般为25～30s。在这个范围内，喷出的涂料雾化程度好、遮盖力强、喷枪出漆快、涂料中途干燥的现象轻微。

（2）施工稠度。施工稠度是指在基本稠度的基础上根据当时各种施工条件对油漆涂料稠度所做的灵活调整。这种技巧对油漆工来说是相当重要的。因为除机械化固定的施工条件外，油漆涂料的稠度均有随时变动的可能。影响稠度的因素很多，如油漆涂料性能、涂饰方法、气候温度、施工工具、场所、基层状况等。采用刷涂的溶剂型油漆涂料其稀释范围一般不超过7%～10%。炎热天气或多孔隙基层，涂料一般要相应稀一些。除对多孔、粗糙基层做封闭外，乳胶漆一般不要稀释。要想正确掌握油漆涂料的稠度，除对各种施工条件的特点及油漆涂料性能充分了解外，主要还要靠实际工作经验。

（3）稀料的代用。稀料的成分与油漆涂料的成分密切相关。选择稀料必须根据油漆涂料成膜物质的性能决定，在正常情况下是不能混用的。但在应急情况下，除必须要求配套的油漆工程外，对一般工程可临时使用稀料的代用品，以解决燃眉之急。常见的稀料及代用品见表 2－12。

表 2－12　常见的稀料及代用品

涂料品种	适用稀料	代用稀料	备注
油性油漆、酯胶漆、钙酯漆	200 号溶剂汽油、松节油	汽油	
酚醛漆、中油度醇酸漆、沥青烘漆、环氧树脂漆	X－6 醇酸漆冲洗剂、X－7 环氧漆冲洗剂、200 号溶剂汽油、松节油、二甲苯	汽油	用于中度醇酸漆，随用随配，不可久用
纯酚醛漆、中油度醇酸漆、短油度醇酸、沥青漆、氨基漆	X－6 醇酸漆冲洗剂、二甲苯、X－4 氨基漆冲洗剂	原适用稀料可互换，汽油与适用稀料 2∶3 的混合液，汽油与香蕉水 3∶2 的混合液	
硝基漆、过氯乙烯漆，丙烯酸漆	X－1、X－2 硝基漆稀释剂，X－3 过氯乙烯稀释剂，X－5 丙烯酸稀释剂	原适用稀料可互换，原适用稀料与 200 号溶剂汽油 4∶1 的混合液	只能作底漆，不可作面漆

2. 油漆涂料性能的调配

油漆涂料的基本性能在生产过程中已决定下来，施工现场和油漆工是不可以将其改变的。但可根据施工要求和现有条件将油漆涂料适当地稍加调配，使其性能有轻微的改良，以适应不同的需要。更好地发挥其效能，也是可以的。

（1）调油性油漆。油性油漆油分少、颜料粗、重量大、容易沉淀，使用时需加入清油，铅油加 30% 左右，油性调和漆加 15% 以下，磁性调和漆加 10% 以下。清油加入多了亮度好，但遮盖力差，干燥慢；清油加入少了，坚固性差、亮度低、粉化快。加入清油如仍达不到施工要求时，可加入 10% 以下的松节油或 9% 以下的 200 号溶剂汽油。稀料如果加多了会出现颜料下沉，亮度不足和早期粉化现象。为使油性涂料干燥加快，还可加入 8% 以下的铅、钴、锰催干剂。

（2）硝基漆韧性的调配。硝基漆干燥迅速，大面积不易刷涂，为减缓干燥速度、流平刷纹，可加入少量增韧剂。增韧剂稀料的重量配比是：硝基稀料为10；磷苯二甲酸二丁酯为1；乙二胺为0.1（用时现加）。

使用方法是将3份硝基漆与1份增韧稀料调匀，再用稀油料稀释后加入硝基漆内。经这样调配的硝基漆韧性、附着力都有较大提高，亮度不变。

（3）调配无光墙面油漆。用普通油基油漆涂刷墙面时，如加入20%的颜料，不但涂膜平坦、遮盖力强、光泽柔和、坚固性比乳胶漆高，还可免除普通油基漆的耀眼和稀料渗透缺陷。调配方法是先将颜料加入油漆混合后，再加入油漆经搅拌过滤即可。调配后的油漆喷、刷都可以，特别适宜纤维板和胶合板的涂刷。

（4）调整醇酸漆的油度。醇酸底漆（138底漆）性脆、附着力差，稀释后长时间放置会出现颜料颗粒沉淀和漆料氧化成膜的现象。醇酸磁漆（C04－42）冬季干燥慢、夏天易起皱。如将醇酸底漆和面漆按重量的2∶3调兑后可避免上述缺点。调兑后的油漆附着力好、光色耐久、光色介于两油漆之间，一次涂刷两个涂层厚度也不会起皱，而干燥时间与调兑前相同，利用这种调兑方法能将两次涂漆作一次涂完。缺点是颜色品种有限，光亮度不足。

3. 油漆涂料各类品种的调配

目前工厂生产的各类油漆涂料品种繁多，所使用的人工合成树脂名称和内容又不规范和统一，再加上很多进口油漆涂料与合资生产的油漆涂料掺入了很多外来名称和译音称谓，所以过去很多老油漆工师傅的配料经验已不适用。尤其对各类专用油漆涂料和双组分油漆涂料的调配一定要慎重。应该严格按照油漆涂料工厂的产品说明书和该油漆涂料的配套辅料和配套稀料，根据工程和当时情况进行调配，才能保证工程的质量，避免造成浪费。

2.2.3 水浆涂料的调配

1. 调配自制的大白浆（水浆）

先将大白粉（或块）加水拌成稠浆状，然后按比例加入调配好的胶液、六偏磷酸钠及羧甲基纤维素，边加边搅拌，待搅拌均匀后过80目铜丝罗即成。若需加色，应按需要在过滤前加入。若为粉状颜料，可事先用开水将颜料泡好。大白浆的配比见表2－13。

表2－13 大白浆配合比及配制方法

大白浆种类	配合比（重量比）	配制方法
乳液大白浆	大白粉∶聚醋酸乙烯乳液∶六偏磷酸钠∶羧甲基纤维素＝100∶（8～12）∶（0.05～0.5）∶（0.2～0.1）	先将羧甲基纤维素浸泡于水，比例为羧甲基纤维素∶水＝1∶60～80，浸泡12h左右，待完全溶解成胶状后，用罗过滤后加入大白浆
聚乙烯醇大白浆	聚乙烯醇∶大白粉∶羧甲基纤维素＝（0.5～1）∶100∶0.1（适量）	先将聚乙烯醇放入水中加温溶解，然后倒入浆料中拌匀，再加羧甲基纤维素溶液

续表 2-13

大白浆种类	配合比（重量比）	配制方法
火碱、面胶大白浆	大白粉∶面粉∶火碱∶清水 = 100∶25∶1∶(150~180)	面料0.25kg加水3kg，火碱60g用水稀释成火碱液，等火碱全部溶解后，再把它加入面粉悬浊液中，随加随拌，成为浅黄色火碱面粉胶，再用5kg清水调稀，即成火碱面胶。再按比例兑入大白粉浆中即可使用
田仁粉、大白浆	大白粉∶田仁粉∶牛皮胶∶清水 = 100∶3.5∶2.5∶(150~180)	容器中先放开水，边搅动，边放田仁粉，搅动要快，撒粉不致结块，使用前1d冲调效果较好，调成胶后，按比例兑入大白粉浆中即可。最好随调随用，如需存放，可在胶中加1%~2%甲醛或碳酸，以防变质

2. 石灰浆的调制

先在容器内放清水至容积的70%，再将块状生石灰逐渐放入水中，使其沸腾，石灰和水的配合比为1∶6（重量比）。沸腾后过24h才能搅拌，过早搅拌会使部分石灰块吸水不够而僵化。最后，用80目铜丝罗过滤，即成石灰浆。为了增强粘结和防蚀性能，可加入少量的桐油或食盐。

外墙刷浆用时，可在石灰浆沸腾时，加入2%的熟桐油（按石灰浆的重量计），使其和石灰浆充分混溶，以增加石灰浆的附着力和耐水性。

如涂刷的墙太干燥，刷后附着力不好，或冬天刷后易结冰，可在浆内加0.3%~0.5%的食盐（按灰浆重量计）。

还有一种配法是使用工地上已淋好的石灰膏来配石灰浆，只要将石灰膏放进容器内加入适量清水搅和过滤即成。

3. 可赛银粉浆的调制

配可赛银粉浆时，按可赛银粉∶热水=1∶5的比例，先将热水倒入桶内，再加可赛银粉，边加边搅拌。必须充分拌和，拌至面上无浮水。然后盖好桶口，让粉料内的胶质慢慢溶解，至少静置4h以上才能使用。使用时，应按施工所需黏度加入适量清水，并过80目铜丝罗。

2.2.4 腻子、填孔料及着色材料的调配

1. 腻子的调配

腻子是涂料施工中不可缺少的材料，常由涂料生产厂配套生产供应，品种很多，尤其是一些专用腻子，应尽量选用现成的配套腻子较好。但在建筑施工中，也常常根据具体施工条件和对象，自行配制一些腻子。

各种常用腻子的调配方法见表2-14。

表 2－14 各种常用腻子的调配方法

名称	材料及配比	调配方法及注意事项
石膏油腻子（一）	由石膏粉、熟桐油、松香水和清水、颜料组成。重量配合比约为石膏粉∶熟桐油∶松香水∶清水＝16∶5∶1∶6	先按比例将熟桐油、松香水、催干剂混合加入石膏粉内，充分搅拌后，加入适量颜料调成厚糊状，然后放置1～2h，让石膏粉与油和颜料充分溶合，水应在使用前按量加入搅拌均匀。水不能与石膏粉直接混合，以免腻子发硬、结块无法使用。水的加入量应根据气温高低适当增减。 催干剂的加入量为熟桐油和松香水总重量的1%～2%，可根据施工环境和温度高低适当增减
石膏油腻子（二）	重量配合比约为石膏粉∶白铅油∶熟桐油∶汽油（或松香水）∶清水＝3∶2∶1∶(0.6～0.7)∶1	先按比例将白铅油、汽油（或松香水）混合加入石膏粉内充分搅拌调成糊状，放置少许时间，用时加适量清水搅拌即可使用
水粉腻子	由大白粉、颜料、水、动物胶调配而成，重量配比为大白粉∶水∶动物胶∶着色颜料＝14∶18∶1∶1	调配时按配比将已加入动物胶的水和大白粉搅拌成糊状，拿出少量糊状大白粉与颜料搅拌使其分散均匀，然后再与原有大白粉上下充分搅拌均匀，不能使大白粉或颜料有结块现象。颜料的用量应使填孔料的颜色略浅于样板木纹表面或管孔中的颜色
油胶腻子	由大白粉、动物胶、熟桐油、颜料调配而成。重量配比为大白粉∶胶水（浓度6%）∶熟桐油∶颜料＝10∶5∶1∶(0.2～0.5)	调配方法同水粉腻子
血料腻子	由大白粉、熟血料、菜胶组成，重量配比约为56∶16∶1	熟血料的调配：用稻草搅拌生血块，用手搓碎，加适量清水过滤，并滴入少量鱼油消化血泡沫；将熟石灰水徐徐倒入生血内并用木棍顺一方向搅拌至生血略有黏稠时为止。血灰比为100∶(3～4)。放置2h后再次搅拌生血，如达不到要求可稍加石灰水，仍顺原来方向搅拌

续表 2－14

名称	材料及配比	调配方法及注意事项
血料腻子	由大白粉、熟血料、菜胶组成，重量配比约为56∶16∶1	菜胶的熬制方法是先将鸡脚菜浸胀洗净放入锅内煮沸后用文火熬稠，鸡脚菜与水的比例为1∶20。当鸡脚菜全部溶化后用60目铜箩过滤。熬制时如变稠可加水再熬，但熬成后不可加水以免腐坏。将熟血料与菜胶拌和后倒入大白粉中搅拌即成血料腻子
漆片大白粉腻子（一）	由虫胶清漆、大白粉及着色颜料组成，重量配比为：大白粉75%，虫胶漆25%，颜料（适量）	在大白粉凹坑内倒入适量虫胶漆，用铲刀上下反复搅拌成厚糊状，然后放入适量颜料继续搅拌。腻子黏度不可过大或过小，过大砂磨困难，并影响着色，过小影响附着力，会粉化脱落
漆片大白粉腻子（二）	—	虫胶与酒精的比例为1∶6。腻子的颜色应比样板色略浅，由于酒精不断挥发，腻子会逐渐变稠，可加些酒精调匀后继续使用
清漆腻子	由石膏、清漆、松香水、颜料调配而成。重量配比为石膏∶油性清漆∶颜料∶松香水∶水＝75∶6∶4∶14∶1	与石膏油腻子调配方法相同
羧甲基纤维素腻子	由大白粉、纤维素、清水及适量颜料组成，配比为（3～4）∶0.1∶（1.5～2）	按配方比例将纤维素溶化，然后倒入大白粉搅拌均匀，如需增加强度和黏结力，可加入适量乳液
聚醋酸乙烯乳液腻子	由聚醋酸乙烯乳液和大白粉或滑石粉组成，配比为：第一道腻子1∶2；第二道腻子1∶3；第三道腻子1∶4	按配比将乳液倒入大白粉内搅拌均匀。为改善腻子性能，防止产生龟裂、脱落，可加入适量六偏磷酸钠和羧甲基纤维素
菜胶腻子	由菜胶和大白粉组成	将熬好的菜胶倒入大白粉内搅拌而成，如需增加强度和黏结力，可加入适量石膏粉和皮胶

续表 2 – 14

名称	材料及配比	调配方法及注意事项
大漆腻子	由大漆、石膏粉组成，配合比为7∶3	将大漆和石膏粉按比例搅拌均匀，加适量清水调配
大白浆腻子	由大白粉、滑石粉加纤维素溶液调配而成。配比为大白粉∶滑石粉∶纤维素溶液（浓度为5%）∶乳液＝60∶40∶75∶(2～4)	比纤维素腻子增加了滑石粉，为了容易打磨和表面比较细腻，调配方法基本相同，滑石粉如加多了会影响腻子附着力和强度
内墙涂料腻子	由大白粉、滑石粉加入内墙涂料为胶结料配制而成。配比为2∶2∶10	方法与大白浆腻子基本相同，只是以内墙涂料代替乳液和纤维素

2. 填孔料的调配

填孔料的调配见表 2 – 15。

表 2 – 15 填孔料的调配

颜色名称	填孔料种类	材料及配比（重量%）
本色	水性填孔料	大白粉 71、立德粉 0.95、铬黄 0.05、水 28
	油性填孔料	大白粉 74、立德粉 1.3、松香水 12.5、煤油 7.6、光油 4.55、铬黄 0.5
淡黄色	水性填孔料	大白粉 71.5、铁红 0.21、铁黄 0.1、铁棕 0.41、水 27.78。如无铁棕则可采用：铁红 0.28、铁黄 0.15、铁黑 0.29
	油性填孔料	大白粉 71.3、松香水 12.34、煤油 10.34、光油 5.3、铁红 0.21、灰黄 0.1、铁棕 0.41
橘黄色	水性填孔料	大白粉 69、红丹 0.5、铁红 0.5、铬黄 2、水 28
荔枝色	水性填孔料	大白粉 68、黑墨水 5.5、铁红 1.5、铁黄 1、水 24 或大白粉 68.175、黑墨水 2.525、铁棕 5.06、铁红 1.515、水 22.725
栗壳色	水性填孔料	大白粉 72、黑墨水 6.5、铁红 2.4、铁黄 1、水 18 或大白粉 71.14、黑墨水 5.328、铁红 1.332、铁棕 4.44、水 17.76
蟹青色	水性填孔料	大白粉 68、铁红 0.5、铁黄 0.5、铁黑 1.5、水 29.5 或大白粉 67.795、铁红 0.423、铁黄 0.423、铁黑 0.847、铁棕 0.847、水 29.665
柚木色	水性填孔料	大白粉 49.8、铁黄 3、铁红 4.2、墨汁 1.3、水 41.7
红木色	水性填孔料	大白粉 73、黑墨水 6.4、水 20.6
古铜色	水性填孔料	大白粉 73、黑墨水 6、铁红 0.5、水 20.5

3. 着色材料的调配

用于木质面上着色材料的调配主要包括水色、酒色和油色的调配。

（1）水色的调配。配制水色最好选用酸性染料，因为酸性染料颜色纯正、色调品料齐全、易溶解于水、着色的纹理不模糊、耐光性强、不易褪色，并且各种酸性染料可互相掺配，不会影响质量。

水色是专用在显露木纹的清水油漆物面上色的一种涂料，因调配时使用的颜料能溶解于水故名水色。水色因用料不同有两种配法：

一种是石性原料，如地板黄、黑烟子、红土子、栗色粉、深地板黄、氧化铁黄、氧化铁红等，要把颜料用开水泡至全部溶解，而后加入墨汁，搅成所需要的颜色，再加皮胶或猪血料水过滤后即可使用。要是不用墨汁，可用烟煤掺入皮胶再搅成黑色颜料使用。因石性颜料涂刷后物面上留有粉层，故需加皮胶或猪血料水增加附着力，配比为：水65%～75%，水胶10%，红、黄、黑颜料15%～20%。

另一种用品色颜料配水色，常用颜料有黄钠粉、黑钠粉、哈巴粉、品红、橙红、品绿、品紫等，当几种颜料混合时应选用同类染料，不能将酸、碱染料混合。宜选用清洁的软水，对于硬水可将水煮沸或加约1%的纯碱或氨水。用氧化铁黄、氧化铁红等非透明的颜料调配水色时，要先用开水将颜料泡至全部溶解后再与其他颜料溶液调配成所需颜色。由于这类颜料涂刷物面后表面留有粉层，故调配好颜色后需加入适量的皮胶或猪血料水，并经过滤后才可使用。用透明的染料调配水色时最好先用开水将染料浸泡，然后放在炉子上稍煮一下，使其充分溶解，待其冷却过滤后再使用，以免未溶解的染料或杂物黏附在表面会影响色泽的均匀。调配时，染料的多少要根据样板的深浅及木质表面情况适当掌握，如木质品种单一又很干净时，染料的成分可适当减少；当木质品种较杂，颜色深浅不一时，可适当增加染料比例，使着色后整个物面尽可能一致。在一般情况下，开水占80%～90%，其余为染料。现将常见各种水色调配列于表2-16。

表2-16 常见水色的调配

颜色种类	材料及配比（重量%）
荔枝色	黄纳粉6.6、黑墨水3.4、开水90
栗壳色	黄纳粉12.5、黑墨水5、开水82.5
蟹青色	黄纳粉2.2、黑墨水8.8、开水89
柚木色	黄纳粉3.82、黑墨水1.88、开水94.3
红木色	黄纳粉16.7、开水83.3
古铜色	黄纳粉4、黑墨水16、开水80

（2）配清油。清油（boiled oil Y00-7），油脂涂料的一种。别名：光油、熟桐油、全油性清漆、填面油。由植物油、甘油松香、催干剂等配制而成。清油又称熟油、熟炼油或热聚合油，俗名鱼油（fish oil）。为浅黄至棕黄色透明稍黏稠液体。工厂成品清油由干性油或干性油与半干性油的混合油加热熬炼并加少量催干剂制成。施于物体表面，能在空气中干燥结成固体薄膜，油膜有弹性而较软，是早期的一种涂料产品，或单独使用，或用以调配厚漆，或加颜料调配成色漆（一般现调现用）。清油已逐渐被清漆取代，用量日益减少。工地上常用的一种打底清油，是自行配制的，是由熟桐油加稀释剂配成，调配时，根

据清油所需的稠度和颜色，将一定数量的颜料、熟桐油、松香水（或汽油）拌和在一起，用80目的铜丝罗过滤后即可使用。一般的配合比为熟桐油∶松香水＝1∶2.5。如在夏天高温时使用，则清油内的稀料蒸发快，易变稠使表面结皮，这时在清油中加些鱼油（即工厂成品清油）即可避免，既节约材料又容易涂刷。在10℃以下使用时还要加入适量催干剂，并可根据不同颜色的面层要求而加入适量颜料配成带色清油。它在建筑工程上用途最广，一般物体表面涂刷涂料前都用它打底。

（3）配铅油。厚漆又名铅油。它是用由白铅粉和亚麻仁油调和研磨制成，需要加鱼油、溶剂等稀释后才能使用。这种漆的涂膜柔软，与面漆的粘结性好，遮盖力强，是最低级的油性漆料。适用于涂饰要求不高的建筑工程，广泛用作木质物件的打底，也可用来调制油色和腻子等，是水暖安装中常用的一种辅助用品，可以增强管道密闭性。

根据配合比将全部工厂成品清油的用量加2/3用量的松香水调成混合油。再从漆桶中掏出放在干净的铁桶内，倒入少量的混合油充分搅拌，直至铅油没有疙瘩，全部溶解，待与铅油充分搅拌均匀后，再把全部的混合油逐渐加入搅拌均匀。这时可加入熟桐油（冬季用油尚需加入催干剂），并用100目铜丝罗过滤，再将剩下的1/3用量的松香水，洗净工具铁桶后掺入铅油内即成。然后刷好试样，用纸覆盖在调好的铅油面上备用。如铅油是几种颜色调配成的，要先把几色铅油稍加混合油，配成要求颜色后，再加混合油搅拌。如用铅粉或锌钡白配铅油，要把铅粉或锌钡白加入鱼油用力搅拌成面团状，隔1～2天使鱼油充分浸透粉质，类似厚糊状后才能再调配成各色铅油。因无光油是在最后面层上涂刷的，其目的是为了使刷后的漆膜完全无光，所以它的稀释剂用量较多，而油料用量相应减少。但稀释剂多了漆就容易沉淀，时间长了沉淀物还会发硬结块，即使经过充分搅拌，涂刷后漆膜仍难免产生粗糙不匀和发花现象，故配无光油时需注意在使用时才调配。如用量不多可一次配成即用，需要量大则要准确记录多种材料的分量而逐次调配，以保证颜色一致，而且配好后要密封贮藏，防止稀释剂挥发影响质量。

（4）配油色。油色是介于铅油和清油之间的一种油漆名称，可用红、黄、黑调和漆或铅油配制。用铅油刷后会把木纹盖住，清油刷后不能使底色色泽一致。而油色刷后能显出木纹，又能把各种不同颜色的木材变成一致的颜色。主要区别就在于调配时使用颜色铅油的用量多少。配合比为溶剂汽油50%～60%，清油8%，光油10%，红、黄、黑调和漆15%～20%，油色调法与配铅油基本相同，但要更细致些。可根据颜色组合的主次，先把主色铅油加入少量稀料充分调和，然后把次色、副色铅油逐渐加入主色油内搅和，直至配成所要求的颜色。如用粉质的石性颜料配油色，要在调配前用松香水把颜料充分浸泡后才能配色。油色内要少用鱼油，忌用煤油，因为鱼油干后漆膜硬度不好，打磨时容易破皮。煤油干后漆膜上有一层不干性的油雾，当清漆罩光后会产生一种像水滴在蜡纸上一样的现象，俗称“发笑”。油色一般用于中高档木家具，其颜色不及水色鲜明亮丽，且干燥慢，但在施工上比水色容易操作，因而适用于木制件的大面积施工。

（5）酒色调配。酒色和油色的调配，酒色即有色虫胶涂料，是由染料或着色颜料与虫胶清漆配制的。也可用稀释的硝基清漆或聚氨酯清漆加进染料或颜料配制。酒色主要用作涂层的着色或着色调整。其作用介于铅油和清油之间，它既可显露木纹，又可对涂层进行着色，使木质面上各种不同的颜色变成一致的颜色。调配酒色宜选用碱性染料，因为碱性染料易溶于酒精。

酒色一般常需涂刷多遍才可达到样板要求，调配时应谨慎地确定酒色的深浅程度。不能在刷第一遍时就将酒色配成与样板相同的浓度，要比样板略浅一些。

在调配时，应根据颜料的性质分别调进涂料中，如可先放在容器中用少量涂料搅拌润湿后，再按需要量调入涂料，以使颜料均匀地分散在涂料中不会结块。有的染料则需预先浸入溶剂中溶解后再使用。

由于各种酒色的颜色变化范围很大，需根据基层具体情况酌情调配，特别是拼色时所用的酒色，在选用颜料的种类和数量上灵活性就更大。

调配虫胶清漆，过程比较简单，只要将虫胶漆片放入酒精中溶解即可，不能相反，因为这样会使表层的漆片被酒精粘结成块，影响溶解速度。漆片应是散状的，在溶解过程中要不断搅拌。防止漆片沉积在容器底部。溶解的时间取决于漆片的破碎程度与搅拌情况。随配制总量的增加，漆片完全溶解可能需要很长时间，此时应坚持常温溶解，不宜加热，以免造成胶凝变质。漆片溶液遇铁会发生化学反应，而使溶液颜色变深。因此，溶漆片的容器及搅拌器都不能用铁制的，应采用陶瓷、塑料、搪瓷等。

漆片溶好后应密封保存，防止灰尘、污物落入及酒精挥发，用前可用纱布过滤。存放时间不要超过半年，否则会变质。

配漆片的参考配合比为：干漆片∶酒精＝0.2～0.25∶1（用排笔刷），如揩擦用为0.15～0.17∶1。用于上色（酒色）为0.1～0.12∶1（均为重量比）。

虫胶漆的漆膜干燥缓慢，色深发黏。如加少量硝基清漆，可配成虫胶硝基混合清漆，这种漆流动性好，易揩擦，较硝基漆干燥快、填孔性好，更容易砂磨，并能提高光泽。其配比为35%的虫胶漆∶20%的硝基漆∶酒精＝2∶1∶3（体积比）。虫胶清漆有时干燥太快，涂刷不便，这时可加几滴杏仁油。

（6）自配防锈漆。除用市售防锈漆外，也可自配防锈漆，比例为红丹粉50%，清漆20%，松香水15%，鱼油15%，不能掺和光油调配，否则红丹粉在24小时内会变质。

（7）配金粉漆、银粉漆。银粉有银粉膏和银粉面两种，加入清漆后即成银粉漆。配制比例为：银粉面或银粉膏∶汽油∶清漆，喷为1∶5∶3，刷为1∶4∶3，配好的银粉漆要在24小时内用完，否则会变质呈灰色。

金粉漆用金粉（黄铜粉末）与清漆调配而成，配制比例、方法与银粉漆相同。

（8）自配无光调和漆。各色无光调和漆又名香水油、平光调和漆，它常用于室内装饰工程，如医院、学校、戏院、办公室、卧室、走廊等处的涂刷，能使室内的光线柔和。自制无光漆的配合比为钛白粉40%、光油15%、鱼油5%。当施工环境温度为30～35℃时，往往由于干燥太快，造成色泽不一致，此时，可加入煤油10%～15%，松香水30%～35%。

（9）配润粉。润粉分油性粉和水性粉两类，用于高级工程及木器的油漆工序中，其作用为使粉料擦入硬杂木的棕眼内，使木材棕眼平，木纹清。

水粉配比为：大白粉45%，水40%，水胶5%，按样板加色5%～10%，先将大白粉拌成糊状，再将制好的水胶倒入糊内共同调匀。颜料单独调和，用筛过滤，然后渐次加入至所需的颜色深度为止。全部调均匀后即可使用。

油性粉配比为大白粉 45%，汽油 30%，光油 10%，清油 7%，按样板加色 5% ~10%，注意油性不能过大，油性大，粉料不易进入木材棕眼，达不到润粉目的，配制方法与水性粉基本相同。

2.3 油漆的保管

2.3.1 油漆涂料贮存注意事项

多数油漆涂料是缺乏稳定性、易燃的液体物质，受到客观环境的不利影响往往会发生变质、变态甚至起火爆炸。如溶剂遇火会燃烧，铝粉温度过高遇氧气易爆炸，乳胶漆受冻后会报废。因此，对油漆涂料的妥善保管十分重要，贮存保管中应注意以下事项：

（1）油漆涂料搬运或堆放要轻装、轻卸，保持包装容器的完好和密封，切勿将油桶任意滚扔。

（2）油漆涂料不要露天存放，应存放在干燥、阴凉、通风、隔热、无阳光直射、附近无直接火源的库房内。温度最好保持在 5 ~32℃之间。有些装饰涂料受冻后即失效。

（3）漆桶应放置在木架上，如必须放在地面时，应垫高 100mm 以上，以利通风。

（4）库房内及近库房处应无火源，并备有必要的消防设备。

（5）油漆涂料存放前应分类登记，填上厂名、出厂日期、批号、进库日期，严格按照先生产先使用的原则发料，对多组分油漆涂料必须按原有的规格、数量配套存放，不可弄乱。对易燃、有毒物品应贴有标记和中毒后的解救方法。

（6）对超过贮存期限，已有变质变态迹象的油漆涂料应尽快检验，取样试用，察看效果；如无质量问题需尽快使用，以防浪费。

（7）对易沉淀的色漆、防锈漆，应每隔一段时间将漆桶倒置一次，对已配制好的油漆涂料应注明名称、用途、颜色等，以免拿错。

（8）不同品种的颜料最好分别存放，与酸碱隔离，以免互相沾染或反应，尤其是炭黑应单独存放：甲醇、乙醇、丙酮类应单独存放。

2.3.2 常用涂饰材料的贮存与保管

常用涂饰材料的贮存保管方法及注意事项见表 2 -17。

表 2 -17 常用涂饰材料贮存保管方法及注意事项

材料名称	存放方式	注意事项
油性漆 醇酸漆 聚氨酯漆 油性清漆 醇溶性清漆 腻子 沥青	在架子上，应注明标志。为避免存放时间长而变质，应把新来的材料放在后面	盖子应拧紧，防止挥发和结皮。恒温能使涂料稠度适宜。重容器放在下面以防搬运困难。罐装的颜料、材料应定期倒过来放置，以防沉淀

续表 2-17

材料名称	存放方式	注意事项
乳液涂料 乳液清漆 丙烯酸涂料 糊精 多彩漆	放在架子上，应注明标志。新来的材料放在先贮存物品的后边，不能受冻	防止冰冻。水性涂料都有存放期限，必须在限期内用完
白垩 干性颜料 熟石膏 胶 膏状粉末 粉末状填充剂	小件放在架子上，大件放在地面垫板上，零散材料放在有盖箱子里	应防止潮湿，注意石膏存放期限，防潮，以防凝结
醇溶性脱漆剂	放在架子上	温度超过15℃会引起膨胀，以致突然冒出容器，防止明火
砂纸	应保持平整，装在盒内或袋内便于识别	防止过热以免砂纸变质，防止潮湿，否则会使玻璃相石榴石砂纸的质量降低
玻璃	立着存放在支架上	干燥存放，以防玻璃粘在一起，放在肮脏的地方会使玻璃变脏
苫布	叠好放在台板上	保持洁净、干燥，防止发霉
刷子	悬挂或平放在柜橱里，新刷子不宜打开包装	用除虫剂防止虫蛀，保持干燥以防发霉
滚筒	挂在柜橱里	羔羊毛和马海毛滚筒的保存方法和刷子相同
金属工具和喷枪	悬挂或平放在柜橱里	涂上油脂或用防潮纸包上，防止锈蚀
石蜡 杂酚油	装在有开关的铁桶里放在支架上 装入5L或20L的带螺丝口的罐里，放在低处	拧紧盖子放在与主建筑物分开的密封场所内

续表 2-17

材料名称	存放方式	注意事项
液态气体 压缩气体 石油 纤维素涂料 纤维素稀释剂 氯化橡胶稀释剂 甲基化酒精 聚氯基 甲酸酯稀释剂	放在外边应防止冰雪和阳光直射 专用仓库的构造如下： 墙：应用砖、石、混凝土或其他防火材料砌筑 屋面：应用易碎材料铺盖以减少爆炸力 门窗：厚度为 50mm 向外开 玻璃：厚度应不小于 6mm 的嵌丝玻璃 地面：混凝土地面，应倾斜，溢出的溶液不应留在容器下 照明开关：为了不引起火花应安在室外	按最易燃烧的液体和液化石油气的使用贮存规章存放 注：这些规章只适用于存放 50L 以上的材料，存放材料需得到地方有关检查部门的准许
大漆	盛大漆的容器是一直沿袭几千年的木桶	大漆是一种天然的有机化合物，呈弱酸性，其性能比较活泼，与一般金属会发生反应

3 常用工具及保养

3.1 基层清理工具

基层清理工具的种类及特点见表 3－1。

表 3－1 基层清理工具种类及特点

种类	图示及内容
铲刀	要求弹性好，能弯、不折，弯至 55°角时，仍能恢复原态，刃薄而锐利。 规格：刃宽约 25mm（1in）、38mm（1.5in）、50mm（2in）、68mm（2.5in）。铲刀用于清除灰土、刮铲涂料、铁锈以及调配腻子等。 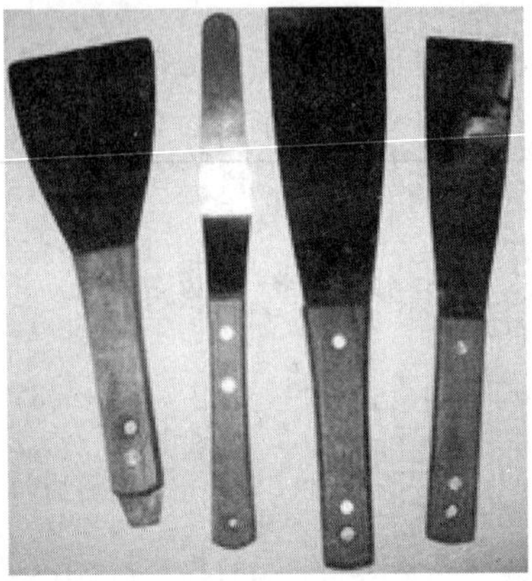 （1）用法。用其清理灰土前将铲刀磨快，两角磨齐，这样才能把木材面上的灰土清理干净而不伤木质。清理时，手应拿在铲刀的刀片上，大拇指在一面，四个手指压紧另一面。要顺木纹清理，这样不致因刀快而损伤木材，而且用刀轻重能随时感觉到，以便调整力度。 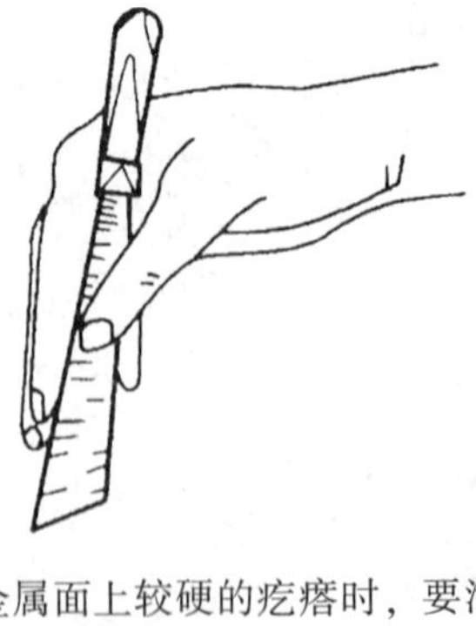 清理墙面上的水泥砂浆块或金属面上较硬的疙瘩时，要满把握紧刀把儿，大拇指紧压刀把顶端，铲刀的刃口要剪成斜口（不超过 20℃），用力戗刮。 （2）维护。铲刀用完及时清除残留物，擦净刀片、刃口，及时除去锈渍

续表 3－1

种类	图示及内容
刻刀	刻刀分为大刻刀和小刻刀等，在涂料的精施工时使用。大刻刀用于刮铲较硬的腻子膜和旧漆膜，例如，黏附于木材上的较坚硬的水泥砂浆或者金属面层上的铁锈都可以使用大刻刀来清除。其钢性好，铲刮起来较容易。大刻刀是用报废的钢锯条制成。用砂轮将断锯的锯齿磨掉，再将口子磨块即成。小刻刀又叫扦脚刀，一般为铁制，有双头和单头两种，用于将腻子嵌填于小钉眼和缝隙中 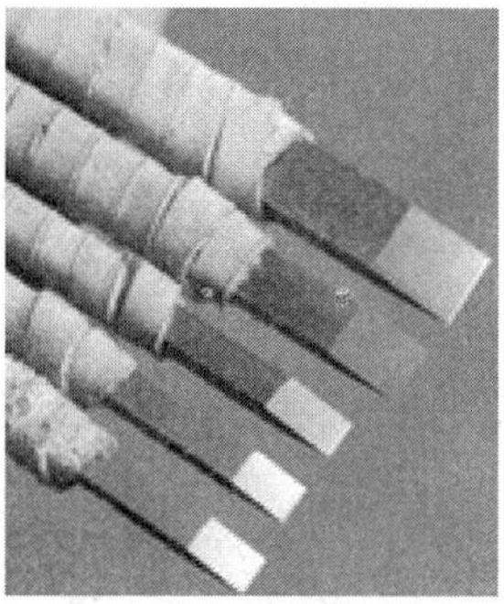
斜面刮刀	斜面刮刀是用来刮除凸凹线脚、檐板或装饰物上的旧漆碎片，一般与涂料清除剂或火焰烧除器配合使用。还可用其将灰浆表面裂缝清理干净 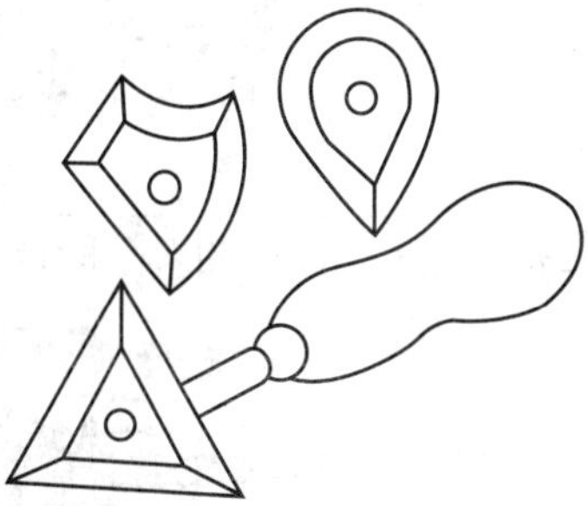
刮刀	在长把手上安装可替换的刀片。规格为 45～80mm，用来清除旧油漆或木材上的斑渍 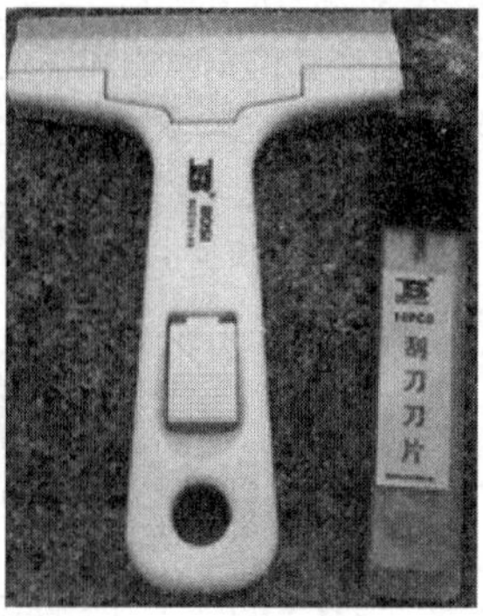

续表 3－1

种类	图示及内容
剁刀	带有皮革刀把和坚韧结实的金属刀身。刀背平直，便于捶打。规格为刀片长为 100～125mm。用来铲除嵌缝中的旧玻璃油灰等 
锤子	规格为重 170～230g。用来与剁刀配合使用，清除大片锈皮。与冲子配合使用，将钉帽钉入涂饰面以内 
冲子	规格为端部尺寸 2mm、3mm、5mm。用来将木材表面的钉帽冲入表面以内，以便涂刮腻子 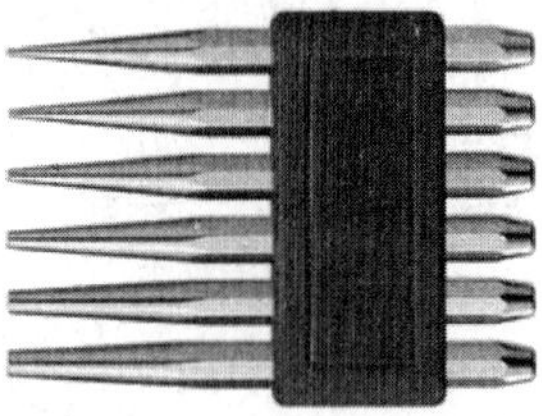
金属刷	金属刷是指带木柄、装有坚韧的钢丝刷和铜丝刷。铜丝刷不易引起火花，可用于易燃环境。金属刷有多种形状，长度为 65～285mm，主要用于清除钢铁部件上的腐蚀物，清扫表面上的松散沉积物 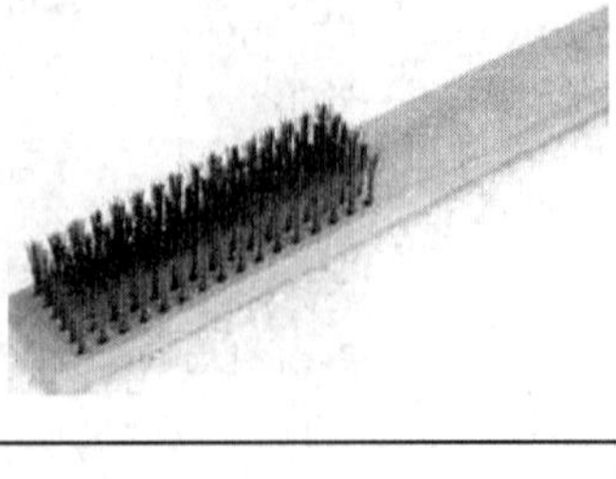

续表 3-1

种类	图示及内容
掸灰刷	规格为白色或黑色鬃毛或尼龙纤维，宽度有 3.5in、4in（1in = 0.3048m）。有三股或四股的标准刷型。用来清扫被涂饰面上的浮尘 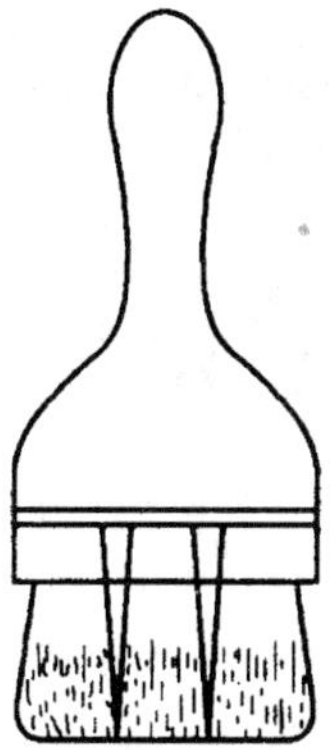
蒸汽剥除器	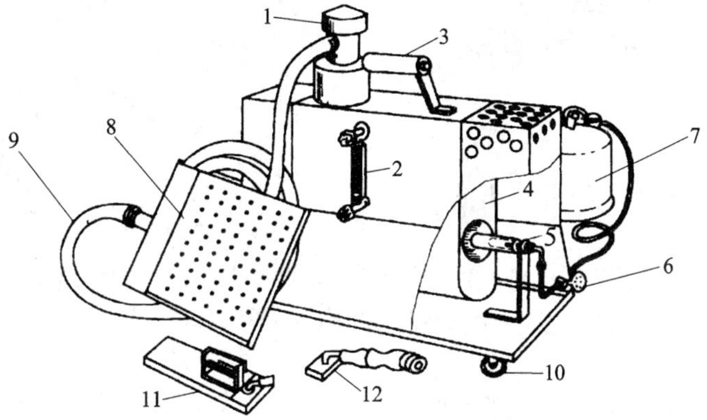 1—加水器和安全盖；2—水位计；3—提手；4—水罐；5—火焰喷嘴；6—控制阀；7—高压气缸；8—聚能器（510mm×300mm）；9—耐蒸汽胶管；10—滚轮；11—聚能器（510mm×75mm）；12—剥除器（仅用于水性涂料） 其工作原理为：在密闭的燃烧器上安装能产生压力蒸汽的贮水罐，通过软管将蒸汽送到布满小孔的平板（聚能器）上。由平板小孔喷出的蒸汽来软化工作面上的覆盖物，使之变软易剥离。 适用范围：可清除墙面、顶棚上的涂料、壁纸、胶粘剂等，特别是用一般的浸泡方法不易清除的旧装修材料；尤其适合清除水性涂料、乳胶漆和塑料类涂料；适合于需保持墙面平滑、清洁、灭菌的场所。 安全措施：使用前检查所有软管连接是否可靠有效；注意观察水箱的水位，不得降得太低；不得使蒸汽软管绞结或盘结太紧，以免阻碍蒸汽通过；使用完后，放空贮水罐，以免生锈

续表 3－1

种类	图示及内容
旋转钢丝刷	在电动或气动机上安装杯形或盘形的钢丝刷，用来清除金属面的铁锈或酥松的旧漆膜。 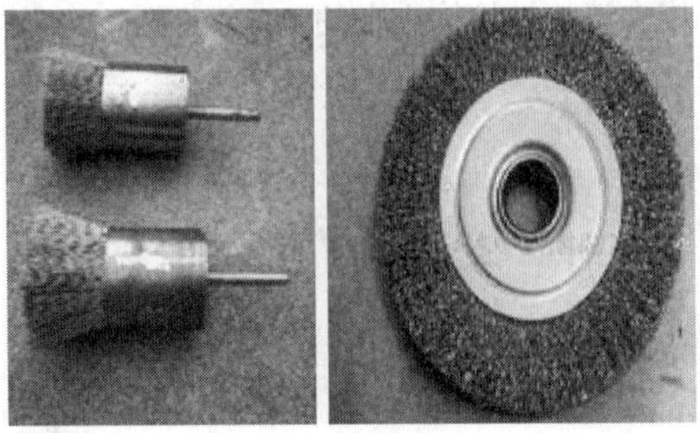 安全措施：戴防护眼镜；在关掉开关并停止转动后，才能放下机具，以免机器在离心力作用下甩出伤人；在易燃易爆环境中不宜使用，如需在该环境中使用，则应使用磷青铜刷；直径大于 55mm 的手提式转轮必须有制造商标称的最大转速
钢针除锈枪	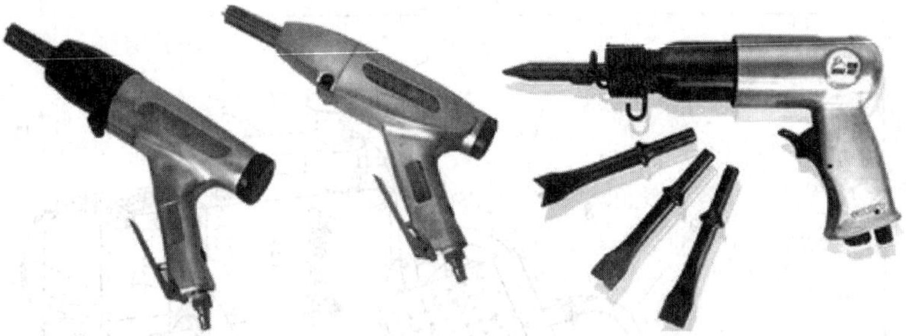 其工作原理：枪端为由气动弹簧推动的钢针，在脉冲型气流的推动下，冲击工作面，可选 2400 次/min。因每个钢针具有弹性，故可以自动调节其工作面，便于处理凸凹不平的表面和畸角。 该枪适用于一些不便处理的角和凹面。尤其是铁艺制品和石制品的除锈。工作时需戴防护眼镜；不得在易燃环境中使用，如必须在易燃环境中使用，则应配特制的无火花型钢针
火焰清除器	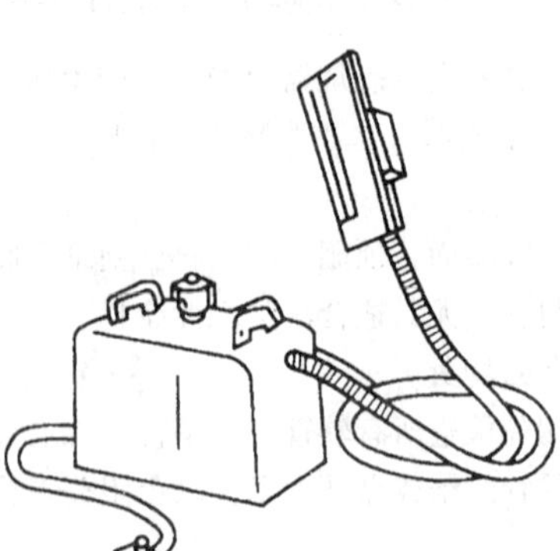

续表 3-1

种类	图示及内容
火焰清除器	其工作原理为火焰温度高达3000℃以上时，因铁锈和金属热导率不同，产生剥离，同时又被处理表面的水分、潮气迅速汽化，使附着物粉化，易于刷掉。另外，因热量穿透还可达到干燥基层的目的。 用法：三人为一组，一人执火焰清除器，将工作面烧热，一人用刷子清除表面的残留物，一人可在金属面仍微热时（手摸不烫，约38℃时）涂刷底漆。 适用范围：金属构架、罐体、铁路桥梁等大型金属构件的除锈。 安全措施：施工人员需佩戴防护面罩、手套、防护眼镜等；现场不能有易燃易爆材料和物品；在工作现场应备有灭火器材、沙土，以便及时灭火；将烧除的涂料或其他残留物，集中置于有水的金属容器中
气炬	其工作原理是以液化石油气、煤气、天然气或丁烷、丙烷为燃烧气源，利用火炬产生的热量使漆膜变软，然后用铲刀或刮刀清除。 气炬一般为三种类型： （1）瓶装型气炬。以液化石油气、丁烷或丙烷为气源，为手提式轻便型气炬。能重复充气，能安装不同型号的气嘴，以产生不同形状的火焰和温度。每瓶气可使用2～4h。 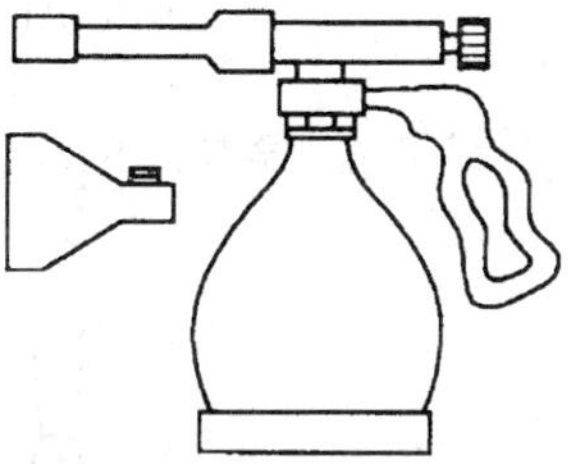 （2）罐装型气炬。用软管将燃烧嘴与气源罐连接。一个气罐可同时安装两个气炬。特别适合空间窄小处使用。 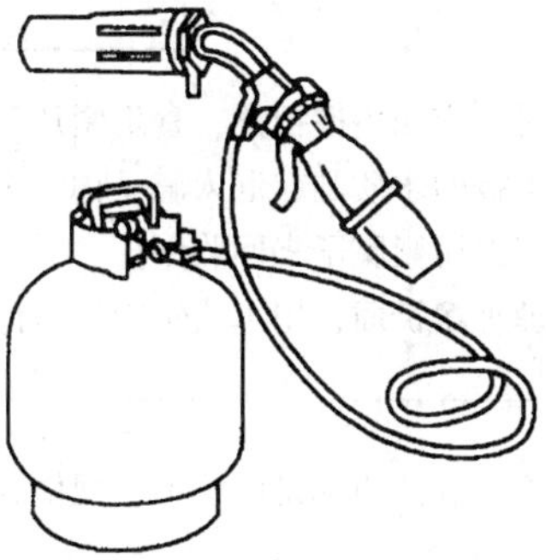 （3）管道供气型气炬。将气炬枪连接在天然气或煤气管道上。适于在敷设有管道煤气、天然气的场所使用。

续表 3－1

种类	图示及内容
气炬	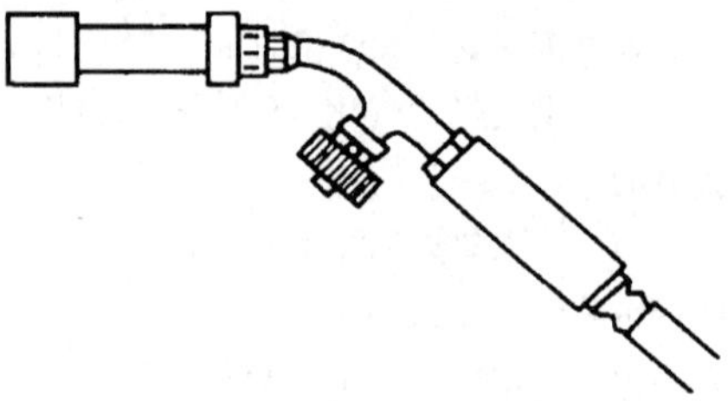 安全措施：同火焰清除器。施工前应移走家具、设备；工作结束后，应检查木制品表面无冒烟现象

3.2 调、刮腻子工具

调、刮腻子工具的种类及特点见表 3－2。

表 3－2 调、刮腻子工具种类及特点

种类	图示及内容
腻子刮铲	刮铲类似铲刀，但刀片薄而宽、柔韧，不要求锋利，但需平整，不应有缺口。 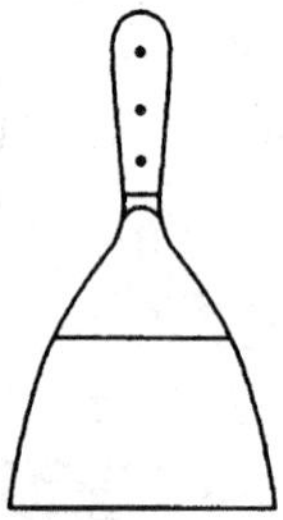 用法：调配腻子时，应四指握把儿，食指紧压刀片，正反两面交替调拌。刀不要磨得太快，太快可能将腻子板的木质刮起混入腻子内，造成腻子不洁。嵌补孔眼缝隙时，先用刀头嵌满填实，再用铲刀压紧腻子来回收刮。 工作结束后，清理干净铲面，用木或铅制护套保护刃口
油灰（腻子）刀	刀片一边直一边曲。或两边都是曲线形。规格为刀片长度 112mm 或 125mm。 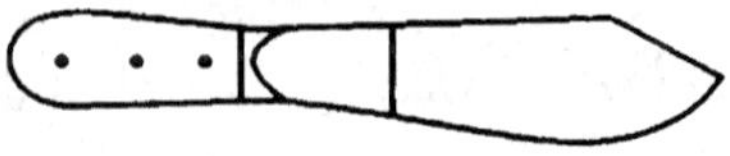 用法：将腻子填塞进窄缝或小孔中。镶玻璃时，可将腻子刮成斜面

续表 3－2

<table>
<tr><th>种类</th><th>图示及内容</th></tr>
<tr><td>托板</td><td>托板是用油浸胶合板、复合胶合板或厚塑料板制成。 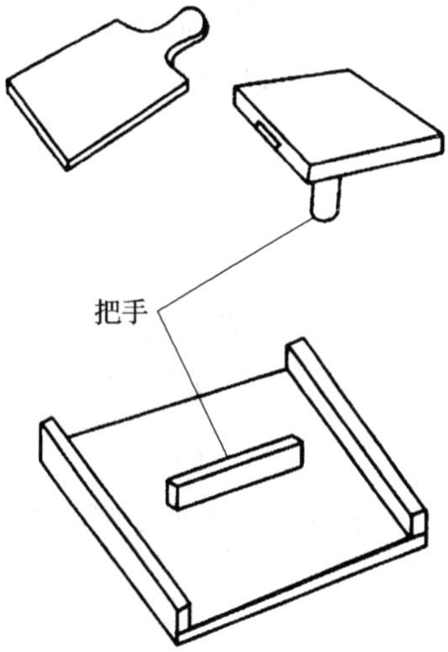

规格：用于填抹大孔隙的托板，尺寸为 100mm×130mm；用于填抹细缝隙的托板，尺寸为 180mm×230mm（手柄的长度在内）。
用法：调和及承托腻子等各种填充料，在填补大缝隙和孔穴时用它盛砂浆</td></tr>
<tr><td>刮板</td><td>用于大面积、大批量地刮批腻子，以填充找补墙面、地面、顶棚等涂饰表面的蜂窝、麻面、小孔、凹处等缺陷，并平整其表面。刮板常用塑料板（硬聚氯乙烯板）、3230 环氧酸酚醛胶布板、厚为 6mm 或 8mm 的橡胶板或薄钢片自制而成。
（1）钢刮板。钢刮板分硬板和软板两种。硬刮板为矩形，能压碎和刮掉前层腻子的干渣并耐用，主要用于刮涂头几遍腻子。软刮板用 0.5mm 薄钢板制成，形状与顺用椴木刮板相同，能把多余的腻子刮下来，而且刮得干净，小倒刃，主要用于刮涂平面最后一遍光腻子。 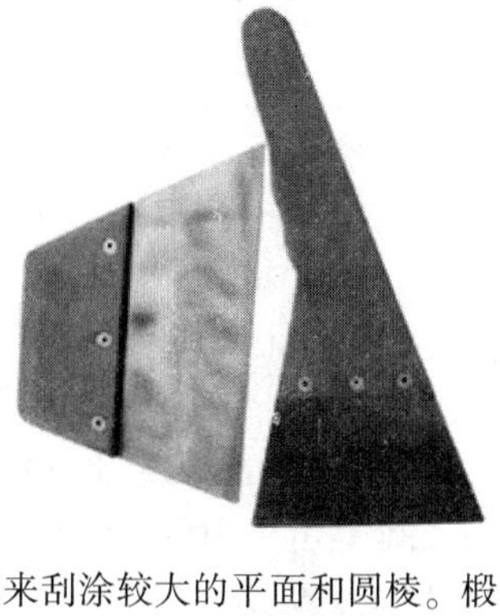
（2）椴木刮板。椴木刮板用来刮涂较大的平面和圆棱。椴木刮板经过泡制后，其性能与牛角刮板相似，稍有弹性，韧性大，能把硬腻子渣刮碎，长久使用不倒刃，表面光滑而发涩，能带住腻子。制作方法是：先把椴木刨成刮板，再在油性油漆中浸泡 1 个月，取出晾干，经打磨磨去表面涂膜即成。</td></tr>
</table>

续表 3-2

<table>
<tr><th>种类</th><th>图示及内容</th></tr>
<tr><td>刮板</td><td>椴木刮板有顺用和横用两种。顺用刮板有 10～150mm 多种刃宽规格，其中大刮板用于刮涂大平面，中刮板用于刮涂凹凸不平的头两遍腻子，小刮板用于找补腻子；横用刮板用于刮涂大平面和圆棱、圆柱，横用刮板刃宽规格为 150～500mm，其高不超过 100mm。 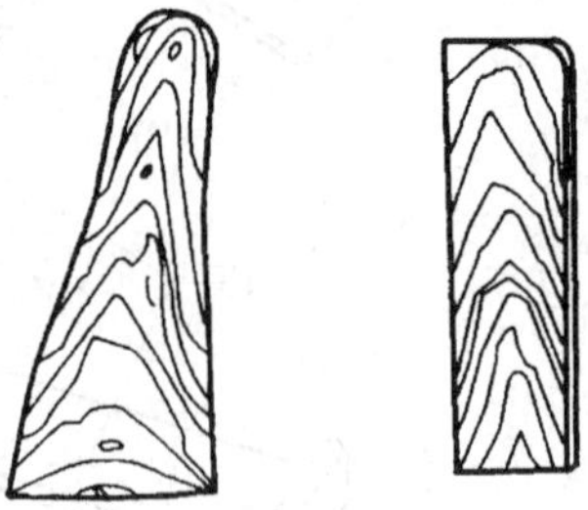
使用横用刮板，需用较大的托板和铲刀配合，同时也需用其他刮板作辅助工具。
（3）牛角刮板。用牛角制成，其形状与顺用椴木刮板相同，光滑而发涩，能带住腻子，适于找补腻子和刮涂钉眼等。 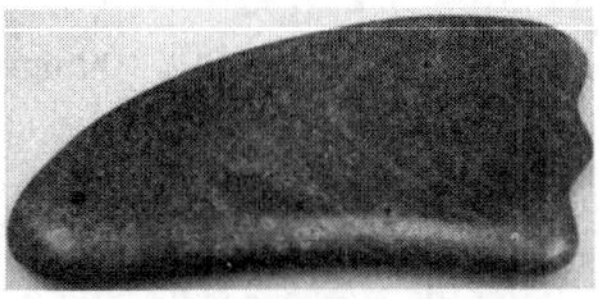
（4）橡胶刮板。简称为胶皮或胶皮刮板，用 5～8mm 厚的胶板制成。厚胶皮刮板既适于刮平又适于收边（刮涂物件的边角称收边）；薄胶皮刮板适于刮圆。橡胶刮板的样式很多 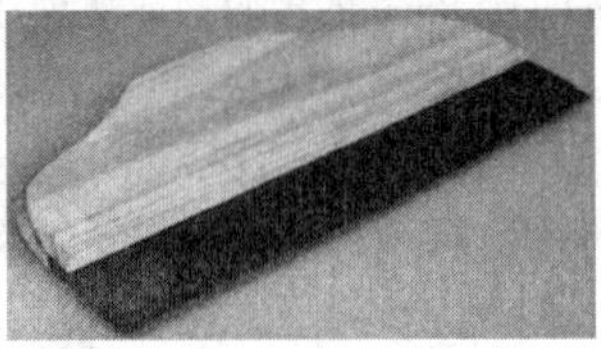</td></tr>
</table>

3.3 涂刷工具

1. 排笔

对于建筑涂料的涂装来说，排笔是重要的手工涂刷的工具，用羊毛和细竹管制成，如图 3-1 所示。根据宽度的需要每支排笔可由 10～24 根笔穿排。适用范围：排笔的刷毛较毛刷的鬃毛柔软，适于涂刷黏度较低的涂料，如粉浆、水性内墙涂料、乳胶漆、虫胶漆、硝基漆、聚酯漆、丙烯酸漆的涂装施工。排笔以长短适度，弹性好，不脱毛，有笔锋的为好。涂刷过的排笔，必须用水或溶剂彻底洗净，将笔毛捋直保管，以保持羊毛的弹性。不要将其久立于涂料桶内，否则笔毛易弯曲、松散，失去弹性。

新排笔使用前要先用手指来回拨动笔毛，使未粘牢的羊毛掉出，然后用热水浸湿，将毛头捋平，再用纸包住，让它自干。新排笔刷涂时应先刷不易见到的部位，等刷到不掉毛时，再刷易见的部位或者正面、平面等部位。

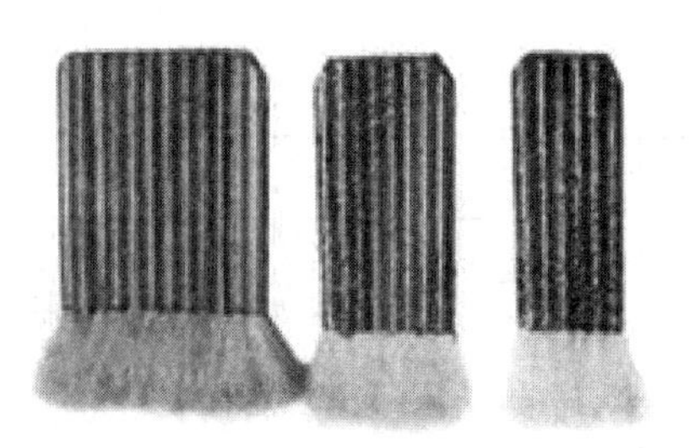

图 3－1 排笔

排笔的使用：涂刷时，用手拿住排笔的右角，一面用大拇指压住排笔，另一面用四指握成拳头形状，如图 3－2 所示。刷时要用手腕带动排笔，对于粉浆或涂料一类的涂刷，要用排笔毛的两个平面拍打粉浆，为了涂刷均匀，手腕要灵活转动。用排笔从容器内蘸涂料时，大拇指要略松开一些，笔毛向下，如图 3－3 所示。蘸涂料后，要把排笔在桶边轻轻敲靠两下，使涂料能集中在笔毛头部，让笔毛蓄不住的余料流掉，以免滴洒。然后将握法恢复到刷浆时的拿法，进行涂刷。如用排笔刷漆片，则握笔手法略有不同，这时要拿住排笔上部居中的位置。

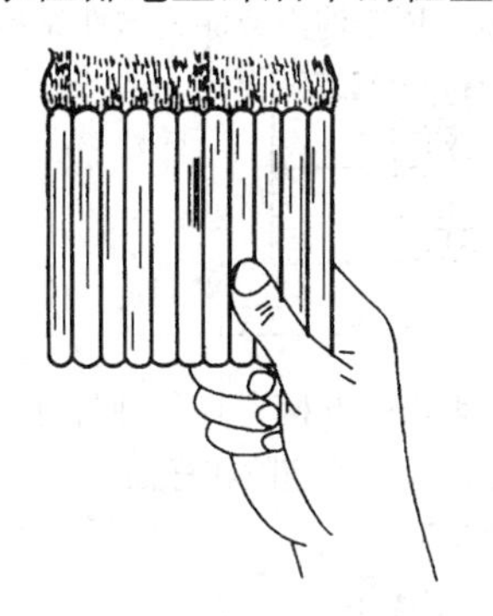

图 3－2 刷浆时拿法

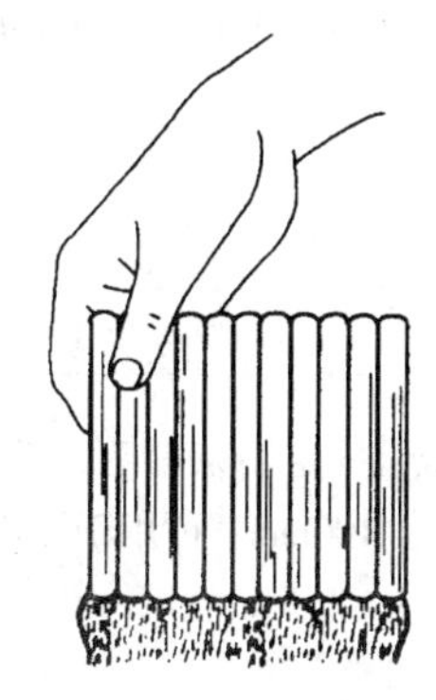

图 3－3 蘸浆时拿法

2. 油刷

油刷是用猪鬃、马鬃、人造纤维等为刷毛，以镀镍铁皮和胶粘剂将其与刷柄（木、塑料）牢固地连接在一起制成，是手工涂刷的主要工具。油刷刷毛的弹性与强度比排笔大，故用于涂刷黏度较大的涂料，如酚醛漆、醇酸漆、酯胶漆、清油、调和漆、厚漆等油性清漆和色漆。

（1）油刷的种类与规格。油刷的种类和规格，按刷毛宽度分有 0.5in、1in、1.5in、2in、2.5in、3in、3.5in、4in、4.5in、6in 等；按刷毛种类分有纯猪鬃刷、马鬃刷、合成纤维刷；按刷柄长短形状分为直把刷、弯把刷、长柄刷等；按用途分有 12 种，见表 3－3。

表 3－3 油刷按用途分类

种类	图示及内容
平刷或清漆刷	一般用纯鬃毛或合成纤维制作，刷毛宽度有 1in、1.5in、2in、2.5in、3in、3.5in 等。在门窗表面和边框使用

续表 3－3

种类	图示及内容
墙刷	由鬃毛、人造纤维混合制作。宽度有 3. 5in、4in、4. 5in、6in 等。在大面积上涂刷水性涂料或胶粘剂 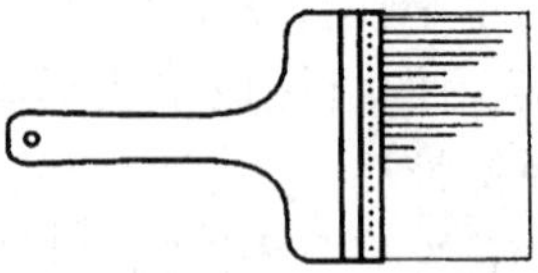
板刷（底纹笔）	比一般的油刷薄，由白猪鬃或羊毛制作，各规格宽度与一般的油刷类似。羊毛刷与排笔相似，可涂刷硝基清漆、聚氨酯清漆、丙烯酸清漆
清洗刷	以混合刷毛或天然纤维，并用铜丝捆扎成束状。用于清洗或涂刷碱性涂料 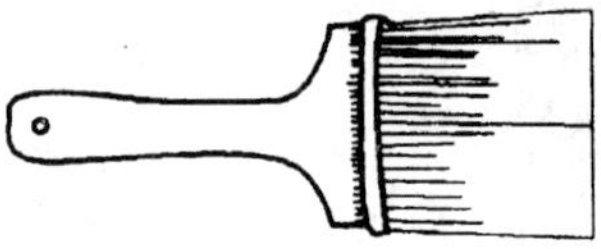
剁点刷	平板上固定小束鬃毛，毛端成一平面，有直柄和弓形柄。有各种尺寸，最常用规格为 150mm×100mm。可用于涂刷面漆后，用它来拍打成有纹理的花样面 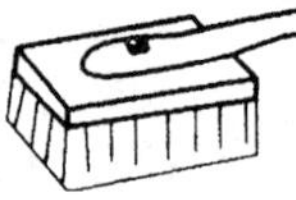 
掸灰刷	刷毛为白色或黑色纯鬃或人造纤维，一般用尼龙制作。用于在涂饰前清扫表面灰尘或脏污 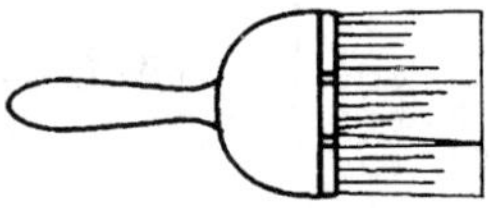
修饰刷	用镀镍铁皮将刷毛固定成扁或圆形束。扁形的宽度为 5～28mm；圆形的直径为 3～20mm。有八种尺寸。用于涂刷细小的不易刷到的工作面 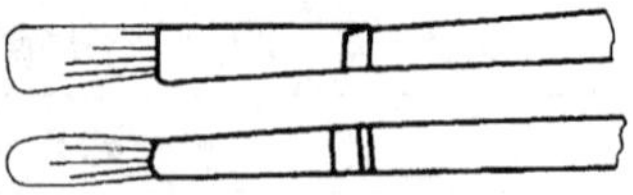
漏花刷	刷毛为短而硬的黑色鬃毛。用于在雕刻的漏花印版上涂刷涂料，达到装饰效果或印字 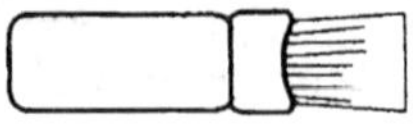

续表 3－3

种类	图示及内容
画线刷	用金属箍将鬃毛固定成扁平状，并切成一定的斜角。宽度为 6mm、12mm、18mm、25mm、31mm、37mm，与直尺配合用于画线 
长柄刷	将刷子固定在长铁棍上，长铁棍可弯曲，以便伸到工作面上。宽度有 1in、1.5in、2in。用于铁管或散热器的靠墙一面 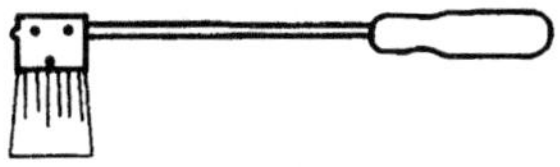
弯头刷	用镀镍铁皮将刷毛固定成圆形或扁形，刷柄弯成一定的角度用它涂刷不易涂刷到的部位。扁形的宽度为 9mm、12mm、15mm；圆形的直径为 18～31mm。用途与长柄刷相似 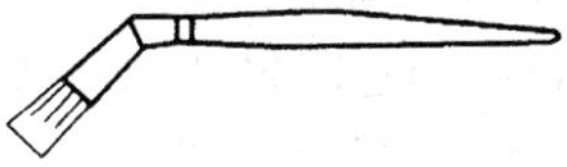
压力送料刷	刷子固定在软管上，涂料从容量 5～10L 的压力罐里通过软管送到刷子上。涂料流量是通过刷子上的气压控制阀来调整的。 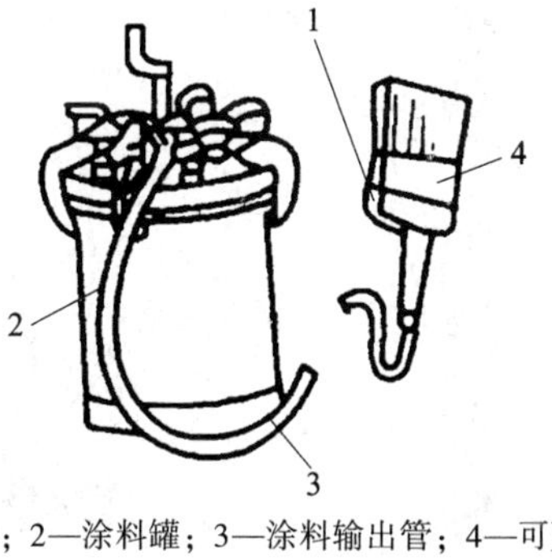 1—控制开关；2—涂料罐；3—涂料输出管；4—可更换的刷头 其设备结构为： 刷子：宽度为 3、4in，是可换式的尼龙或鬃毛刷子。 软管：用聚酯纤维加强型透明聚氯乙烯管。 动力：气罐压力约为 0.545MPa，送气量为 0.472L/s。使用特制装置或直接把刷子和软管一起连接到设备上。 用途：用在涂刷钢铁构件或其他大面积上。 优点：一是能从涂料桶里连续不断供应涂料；二是刷子经常被涂料浸润，故使用寿命长；三是劳动量比一般涂刷方法小。 缺点：因为涂料是连续不断流动着，易使漆膜过厚，在收刷时不易掌握其均匀厚度

（2）油刷的选取：

1）油刷种类的选用按使用的涂料来决定。油漆毛刷因为所用涂料黏度高，所以使用含涂料好的马毛制成的直筒毛刷和弯把毛刷，并且油漆毛刷要用扁平的薄板围在四周；清漆毛刷因为清漆有一定程度的黏度，所以使用由羊毛、马毛、猪毛混合制成的弯把、平形、圆形毛刷；硝基纤维涂料毛刷，因硝基纤维涂料干燥快，所以需要用含涂料好、毛尖柔软的羊毛、马毛制作，其形状通常是弯把和平形；水性涂料毛刷因为需要毛软和含涂料好，所以用羊毛制作最合适，也可用羊毛加马毛，形状为平形，尤其是要宽度大。

2）选择质量好的油刷。质量的好坏一要选毛口直齐，根硬，头软，毛有光泽，手感好；二要无切剩下的毛及逆毛，将刷的尖端按在手上能展开，逆光看，无逆毛；三是扎结牢固，敲打不掉毛。

（3）油刷的使用方法：

1）油刷一般采用直握的方法，手指不要超过铁皮，如图3－4所示。手要握紧，不得松动，操作时，手腕要灵活。必要时，可把手臂和身体的移动配合起来。使用新刷时，要先把灰尘拍掉，并在1½号木砂纸上磨刷几遍，将不牢固的鬃毛擦掉，并将刷毛磨顺磨齐。这样，涂刷时不易留下刷纹和掉毛。蘸油时不能把刷毛全部蘸满，一般只蘸到刷毛的⅔。蘸油后，要在油桶内边轻轻地把油刷两边各拍一二下，目的是把蘸起的涂料拍到鬃毛的头部，以免涂刷时涂料滴洒。在窗扇、门框等狭长物件上刷油时，要用油刷的侧面上油，上满后再用油刷的大面刷匀理直。涂刷不同的涂料时，不可同用一把刷子，以免影响色调。使用过久的刷毛变得短而厚时，可用刀削其两面，使之变薄，还可再用。

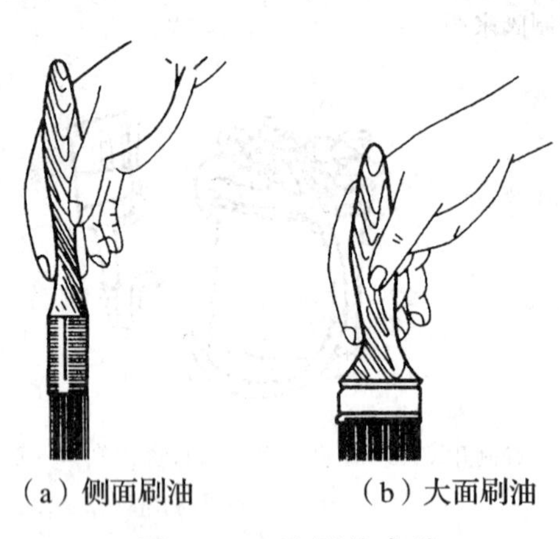

（a）侧面刷油　（b）大面刷油

图3－4　油刷的拿法

2）油刷使用后的保养与保管。刷子用完后，应将刷毛中的剩余涂料挤出，在溶剂中清洗二三次，将刷子悬挂在盛有溶剂或水的密封容器里，将刷毛全部浸在液面以下，但不要接触容器底部，以免变形，使用时，要将刷毛中的溶剂或水甩净擦干。若长期不用，必须彻底洗净，晾干后用油纸包好，保存于干燥处，如图3－5所示。

刷油性类涂料毛刷的处理方式见图3－5（a）；刷硝基纤维涂料和紫虫胶调墨漆（清漆）毛刷的处理方式见图3－5（b）；刷合成树脂乳剂涂料毛刷的处理方式见图3－5（c）。

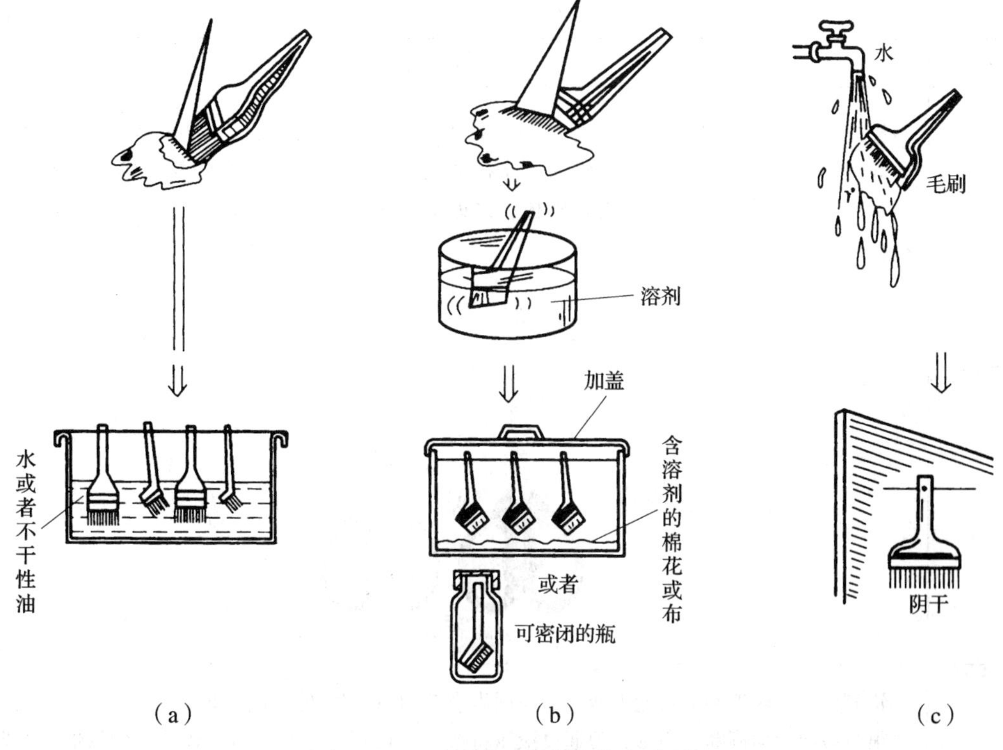

图3-5 毛刷使用后的处理方法

3.4 裱糊用具

3.4.1 裁割工具

裁割工具的种类及特点见表3-4。

表3-4 裁割工具的种类及特点

种类	图示及内容
活动剪纸刀	活动剪纸刀，刀片可伸缩，并有多节，用钝后可截去，携带方便，使用安全。根据刀片的长度、宽度及厚度分为大、中、小号。与钢尺或刮板配合使用，要一刀到底，中途不得偏移角度或用力不均。保持刀片的清洁锋利，钝后即时截去，顶出下一节使用。适用于裁割及修整壁纸

续表 3-4

种类	图示及内容
长刃剪刀	长刃剪刀外形与理发剪刀十分相似，长度为250mm、275mm或300mm左右，适宜剪裁浸湿了的壁纸或重型的纤维衬、布衬的乙烯基壁纸及开关孔的掏孔等。裁剪时先用直尺划出印痕或用剪刀背沿踢脚板，顶棚的边缘划出印痕，将壁纸沿印痕折叠起来裁剪 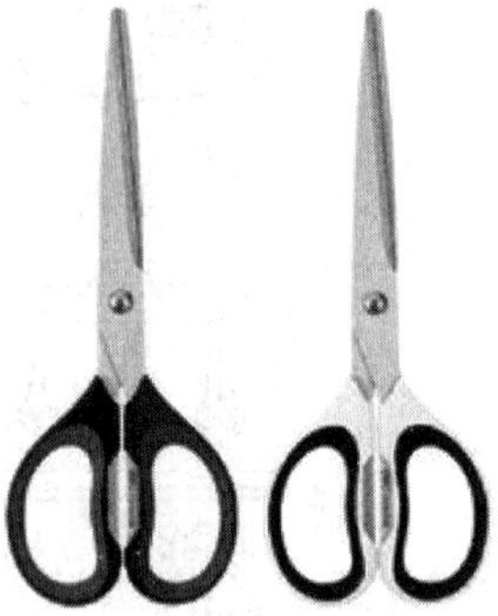
轮刀	轮刀分齿形轮刀和刃形轮刀两种。使用齿形轮刀可在壁纸上滚压出连串小孔，即能沿孔线很容易地均匀撕断；刃形轮刀通过滚压将壁纸直接断开，对于质地较脆的壁纸墙布裁割最为适宜。可代替活动裁纸刀用于裁割壁纸，尤其适于修整圆形凸起物周围的壁纸和边角轮廓；也适宜裁割金属箔类脆薄壁纸 
修整刀	修整刀有直角形或圆形的，刀片可更换，主要用于修整、裁切边角和圆形障碍物周围多余的壁纸 
油灰铲刀	油灰铲刀可用于修补基层表面裂缝、孔洞及剥除旧裱糊面上的壁纸墙布等

续表 3－4

种类	图示及内容
刮板	刮板主要用于刮、抹压等工序。刮板可用富有弹性的钢片制成，厚度为1～1.5mm，也可用有机玻璃或硬塑料板，切成梯形，尺寸可视操作方便而定，一般下边宽度100mm左右。刮板在裱贴时，用得很频繁，基本上不离手，除了上面提到的作用外，有时也当作直尺使用，进行小面积的裁割 
直尺	直尺可用红白松木制成，比较好的是铝合金直尺。它具有强度高、质量轻、不易变形及不易破损等优点。目前所使用的铝合金直尺，实际上是一个小断面的薄壁方管，也有的使用铝合金窗料。尺的长度可长可短，操作方便即可，长度多为600mm左右 

3.4.2 裱糊工具

裱糊工具的种类及特点见表3－5。

表3－5 裱糊工具的种类及特点

种类	图示及内容
壁纸刷	壁纸刷用黑色或白色鬃毛制成，安装在塑料或橡胶柄上。其宽度为200mm、225mm、250mm及300mm。刷毛长度：短毛为18mm左右，长毛为50mm左右。主要用于刷平、刷实定位后的壁纸。使用壁纸刷由壁纸中心部位向两边赶刷。用后用肥皂水或清水洗净晾干，以避免沾在刷毛上的胶粘剂沾污壁纸 

续表 3－5

种类	图示及内容
裱糊台	裱糊台是可折叠的坚固木制台面。其规格为1830mm×560mm。主要用于：壁纸裁切、涂胶、测量。用后保持台面、台边清洁、光滑 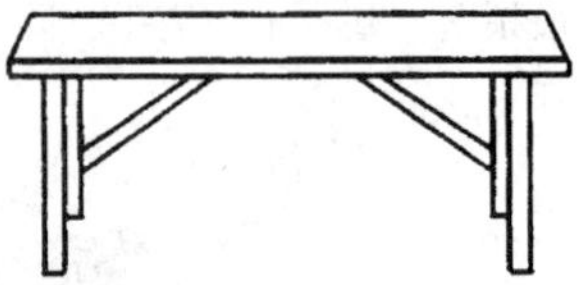
糨糊辊筒	糨糊辊筒是指裹有防水绒毛的涂料辊筒。适用于代替糨糊刷滚涂胶粘剂、底胶和壁纸保护剂。用它滚涂与使用糨糊刷相同。要遮挡不需胶液的部位。滚涂工作台上的壁纸背面时，在滚完后，将壁纸对叠，以防胶液过快干燥 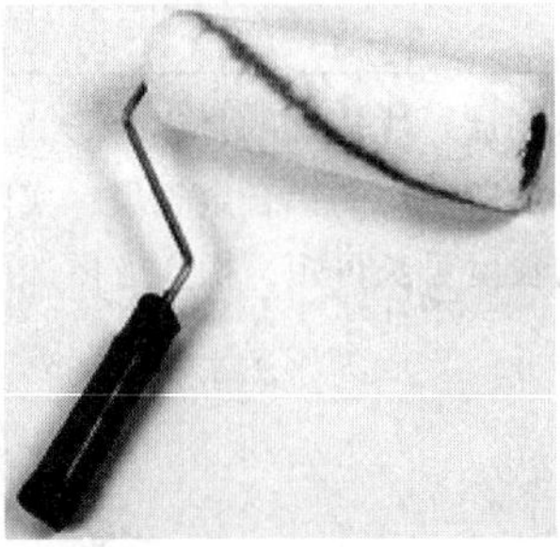
压缝辊和阴缝辊	压缝辊和阴缝辊用硬木、塑料、硬橡胶等材料制成，宽25～37mm。一般是裱糊后10～30min，待胶粘剂干燥至不呈水状时再行滚压。应沿接缝由上而下或由下而上短距离快速滚压。适用于滚压壁纸接缝，其中阴缝辊专用于阴缝部位壁纸压缝，防止翘边。不适用于绒絮面、金属箔、浮雕壁纸。用后保持清洁和轴承润滑，以达到滚动灵活 
压缝海绵	压缝海绵是普通海绵块。待壁纸稍干后，用手指和湿海绵将接缝压在一起。按压完毕，检查壁纸表面，擦去渗出的胶液。适用于金属箔、绒面、浮雕型或脆弱型壁纸的压缝 

3.5　美工油漆工具

1. 缩放尺

（1）构造。缩放尺如图3－6所示。用竹、木、铝合金等材料制成4根尺杆，由螺钉连接。每根尺杆上有数字刻度和小孔。用于缩小或放大字样、花样等。

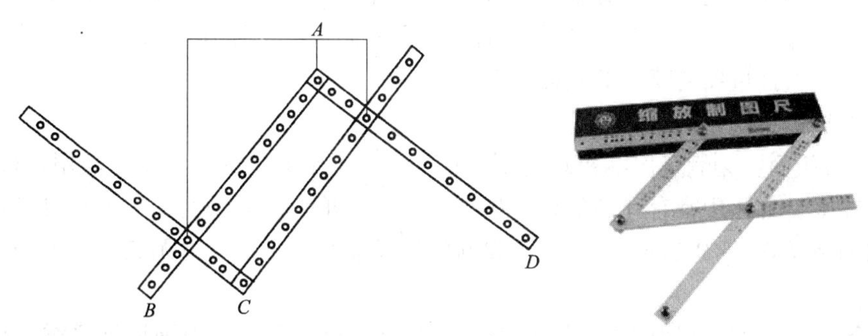

图3－6　缩放尺

A—元宝螺钉；*B*—螺钉固定；*C*—插尖头竹笔孔；*D*—插铅笔孔

（2）使用方法。操作时，将*B*点用螺钉固定在板上，*C*点孔中插尖头竹笔，下面放原字样，*D*点孔中插铅笔，其下放一张白纸。通过调节*A*位的元宝螺钉的插孔位置，使*BC*和*CD*的距离之比符合原字样放大的倍数。如需将字样放大2倍，即$CB:CD=1:2$，然后将尖头竹笔沿着字样的边沿移动，插入*D*点的铅笔即在白纸上随之移动，从而将原字样按比例地描画在白纸上。

如需缩小字样，则将尖头竹笔和铅笔互换位置即可。如将*D*点插入竹笔，下置字样，*C*点插入铅笔，下置白纸。按上法操作，即可得到缩小字样。

2. 弧形画线板

（1）构造。弧形画线板如图3－7所示。木板的圆弧面为坡口，坡口的宽度视所要求的线条宽度而定。

图3－7　弧形画线板

（2）使用方法。如图3－8所示。将圆弧边沿在玻璃板上的油漆层滚上涂料，再在需画线的位置上滚轧成线条。用于美工画直线。

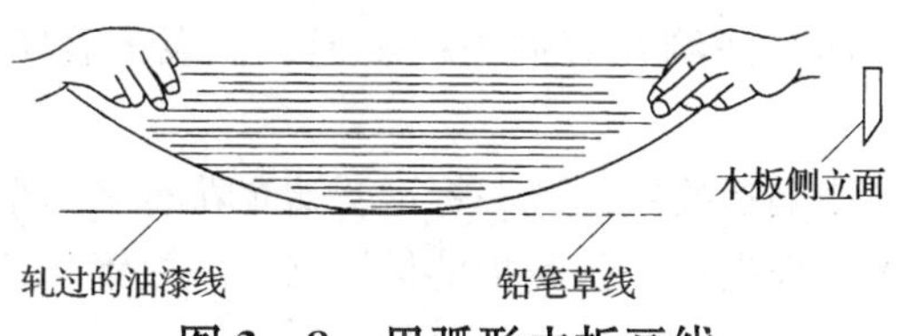

图3－8　用弧形木板画线

3. 漏板

制作美工油漆时，需要涂饰面上呈现花样或字样。这种涂饰花样、字样的专用工具称为漏板。

花纹字样从板上挖空制成的漏板为空心漏板。将花纹、字样之外的部分从板上挖去的为实心漏板。

根据漏板用材不同，可分为金属漏板、薄板漏板、丝棉漏板，各有其适用范围。

(1) 金属漏板：金属漏板用铁皮、铜皮等金属制成。板厚0.1～0.7mm。特点：经久耐用。适于：大批量反复喷涂的花样和字样。

制作方法：

1) 平整板面：刻制金属漏板首先要求板平，板不平刻出的漏板也不能用。板不平时，可把板放在平台上，用富有弹性的钢片拍打，别用手拍平，如果用手拍平有可能越拍越不平。刻制漏板用0.1～0.7mm厚的铁板或铜板是很难整平的，采用无皱纹、无碰伤的金属板为好。

2) 绘图：板面整好后用大蒜瓣擦一下，以利绘制图案。先用钢针划好线，线划得重一点为好。然后放在平台上用很薄很快的扁铲剁，以确定花样轮廓。

3) 刻板：普遍铲过后，再重铲一次，加深印的深度，这时也不要把应铲掉的部分铲掉，最好是铲成似掉非掉状态。然后，把板翻过来，把铲成的印放在平台边以外，使扁铲能与平台边相错，把应铲掉的部分铲下来。

4) 修整：经过铲凿的金属板，也可能有些变形。全部铲完后，用弹簧板轻轻地平一下，此时，留有的笔画有可能稍微弯曲，可用组锉修理。

为使在刻制漏板时板面不走形，也可采用钻眼、铣刀铣、锉修理的刻制方法。金属漏板的连筋断了，可在正面用焊锡焊接。金属板使用后要洗净，保管好备用。

(2) 硬纸漏板：用厚硬纸制作。特点：制作较为方便，耐久性较金属漏板差。适于：批量不太大的花样字样的使用。

制作方法：刻制纸漏板，首先要在厚硬纸板上绘出图案，然后用薄而锋利的小刀刻制。刻制时要有次序，连筋设计位置要合理美观有规律。所谓连筋就是连接笔画或花样之间的薄板。如竖体字，竖画是主体，连筋就留在横画的两端；横体字横画是主体，连筋就留在竖画的两端；方形字则可用相同的角度在四角对应留出连筋。阿拉伯数字一般都留有一条竖连筋。连筋的留法要统一，不能在一个涂饰面上采取不同留法。

刻制这些连筋时，应先从连筋的一角下刀，刻上小口后，再从这一刀线的对应端点下刀，与先割的小口相接，割这两下算作一刀。把刀刃扳直，不能左右倾斜。刻制时注意留连筋，漏板就能刻好。

纸漏板刻好后，用几滴油漆滴在溶剂中刷一遍，在表干后实干前，要放在平板上干燥。

刻制套花漏板时，各张漏板要定出统一标记，这个花有多少个颜色，就需要多少个漏板。这些漏板所放位置都是根据第一张漏板的标记来对号放置。纸漏板的连筋断了，可用糨糊糊上麻批进行修正。

（3）丝绢漏板：用丝绢和纸制作的漏板。特点：依靠丝绢把花或字的每一笔画连在一起，由于油漆透过丝绢能够自然流平，成为完整的笔画，所以丝绢漏板可以制成细花小字漏板。

制作方法：

1）做漏板框：在满足耐用程度和目视效果的前提下，选用丝绢经纬线越细越好。先用漏板框（铁框或木框）把丝绢平面绷紧。丝绢应绷在漏板框底边的下面，不能高于漏板框下沿，以便于使用。绷丝绢的办法，一般是采用胶粘剂，或先初步绷紧丝绢，再加上箍进一步压紧。应用的胶粘剂不能被后面工序所用的溶剂溶解。丝绢若是绷不太紧或松紧不均，在后步工序刷涂水胶或清漆时，还能绷紧一些。

2）刻图案：先把纸用不很黏的胶粘剂贴在玻璃上，再在纸上均匀地涂上一层能被溶解的胶粘剂，其黏性要比粘玻璃片的高。干燥后，在上面刻出花、字。把不要的部分掀掉除净，有用部分保持完好，仍然附在玻璃上。

3）粘图案：把丝绢压紧在刻好的图案上，用棉花蘸溶剂透过丝绢溶解纸上的胶粘剂，经再次干燥后，把丝绢从玻璃上掀下来，已刻好的图案就被牢固地与丝绢粘结在一起了。

4）修整：经检查修整即成完善的丝绢漏板了。

在制作丝绢漏板时，要注意使图案两面平整，高出部分应磨平，漏堵或多堵的孔要修整。堵笔画是用于刷涂空心花或字；堵其他板面是用于刷涂实心花或字。

保养和维护：漏板用过后，要及时清理干净，如果清理不干净，油漆增多，会造成漏字或图案不清。使用漏板要轻拿轻放，用软毛刷慢慢清理，用细软布轻轻拭干，以利再用。

（4）丝棉漏板。丝棉漏板是喷涂假大理石花纹的专用工具。由于丝棉对工件遮盖不均，与工件距离不等，所以能喷出过渡颜色，呈现大理石样的花纹。

制作方法：根据大理石块的规格，制作一只方木框，其尺寸一般为450mm×450mm或500mm×500mm，将丝棉浸入水中，浸透后捞出，挤去水分，甩开使其松散，用手整理丝棉成如大理石斜纹状，不宜拉成直纹。将整理好的丝棉紧绷在木框上，用喷漆喷2～3遍，使其变硬，待用。

4. 画线尺

如图3－9所示，画线尺为一平直的薄木板，两端用小木垫垫起。与画线笔配合画线使用时，不会因毛细管吸附作用而使涂料漫洇出来。薄板画线边为斜坡边。尺背为把手，便于把握。

长度30mm至1m不等，按需要制作。

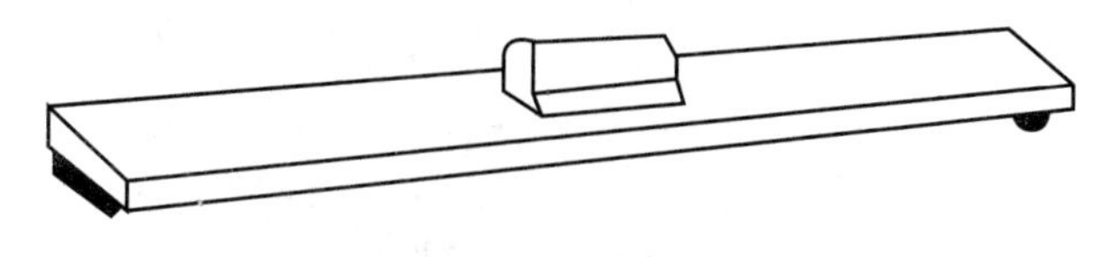

图3－9 画线尺

3.6 玻璃裁装工具

3.6.1 玻璃加工工具

玻璃加工工具的种类及特点见表 3－6。

表 3－6 玻璃加工工具的种类及特点

种类	图示及内容
工作台	工作台一般用木料制作，台面尺寸大小根据需要而定，有 1m × 1.5m、1.2m × 1.5m、1.5m × 2m 等几种，台面厚度大于 50mm，裁割大块玻璃时要垫软的绒布，其厚度要求在 3mm 以上 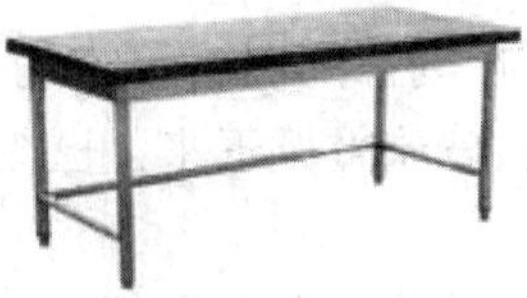
玻璃刀	玻璃刀又称金刚钻。2 号玻璃刀适用于裁割 2～3mm 玻璃，3 号玻璃刀适用于 2～4mm 玻璃，4 号玻璃刀适用于 3～6mm 玻璃，5 号、6 号玻璃刀适用于 4～8mm 玻璃，可根据玻璃厚度选用 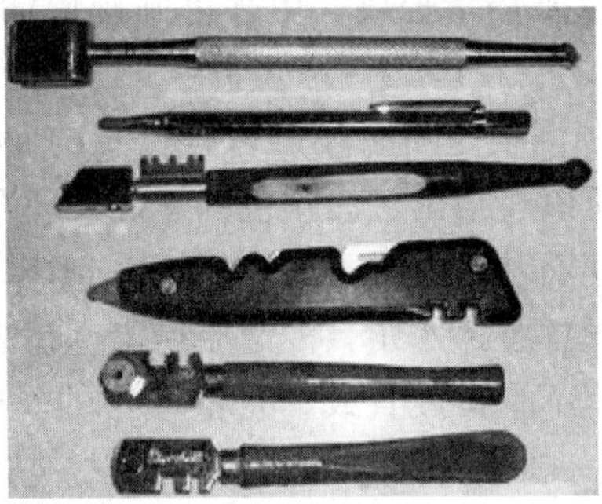
直尺	用不易变形的木材制成，用作裁割玻璃时的靠尺。其断面尺寸，根据玻璃的厚度确定。裁割 2～3mm 厚的玻璃，可用断面 12mm × 40mm 的直尺；裁割 4～6mm 厚的玻璃，可用断面 15mm × 40mm 的直尺；裁割玻璃条时可用断面为 10mm × 30mm 的直尺，其长度则按需要确定 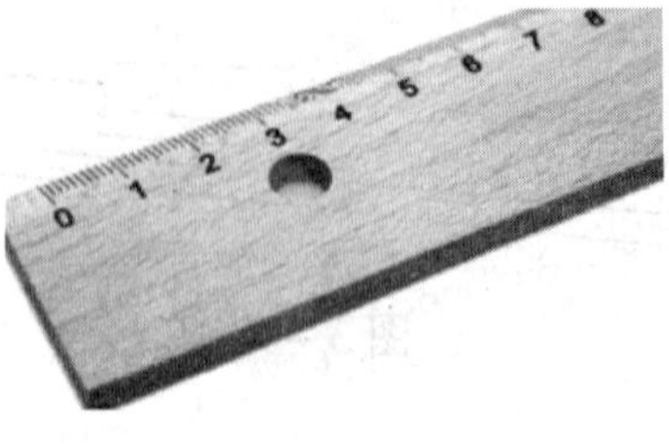

续表 3－6

种类	图示及内容
木折尺	量取距离和材料尺寸，一般使用 1m 长的木折尺 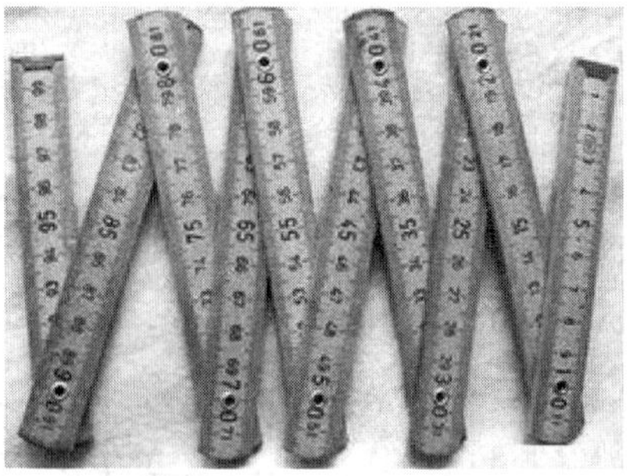
角尺	是裁割玻璃的常用工具 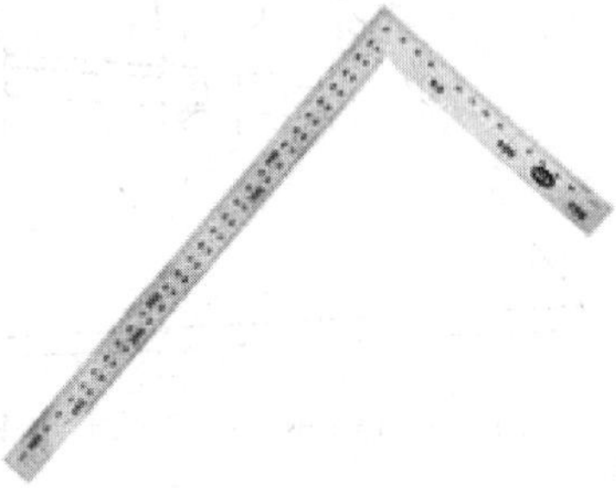
钳子	用于扳掉玻璃边口裁下的狭条 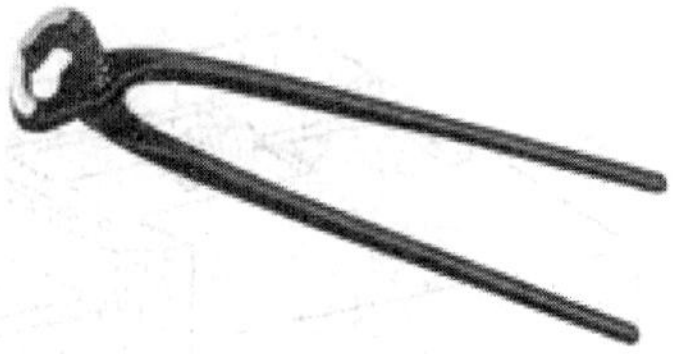
毛笔	裁划 5mm 以上厚的玻璃时抹煤油用 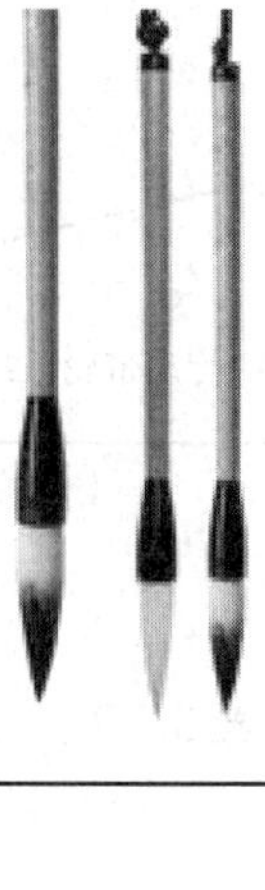

续表 3 –6

种类	图示及内容
圆规刀	裁割圆形玻璃用 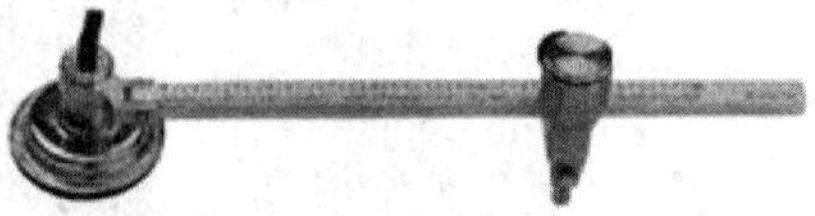
手动玻璃钻孔器	在玻璃上钻孔用 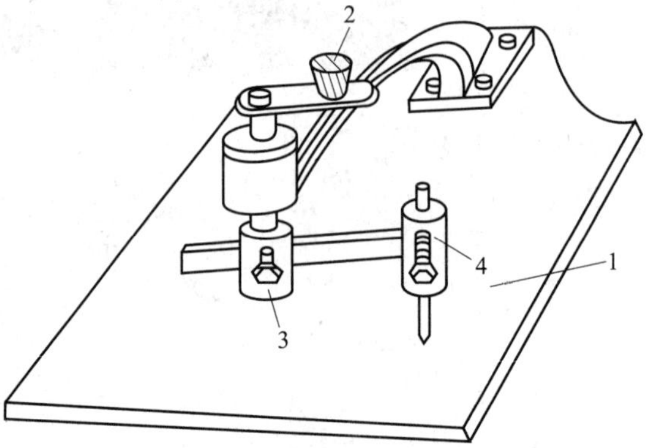 1—台板面；2—摇手柄；3—金刚石空心钻固定处；4—长臂圆划刀
电动玻璃开槽机	用于玻璃开槽 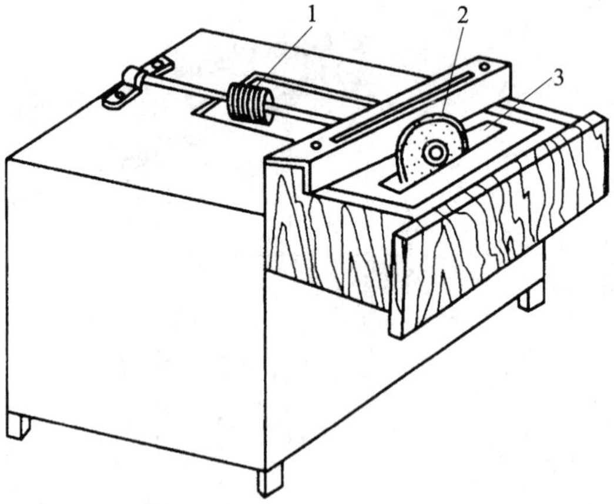 1—传动带轮；2—生铁轮子；3—金刚砂槽

3.6.2 玻璃安装工具

玻璃安装工具的种类及特点见表 3 –7。

表 3－7 玻璃安装工具的种类及特点

种类	图示及内容
腻子刀	分大、小号，填塞油灰用 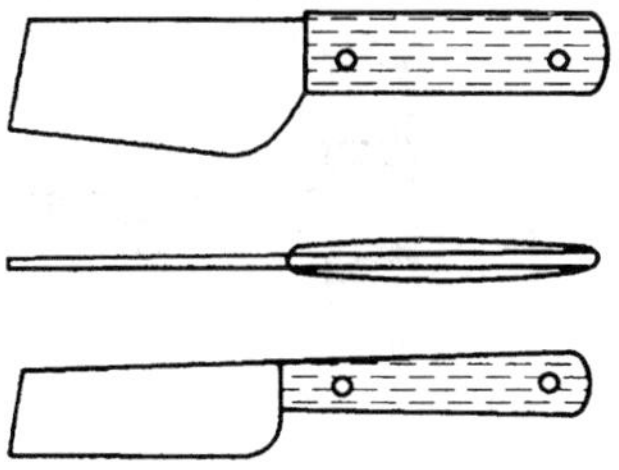
挑腻子刀	清除门窗槽中的干腻子 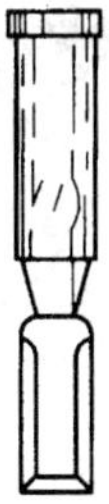
油灰锤	木门窗安玻璃时，敲入固定玻璃的三角钉时使用 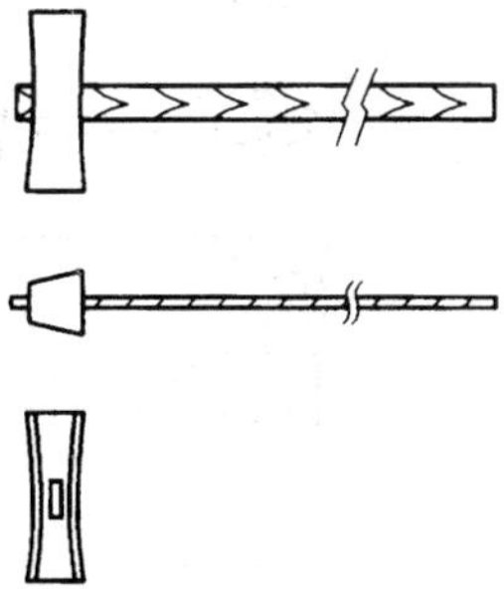
铁锤	开玻璃箱，折断厚板时加力用，有轻、重型两种 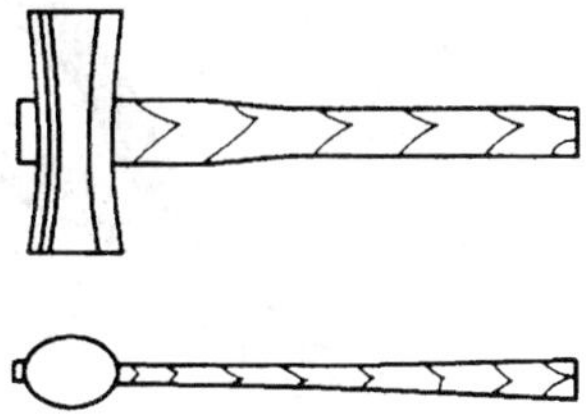

续表 3－7

种类	图示及内容
装修施工锤	锤头用合成橡胶、木质、硬塑料制成。用于铝合金门窗玻璃安装时，组装和分解部件用 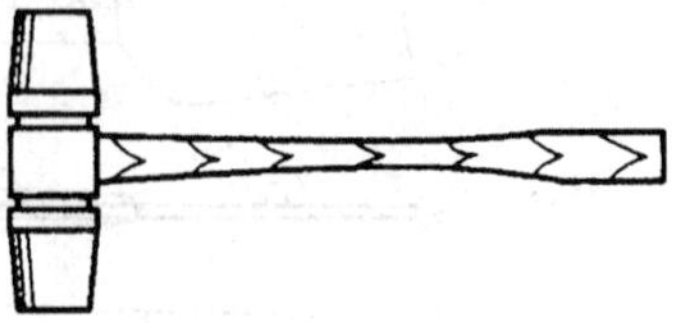
嵌缝枪	嵌缝枪也称密封枪，将嵌缝材料（玻璃胶）装入枪管中，进行玻璃嵌缝作业 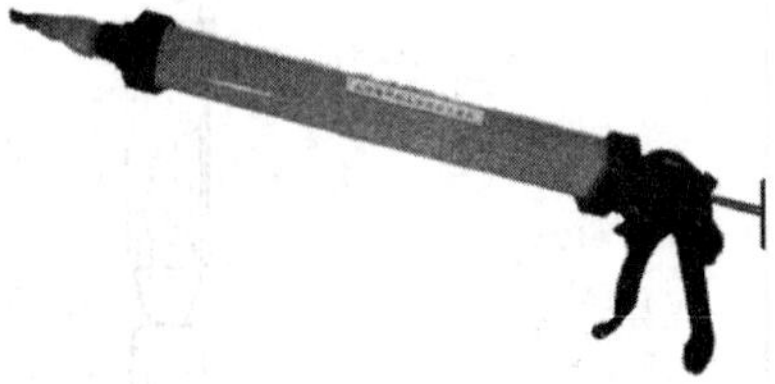
嵌锁条器	塞入橡胶嵌条入槽时用 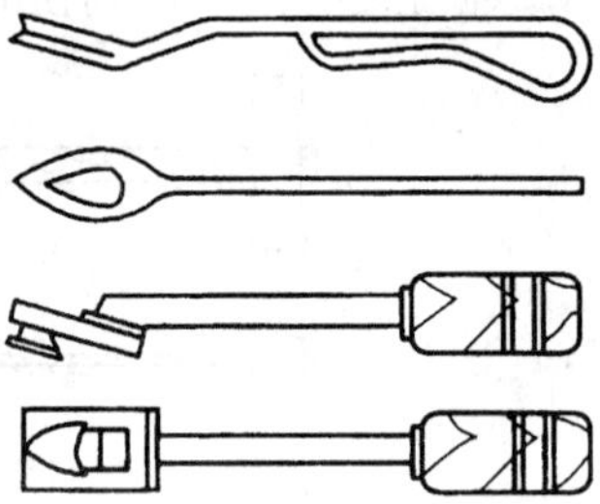
剪钳	切断嵌条时用 

续表 3－7

种类	图示及内容
嵌条滚子	嵌入橡胶嵌条时用 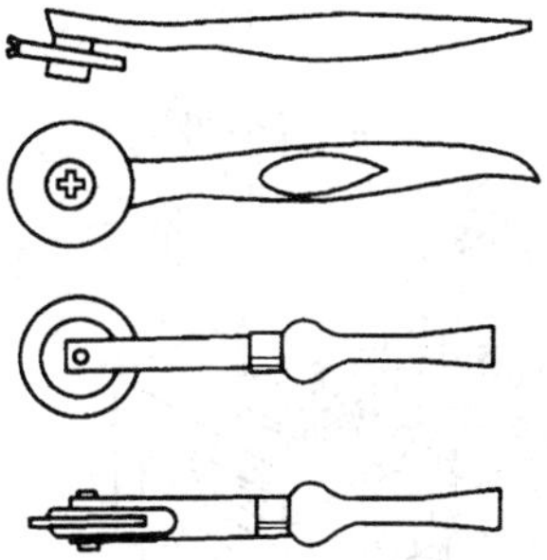
螺丝刀	有一字形、十字形、手动式、电动式多种，用于拧螺钉 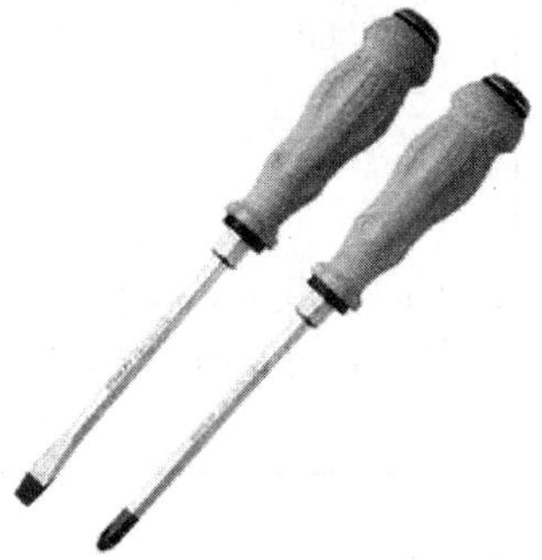
吸盘	有大型、小型、单式、复式多种类型，用于大型平板玻璃的安装就位 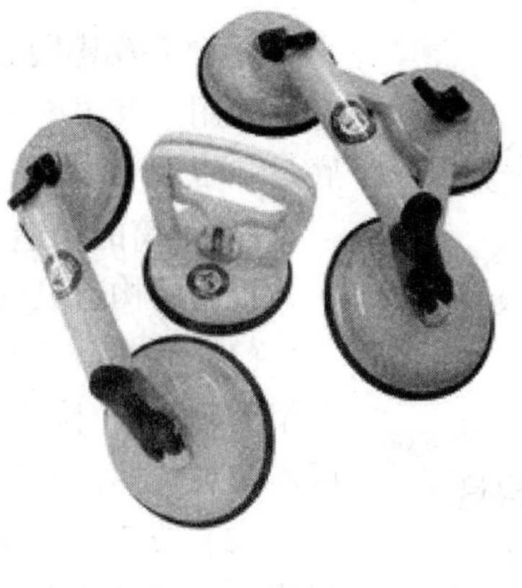

续表 3－7

种类	图示及内容
大型玻璃施工机械	在叉车、起重机、提升机上联动使用吸盘。用于玻璃幕墙等大规模玻璃安装工程 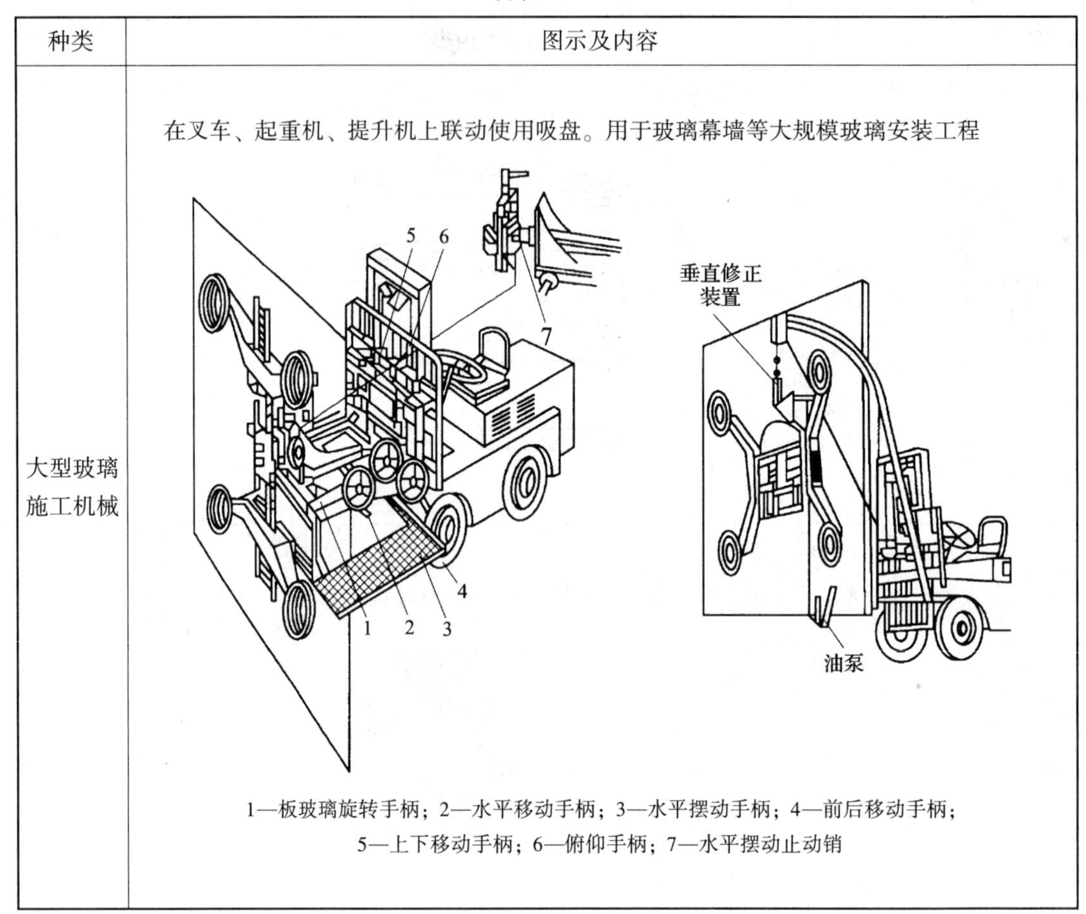 1—板玻璃旋转手柄；2—水平移动手柄；3—水平摆动手柄；4—前后移动手柄；5—上下移动手柄；6—俯仰手柄；7—水平摆动止动销

3.7 其他工具

3.7.1 滚涂工具

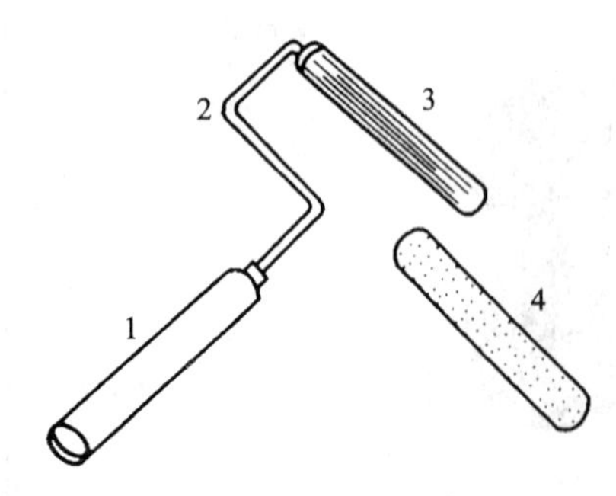

图 3－10 辊筒的构造
1—手柄；2—支架；3—筒芯；4—筒套

滚涂工效比刷涂高，工具比喷涂简单，因而得到广泛使用。其主要工具是辊筒和与之配合使用的涂料底盘和辊网。

1. 辊筒的构造

辊筒的构造见图 3－10 所示。

（1）手柄。手柄有固定式和可加长式。固定式与支架为一体，不可拆卸。可加长式手柄端部有丝扣，可连接加长柄。加长柄可至 2m。

（2）支架。支架有单支和双支两种，一般用金属制成。支架应具有足够的强度和耐锈蚀能力。

（3）筒芯。筒芯应有足够的强度和弹性以支撑筒套并使之与工作面接触良好。筒芯两端的轴承应灵活可靠，使筒芯能平稳滚动。

（4）筒套。套筒是包裹在筒芯上、蘸取涂料的织物套，一般用合成纤维制作，宽度为7″～9″。套筒衬大多用塑料纸板制成。

2. 辊筒的种类和用途

辊筒的种类如图3－11所示。

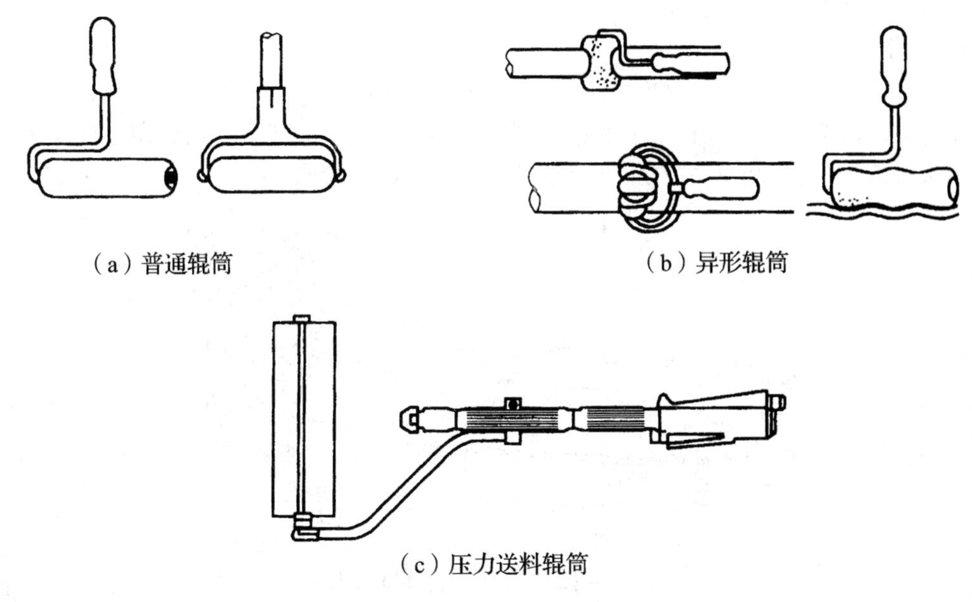

（a）普通辊筒

（b）异形辊筒

（c）压力送料辊筒

图3－11　辊筒的种类

（1）短毛辊（或毡辊）。短毛辊的筒套绒毛长度为10mm以下，用于较光滑表面和有纹理表面的滚涂。其特点是每次吸附的涂料不多，涂膜较薄。

（2）中毛辊。中毛辊的绒毛长度为10～12mm，用于微粗表面的滚涂。

（3）中长毛辊。中长毛辊的绒毛长度为13～20mm，能吸附较多的涂料，能使涂料渗入工作面的孔隙中，适用滚涂无光墙面、顶棚及砖石等糙面。

（4）长毛辊。长毛辊的绒毛长为25～32mm，因吸涂料量大，涂层较厚，滚涂极为粗糙的表面、钢丝网等。

（5）压花辊。压花辊有绒面或橡胶面，其上有凸或凹的花纹图案，适于在涂层上压出相应的装饰花纹。

（6）异形辊。异形辊种类很多，有曲面辊，其辊芯为弹簧轴，使筒套能密贴各类弯曲表面，如圆管、波浪形表面；铁饼型辊，可涂墙面或镶板中的凹槽。

（7）压力送料滚筒。该筒筒芯表面布满小孔，涂料经真空泵、软管和手柄送到筒芯，经小孔从筒套流出。涂料的流量受手柄上的开关控制。它的优点是：

1）滚涂作业快，可用在无法进行喷涂施工的环境。

2）无喷溢，可减少遮挡这一施工程序。

3）使用加长手柄（2m）可滚涂顶棚、高墙而不需脚手架。

（8）普通辊。普通辊为使用最为广泛的一种。常见规格为圆径 4 ~ 5mm，辊长 18 ~ 24cm。涂小面和阴阳角用长度为 12cm 的短辊。涂高处时加上接长杆以扩大滚涂高度和范围。用 5 ~ 8cm 长的窄辊筒可涂门框、窗棂等细木构件。

3. 毛辊的选择与保管

毛辊要转动灵活，辊筒表面覆盖物要均匀、平整、无明显接痕。毛辊用完，必须清洗干净，不含涂料液才能存放。存放前要悬挂晾干，以免毛绒被压皱变形。毛辊应放在清洁、干燥、通风处，以免发霉腐蚀。

4. 毛辊的使用

用毛辊滚涂时，需配套的辅助工具——涂料底盘和辊网，如图 3 - 12 所示。操作时，先将涂料放入底盘，用手握住毛辊手柄，把辊筒的一半浸入涂料中，然后在底盘上滚动几下，使涂料均匀吃进辊筒，并在辊网上滚动均匀后，即可滚涂。

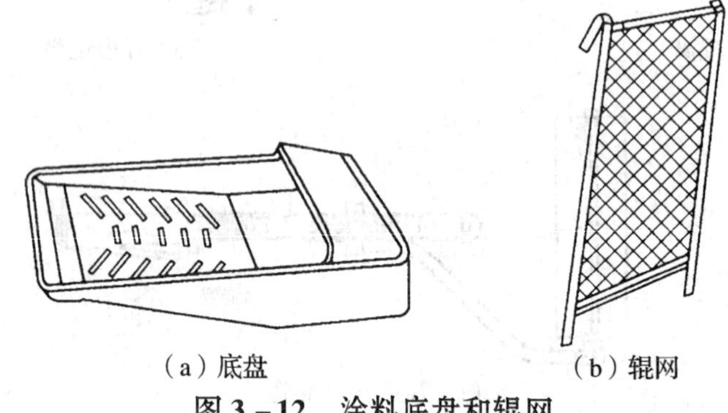

（a）底盘　　（b）辊网

图 3 - 12　涂料底盘和辊网

3.7.2 研磨工具

1. 砂纸与砂布

将天然或人造的磨料用粘结剂粘结在纸或布上，如图 3 - 13 所示。天然的磨料有钢玉、石榴石、石英、火燧石、浮石、硅藻土、白垩等。人造的磨料有人造钢玉、人造金刚砂、玻璃及各种金属碳化物。

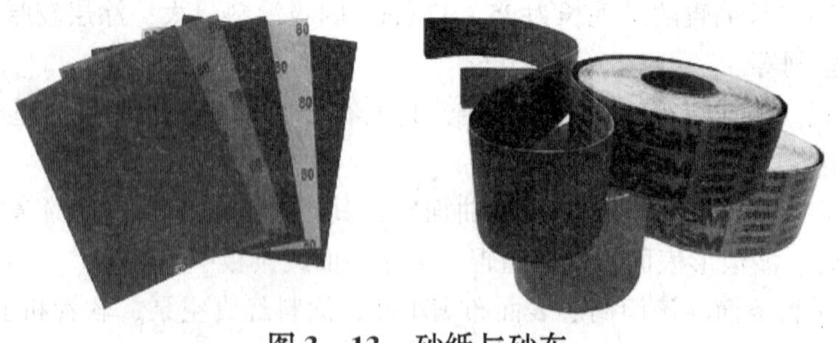

图 3 - 13　砂纸与砂布

按照磨光表面的性质，采用不同型号的砂纸和砂布，而型号则按磨料的粒度来划分。木砂纸是代号越大，磨料越粗；水砂纸则相反。

（1）砂纸、砂布的分类及用途。砂纸、砂布的分类及用途见表 3 - 8。

表3-8 砂纸、砂布的分类及用途

种类	磨料粒度号数（目）	砂纸、砂布代号（号）	用　途
最细	240~320	水砂纸：400、500、600	清漆、硝基漆、油基涂料的层间打磨及涂面的粗磨
细	100~220	玻璃砂纸：1、0、00 金刚砂布：1、0、00、000、0000 水砂纸：200、240、280、320	打磨金属面上的轻微锈蚀，涂底漆或封闭底漆前的最后一次打磨
中	80~100	玻璃砂纸：1、$1\frac{1}{2}$ 金刚砂布：1、$1\frac{1}{2}$ 水砂纸：180	清除锈蚀，打磨一般的粗面，墙面涂刷前的打磨
粗	40~80	玻璃砂纸：$1\frac{1}{2}$、2 金刚砂布：$1\frac{1}{2}$、2	对粗糙面、深痕及有其他缺陷的表面的打磨
最粗	12~40	玻璃砂纸：3、4 金刚砂布：3、4、5、6	打磨清除磁漆、清漆或堆积的漆膜及严重的锈蚀

注：粒度（目）系指砂粒通过筛子时，筛子单位面积（in^2）的孔数，它表明砂粒的细度。例如，砂粒大小为120目时，表明砂粒能通过$1in^2$有120个方孔的筛子（$1in^2 \approx 6.45cm^2$）。

（2）砂纸、砂布的代号与磨料粒度　砂纸、砂布的代号与磨料粒度见表3-9。

表3-9 砂纸、砂布的代号与磨料粒度

铁砂布		木砂纸		水砂纸	
代号（号）	磨料粒度号数（目）	代号（号）	磨料粒度号数（目）	代号（号）	磨料粒度号数（目）
0000	200 220	00	150 160	180	100 120
000	180	0	120 140	220	120 150
00	150 160	1	80 100	240	150 160

续表 3-9

铁砂布		木砂纸		水砂纸	
代号（号）	磨料粒度号数（目）	代号（号）	磨料粒度号数（目）	代号（号）	磨料粒度号数（目）
0	140 120	$1\frac{1}{2}$	60 80	280	180
1	100	2	46 60	320	220
$1\frac{1}{2}$	80	$2\frac{1}{2}$	36 46	400	240 260
2	60	3	30 36	500	280
$2\frac{1}{2}$	46	4	20 30	600	320
3	36	—	—	—	—
$3\frac{1}{2}$	30	—	—	—	—
4	24 30	—	—	—	—
5	24	—	—	—	—
6	18	—	—	—	—

2. 圆盘打磨机

圆盘打磨机见图 3-14 所示，以电动机或空气压缩机带动柔性橡胶或合成材料制成的磨头，在磨头上可固定各种型号的砂纸。

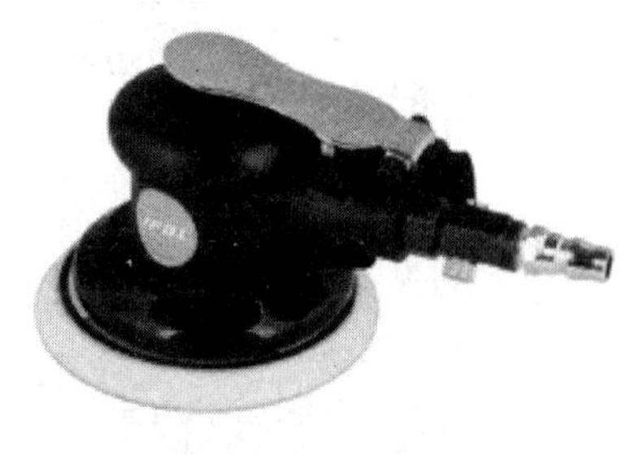

图 3-14 圆盘打磨机

（1）用途。打磨机可打磨细木制品表面、地板面和油漆面，也可用来除锈，并能在曲面上作业；如把磨头换上羊绒抛光布轮，可用于抛光；换上金刚砂轮，可用于打磨焊缝表面。

注：这种工具使用时应注意控制，不然容易损伤材料表面，产生凹面。

（2）几种砂轮规格。平砂轮、钢丝轮、布轮规格见表 3-10。

表 3－10 平砂轮、钢丝轮、布轮规格

名称	直径（mm）	用　　途
平砂轮	风动机：40～150	清除毛刺、修光焊缝、修磨表面
	电动机：200、250、300、350、400	
钢丝轮	60、100、105、150、200、250、300	清除金属表面铁锈、旧涂层及型砂
布轮	60、100、110、150、200、250、300、350、360、410、460、510	抛光、打磨腻子

（3）使用方法。先将磨头安装好，上紧螺母。一手握好手柄，一手握好打磨机。打开开关，端稳，对准打磨面，缓缓接触。打磨时要戴防护眼镜。在打磨时或关上开关磨头未停止转动前，不得放手，以免机器在惯性和离心力作用下抛出伤人。风动打磨机应严格控制其回转速度，平砂轮线速度一般为 38～50m/s，钢丝轮转速为 1200～2800r/min，布轮线速度不应超过 35m/s。

3. 环行往复打磨机

环行往复打磨机，如图 3－15 所示，用电或压缩空气带动，由一个矩形柔韧的平底座组成。在底座上可安装各种砂纸。打磨时底座的表面以一定的距离往复循环运动。运动的频率因型号不同而异，一般为 6000～20000 次/min。来回推动的速度越快，其加工的表面就越光。环行往复打磨机的重量较轻，长时间使用不致使人感到疲劳。这种打磨机的工作效率虽然低，但容易掌握。经过加工后的表面比用圆盘打磨机加工的表面细。

图 3－15 环行往复打磨机

用途：对木材、金属、塑料或涂漆的表面进行处理和磨光。

安全保护：电动型的，在湿法作业或有水时应注意安全。气动型的比较安全。

4. 皮带打磨机

皮带打磨机，如图 3－16 所示，机体上装一整卷的带状砂纸，砂纸保持着平面打磨运动，它的效率比环行打磨机高。

规格：带状砂纸的宽度为 75mm 或 100mm，长度为 610mm。另外还有一种大型的，供打磨地面用。

用途：打磨大面积的木材表面；打磨金属表面的一般锈蚀物。

5. 打磨块

打磨块如图 3－17 所示，用木块、软木、毡块或橡胶制成。打磨面约 70mm 宽、100mm 长。

用途：固定砂纸，使砂纸保持平面，便于研磨。

图 3－16　皮带打磨机

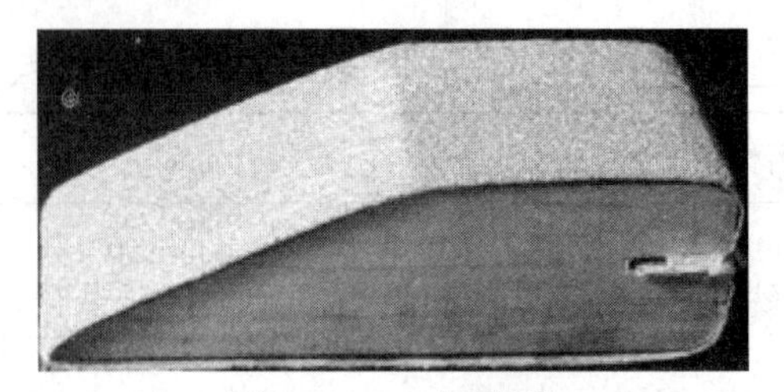

图 3－17　打磨块

3.7.3　擦涂工具

擦涂工具包括涂漆、上色、擦光这些用手工操作完成的工具。常用的工具有涂料擦、纱包、软细布、头发、刨花、磨料等。

1. 涂料擦

有矩形涂料擦和手套形涂料擦，如图 3－18 所示。

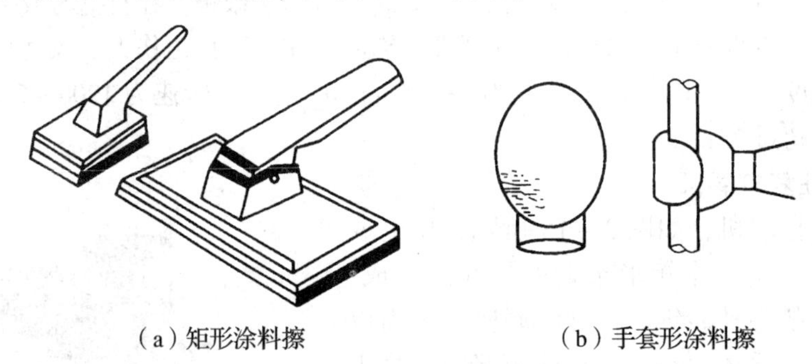

（a）矩形涂料擦　　（b）手套形涂料擦

图 3－18　涂料擦

矩形尺寸大的约为 150mm×100mm、小的如牙刷大小，是在带手柄的矩形泡沫垫上固定短绒的马海毛、尼龙纤维或泡沫橡胶面。适用于擦涂顶棚、墙面、地板或粘结平坦基层的壁纸及木材面的染色擦涂。

手套形涂料擦，用羊皮制作，内衬防渗透的塑料衬。用于一般的涂饰方法不易涂擦的部位。如铁栏杆、散热器或水管的背面。蘸乳胶漆、底漆和面漆擦涂。左、右手均可使用。

维护保管可用清水、肥皂水、石油溶剂清洗，不要用烈性溶剂或刷子清洗，以免损坏泡沫垫。清洗后应悬挂晾干。

2. 纱包

纱包是用砂布包裹脱脂棉制成的。把砂布叠成 3～4 层边长为 100mm 的方形，包上脱脂棉后，用软布条将上口扎紧，使布条下形成一个弹性如肌肉、大小如黄杏、不露脱脂棉、不露布边的小圆包，这个小圆包即称纱包。由于使用纱包经常需要把它打开抖动一下再重新包扎，比较麻烦，所以常用口罩代替纱包。

纱包适用于修饰涂膜，擦涂油漆，使用溶剂把涂膜赶光，以及用砂蜡退光和抛光。

3. 软细布

干净不掉色的软棉线布。对于软细布，只要是软的且能蕴含水分就适用。

软细布的用途除与纱包类似外，还适用于木器着色和套色擦边。大绒布更适于涂膜的最后抛光。

4. 头发

头发富有弹性，具有油分，又比鬃毛细软，适用于涂膜的最后抛光。于工抛光，要把头发扎成一束，以免头发乱飞。机动轮抛光，可用较短的头发制作刷轮，以便于使用。

5. 刨花和塑料丝

手刨刨下的薄木花和车床车下的细塑料丝松软而锋利。把薄木花用水浸泡抻直再干燥，可得较直的刨花；把细塑料丝在加热下抻直再冷却，可得较直的细塑料丝。这两种材料适用于：木器涂清漆着色，当木器在着色后未实干之前，将刨花或塑料丝顺着木纹擦，可减少硬木丝上的着色量，使木纹显得更为清晰美观。

6. 磨料

磨料主要用于油漆涂膜表面，它不仅能使涂膜更加平整光滑、提高装饰效果，还能对涂膜起到一定的保护作用。常用的抛光材料有砂蜡和上光蜡。

砂蜡是专供抛光时使用的辅助材料，由细度高、硬度小的磨料粉与油脂蜡或胶粘剂混合而成的浅灰色膏状物。

上光蜡是溶解于松节油中的膏状物，有乳白色的汽车蜡和黄褐色的地板蜡两种，主要用于漆膜表面的最后抛光。抛光材料的组成与用途见表3－11。

表3－11　两种抛光材料的组成与用途

名称	组成				用途
	成分	配比（重量）			
		1	2	3	
砂蜡	硬蜡（棕榈蜡）	—	10.0	—	浅灰色的膏状物，主要用于擦平硝基漆、丙烯酸漆、聚氨酯漆等漆膜表面的高低不平处，并可消除发白污染、橘皮及粗粒造成的影响
	液体蜡	—	—	20.0	
	白蜡	10.5	—	—	
	皂片	—	—	2.0	
	硬脂酸锌	9.5	10.0		
	铅红	—	—	60.0	
	硅藻土	16.0	16.0	—	
	蓖麻油	—	—	10.0	
	煤油	40.0	40.0	—	
	松节油	24.0	—	—	
	松香水	—	24.0	—	
	水	—	—	8	
上光蜡	硬蜡（棕榈蜡）	3.0	20.0		主要用于漆面的最后抛光，增加漆膜亮度，有防水、防污物作用，延长漆膜的使用寿命
	白蜡	—	5.0		
	合成蜡	—	5.0		
	羊毛脂锰皂液	10%	5.0		
	松节油	10.0	40.0	—	
	平平加“O”乳化剂	3.0	—		
	有机硅油	5%	少量		
	松香水	—	25.0		
	水	84	—		

3.7.4 喷涂设备

1. 空气喷涂设备

空气喷涂是利用空气压缩机压缩空气，将涂料从喷枪中喷出并雾化，在气流的带动下涂到被涂件表面上形成涂膜的一种涂装方法。此法是涂装施工中应用最普遍的方法。其优点主要有：设备简单，容易操作，能够获得均匀的涂膜，对于有缝隙、小孔的工件表面以及倾斜、曲面、凹凸不平的工件表面，涂料都能分布均匀，工作效率比刷涂高5~10倍。目前，虽然各种自动化涂装方法不断发展，但空气喷涂法对各种涂料、各种被涂件几乎都能适用，仍然不失为一种广泛应用的涂装方法。其缺点是有相当一部分涂料随压缩空气飞散，涂料利用率只有30%~50%，污染环境，作业场所需要良好的通风和防火措施，喷涂涂膜薄。在空气喷涂施工中，要获得平整、光滑、均匀高质量的涂膜，除了涂料因素外，与操作者技术熟练程度、操作技法以及操作规范的适用等有直接的关系。

喷涂设备有：喷枪、压缩空气供给和净化系统、输漆装置、喷漆室等。

(1) 空气压缩机。旋转式空压机与往复式空压机性能比较见表3-12。

表3-12 旋转式空压机与往复式空压机性能比较

项　目	旋转式空压机	往复式空压机
驱动方式	电动机	电动机、发动机
排出压力	低压	高压
功率范围	无小功率的（大于2.2kW）	有小功率的
噪声	小（59~75dB）	大（70~90dB）
防止脉冲性能	不需要防止脉冲缓冲罐	需要防止脉冲缓冲罐
基础	不需要特殊基础	11kW以上时需特殊基础

(2) 压缩空气的脱脂、除湿　压缩空气中的油分呈细微的雾状存在，必须逐级除去空气中油分，使油分降低到0.1×10^{-6}以下。一般可采用5μm、0.3μm、0.03μm的过滤器。

空气中都含有不同程度的水分，大气中的饱和水蒸气随着温度的变化而变化，温度越高，水蒸气越大，反之，越小。因此，为除去空气中的水蒸气，需将空气进行冷却，使水蒸气冷凝，达到从空气中分离的目的。先用空气冷却器将压缩空气冷却到室温，然后通过过滤器将水分除去。在要求无水分的场合，还需要用冷冻式干燥器，将压缩空气再次冷却到大气露点（-17℃）以下。

(3) 空气贮罐。压缩空气贮罐的容积取决于用途和用量。根据作业是连续还是间歇来选定。在连续作业场合，能达到防止空气脉动的小容量即可；间歇作业时，选用大容量的为好。

空气贮罐应具有如下功能：

1）能临时贮存由空压机输出的空气，使脉冲缓和。

2）使用压力不随空气量的变动而波动。

3）冷却压缩空气，分离压缩空气中所含的水分和油分。

（4）油漆增压箱。油漆增压箱是一种带盖密封的圆柱形容器，盖一般是用铸铁材料制造，容器是用不锈钢焊接而成的，靠增压和调节容器内的气压将涂料压送到喷枪。在盖上安装有减压器、压力表、安全阀、搅拌器、加漆孔等。一般油漆增压箱容量有10L、20L、30L、50L、60L。可根据每班涂料的使用量来选用油漆增压箱内，压力为0.08～0.15MPa，将涂料压到喷枪。油漆增压箱的容量，原则上每班加1～2次漆。

油漆增压箱在使用时，从空气过滤器或空压机送来的压缩空气分成两路，一路直接连到喷枪，另一路经减压阀进入漆增压箱内，压力为0.08～0.15MPa，将涂料压送到喷枪。油漆增压箱适用于小批量、间歇生产。

油漆增压箱在补充涂料时要停喷。另外，在现场补加涂料时易混入异物和弄脏现场，不利于卫生和安全。油漆增压箱结构示意图见图3－19。

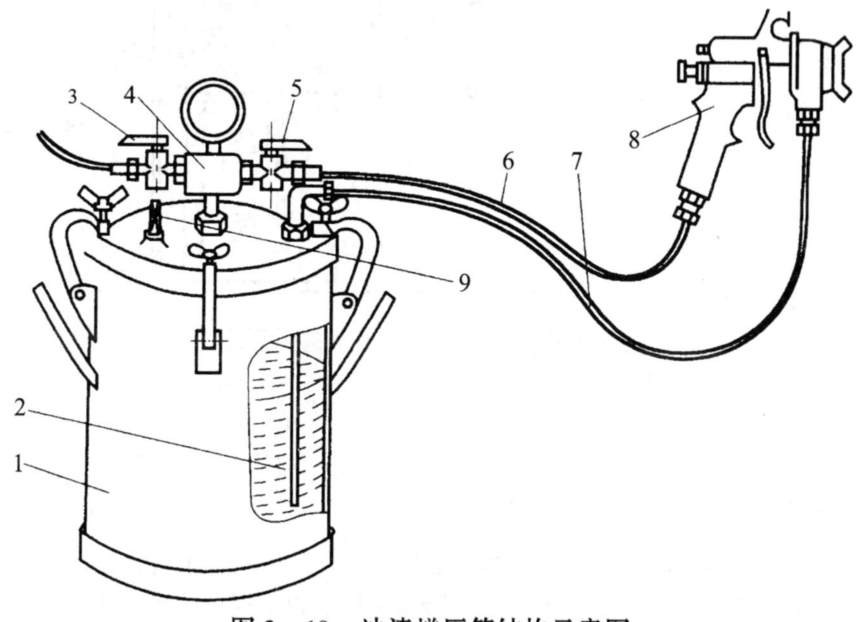

图3－19　油漆增压箱结构示意图

1—增压箱；2—进漆管；3—进气阀；4—减压阀；5—出气阀；
6—供气软管；7—供漆软管；8—喷枪；9—搅拌器

（5）集中输漆系统。集中输漆系统，是从调漆间向工作场地的多个作业点集中循环输送涂料的装置。它能保证涂料供给的连续性，又能防止沉淀，控制流量大小和压力，保证涂料的黏度和色调的均匀一致，同时对改善现场环境、安全生产、减少运输等都有益处。

集中输漆系统一般由调漆罐、搅拌器、循环压送泵、加漆泵和输漆管道等组成，见图3－20。

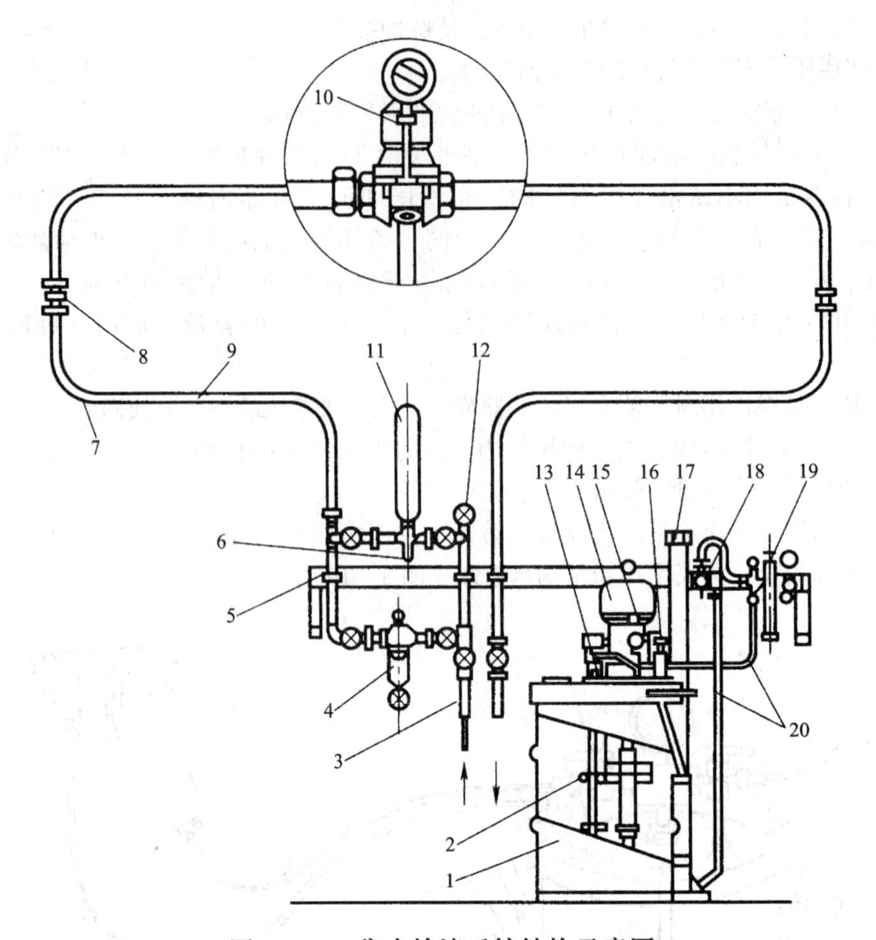

图3－20　集中输漆系统结构示意图

1—涂料罐；2—搅拌涂料的叶片；3—输漆胶管；4—过滤器；5—固定支架；
6—手动阀；7、9—循环管路（冷拔钢管）；8—管接头；10—压力调节器；11—稳压器；
12—压力表；13—搅拌器；14—压送泵；15—压缩空气减压阀；16—管压保持阀；
17—泵的气动升降器；18—手动开关；19—压缩空气的除尘除湿器；20—压缩空气胶管

1）涂料罐。涂料罐通常为带盖子的圆柱形罐。为保持罐内涂料黏度、色调、温度一致，应安装有搅拌器。同时，涂料罐应制成带夹层的，以便通入热水，使罐内涂料的温度保持恒定。盖上还应设有温度计，以便随时观测涂料的温度。

2）搅拌器。搅拌器安装在罐盖上，可选用气动搅拌器，也可选用装有防爆电动机的搅拌器。搅拌器的叶轮要保证将罐内的四周、底部、边角处的涂料均能被搅拌到。

3）循环输送泵。用于涂料循环，可使用柱塞泵、油压泵和（防爆）电动泵。

4）输漆管路。集中输漆系统的主循环管路要采用不锈钢管路，支管可采用胶管。为使涂料不在管路内沉淀，输漆管应畅通，不应有袋状结构，连接处应光滑、密封，管子弯曲半径是管子自身半径的5倍以上。

5）过滤器。循环系统过滤器，可分为可调式过滤器、金属网过滤器、袋式过滤器。过滤网采用200～300目。

（6）喷枪。按涂料的供给方式，喷枪可分为吸上式喷枪、重力式喷枪和压送式喷枪3种。

1）吸上式喷枪涂料罐安装在喷枪的下方，喷嘴一般比空气帽稍向前凸出，靠喷嘴四周的空气流，在喷嘴部位产生低压，从而吸引涂料并同时雾化，吸上式喷枪的涂料喷出量受涂料的黏度和密度的影响较大，而且与喷嘴口径大小有关。吸上式喷枪结构示意图如图3－21所示。

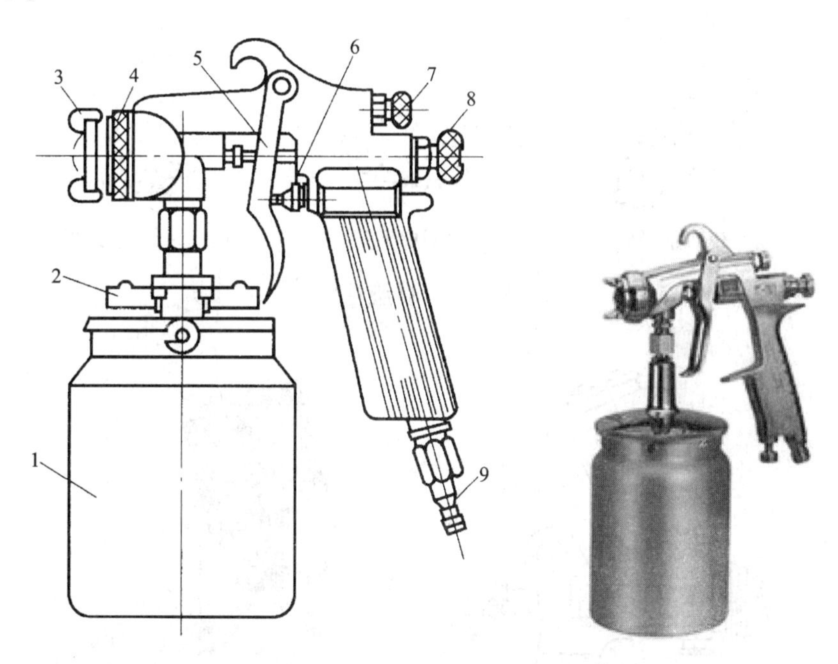

图3－21 吸上式喷枪结构示意图

1—涂料罐；2—螺钉；3—喷嘴调整旋钮；4—螺母；5—扳机；
6—空气阀杆；7—控制阀；8—空气帽；9—压缩空气接头

喷涂时，空气可以从两路喷出；一路在喷嘴的四周喷出，吸出涂料并使涂料雾化；另一路从喷嘴调整旋钮喷出，以调整漆雾流形状。调整时，顺时针方向旋紧控制阀，关闭喷嘴调整旋钮，漆雾成圆锥形状，喷迹呈圆形。逆时针方向旋松控制阀，打开喷嘴调整旋钮，从出气孔喷出的气流就会使漆雾流呈扇形漆雾流，喷迹呈条形。调节出气孔的开启程度，就可得到不同扁平程度的漆雾流。当控制阀完全打开时，漆雾流最扁，喷迹最长。扁平漆雾流的扁平方向可以通过喷嘴调整旋钮来改变，如图3－22所示，调整到要求的位置后，将螺母锁紧，喷枪的出漆量可以通过调整空气帽来实现。如普尔特所有无气喷涂机配有最高压力5000Psi的喷嘴，根据人体工程学原理设计的喷嘴手柄保证喷涂过程或者清洁过程都非常舒适。独有的箭头指示设计可以显示出喷嘴的喷涂、清洁状态。

高强度的碳化钨保障了喷嘴经久耐用，具有较长的使用寿命。

2）重力式喷枪。涂料罐安装在喷枪的上部，涂料靠其自身的重力流到喷嘴与空气流混合而喷出。其优点是涂料从涂料罐内能完全流出，涂料喷出量要比吸上式喷枪大。其缺点是加满涂料后喷枪的重心在上，故手感较重，喷枪有翻转趋势。这种喷枪所需的压缩空气的压力较低，适用于小面积被涂件喷涂。重力式喷枪结构示意图如图3－23所示。

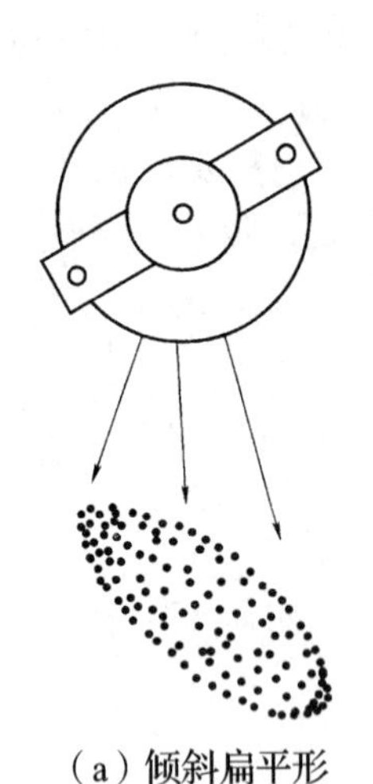
(a) 倾斜扁平形

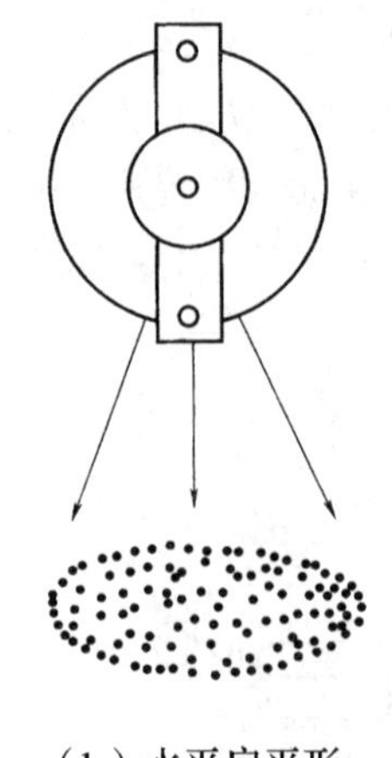
(b) 水平扁平形

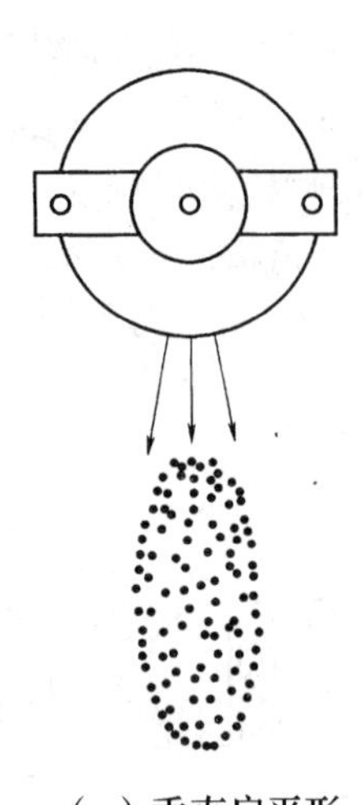
(c) 垂直扁平形

图 3-22 喷迹性状

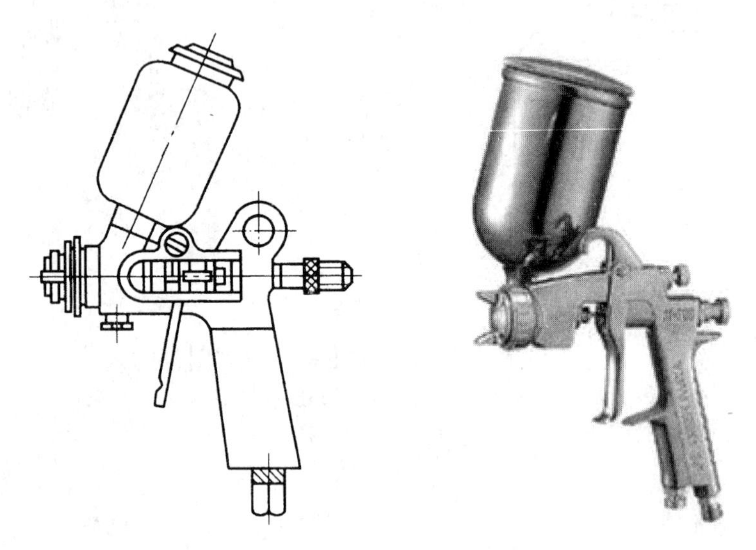

图 3-23 重力式喷枪结构示意图

涂料的弹涂施工是借助于专用的电动（或手动）弹涂器，将各种颜色的涂料弹到饰面基层上，形成直径为 2~3mm 的大小相似、颜色不同、互相交错或深浅色点相互衬托的彩色装饰面层的一种施工方法。弹涂一般适用于建筑物内外墙面和顶棚涂饰。弹涂施工机具有蠕动泵，重型空气喷涂触发枪 1 把，喷嘴（直径 3mm、4mm、6mm、8mm、10mm、12mm）6 个，25 英尺（ϕ25.4mm×7.5m）空气软管 1 条，可加长。

注：1 英尺≈0.3048m。

3）压送式喷枪。这种喷枪是从另外设置的增压箱供给涂料，提高增压箱内的空气压力，可同时供几支喷枪使用。这种喷枪的喷嘴和空气帽位于同一平面或喷嘴较空气帽稍凹。也可将吸上式喷枪的涂料罐卸下连接到供漆软管上使用。压送式喷枪结构示意图如图 3-24 所示。

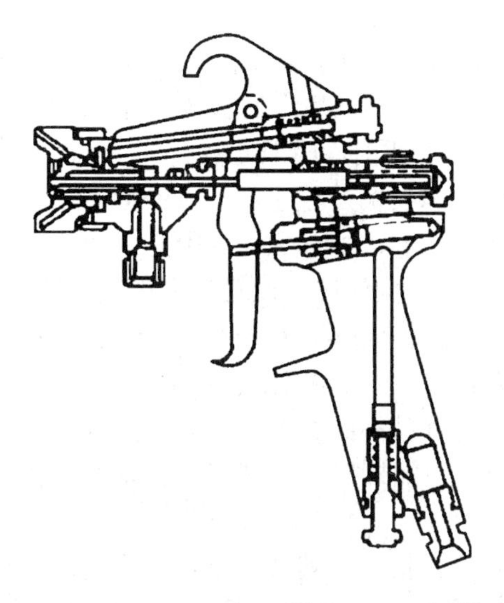

图 3－24 压送式喷枪结构示意图

常用喷枪的类型和工艺参数见表 3－13。

表 3－13 常用喷枪类型和工艺参数

喷枪类型	工 艺 参 数			
	喷嘴口径（mm）	空气用量（L/min）	涂料喷出量（mL/min）	喷幅（mm）
吸上式	0.8	160	45	60
	1.0	170	50	80
	1.2	175	80	100
	1.5	190	100	130
	1.6	200	120	140
重力式	0.8	60	30	25
	1.0	70	50	30
	1.5	300	140	160
	1.8	320	180	180
	2.0	330	200	200
压送式	0.8	200	150	150
	1.0	190	200	170
	1.2	450	350	240
	1.5	500	520	300
	1.6	520	600	320

（7）喷枪操作要点。在喷枪操作中，喷涂操作距离、喷枪运行方式和喷雾图样搭接宽度是喷涂的三个原则，也是喷涂技术的基础。

1）喷涂操作距离，系指喷枪头到被涂件的距离，涂着效率与喷涂距离关系成反比。标准的喷涂距离，采用大型喷枪时为200～300mm，采用小型喷枪为时为150～250mm，采用手提静电喷枪时为250～300mm。喷涂距离越近，形成的涂膜越厚，越容易产生流挂；喷涂距离越远，形成的涂膜越薄，涂料损失越大，严重时涂膜无光。

2）喷枪运行方式，喷枪与被涂件表面的角度和喷枪运行速度，应保持喷枪与被涂件表面呈直角且平行运行，喷枪的运行速度应保持在10～20m/min并恒定。如果喷枪倾斜并呈圆弧状运行或运行速度多变，都得不到厚度均匀的涂膜，而且容易产生条纹和斑痕。喷枪运行速度慢，容易产生流挂；喷枪运行速度过快和喷雾图样搭接不多时，就不容易得到平滑的涂膜。喷枪运行速度（cm/s）与涂膜厚度的关系成反比。

3）喷雾图样搭接宽度。喷雾图样搭接宽度应保持一致，一般都采用重叠法，即每一喷涂幅面的边缘在前一喷涂幅面上重叠1/3～1/2。如果搭接宽度多变，涂膜厚度就不均匀，而且会产生条纹和斑痕。

4）喷枪的操作右手持枪时，食指、中指勾在扳机上，其余三指握住枪柄，两肩自然放松，左手拿着喷枪附近的一段输气管（如果是压送式喷枪，将输气管和输漆管每隔300～400mm用胶布缠上），以减轻右手拉胶管的力量。喷涂操作中，讲究手、眼、身、脚并用，喷涂时要枪走眼随，注意漆雾的落点和涂膜的形成状况，以身体的移动减轻膀臂的摆动，以身体和胳膊的移动保证喷枪与工件的距离相等并垂直于工件表面。横向运枪时，两腿叉开，随着喷枪的移动，身体的重心也要相应移动在左右脚上。活动范围最多一臂加半步。喷涂起枪应从工件的左上角开始，路线可横喷、纵喷，起枪的雾面中心应对准需喷表面的边线，喷涂时应移动手臂而不是甩动手腕；但手腕要灵活调节，如手腕僵硬不灵活，喷枪倾斜，就会出现涂膜薄厚不均的弊病。正式喷涂前，应首先检查喷涂室内由风压、供料系统阀门是否打开，压缩空气压力、涂料黏度等是否合适。扣动喷枪扳机，观察喷出的涂料的雾化效果、涂料喷出量、涂料的连续状态、喷涂距离、工作压力、喷涂幅面宽度等。喷涂操作要掌握好喷枪的移动速度和搭接宽度。在喷涂操作中，严禁将喷枪对准人扣动扳机，以免伤人。

喷枪的运行方法见图3－25。

5）喷枪的维护及保养：

①喷枪使用后，应及时用配套的溶剂清洗干净，不能用碱性清洗剂清洗。吸上式喷枪和重力式喷枪的清洗方法是先在涂料罐或杯中加入适量溶剂，喷吹一下，再用手指压住喷嘴，使溶剂回流数次即可。压送式喷枪的清洗方法是先将油漆增压罐中的空气排出，用手指压住喷嘴，靠压缩空气将胶管中的涂料压回增压罐中，随后通入溶剂洗净喷枪橡胶管并吹干。喷枪清洗也可以用洗枪机来清洗。

②用蘸溶剂的毛刷仔细洗净空气帽、喷嘴及枪体。当空气孔被堵塞时，可用软木针疏通，绝对不能使用钉子或钢针等硬的金属东西去捅。应特别注意不要碰伤喷嘴。枪针污染的很脏时，可拔出清洗。

③在暂停工作时，应将喷枪头浸入溶剂中，以防涂料干固堵住喷嘴。但不应将喷枪全部浸泡在溶剂中，这样会损坏各部位的密封垫圈，从而造成漏气、漏漆现象。

④检查针阀垫圈、空气阀垫圈密封部位是否泄漏，如有泄漏应及时更换。

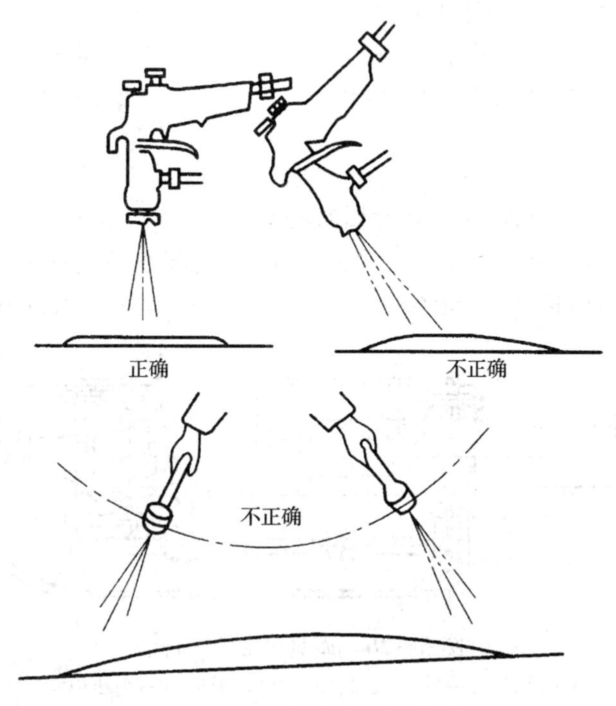

图3-25 喷枪的运行方法

⑤操作时，需注意不要使喷枪碰撞被涂物或掉落地上，否则会造成永久性损伤，甚至损坏。

⑥不要随意拆卸喷枪。

⑦卸装喷枪时，应注意各锥形部位不应粘有垃圾和涂料，空气帽和喷嘴绝对不应有任何损伤。重新组装后，应调节到最初开枪机时仅喷出空气，再扣枪机才喷出涂料。

2. 静电喷涂设备

静电喷涂的关键设备是高压静电控制器、高压静电发生器和喷枪，有些发生器设置在静电喷枪内。静电喷枪依其雾化原理，主要有液压静电雾化、离心力静电雾化和空气静电雾化三大类。

（1）液压静电雾化。液压静电雾化的方法是将高压喷涂和静电喷涂相结合。由于涂料施加高压（约10MPa），涂料从枪口喷出的速度很快，涂料液滴的荷电率差，雾化效果也差，因此这类静电喷涂效果不如空气静电喷涂，但它适合于复杂形状工件的喷涂，且涂料喷出量大，涂膜厚，涂装效率高。

如果高压静电喷涂再与加热喷涂相结合，即高压加热静电喷涂，此时涂料加热温度约为40℃，涂料压力约5MPa。由于涂料压力有大幅度的降低，涂料荷电率得到提高，静电喷涂效果得到改善，涂膜有较好的外观质量。

高压静电喷涂的另一种形式是空气辅助高压静电喷涂，辅助空气对漆雾飞散产生压制作用，涂料利用率提高，雾化效果也得到改善。

（2）离心力静电雾化。离心力式静电喷涂一般在2000～4000r/min的离心力作用下使涂料形成初始液滴并在枪口尖端带上负电荷，在同性电荷的排斥作用下进一步充分雾化。

喷枪枪口为一旋转的金属杯状结构，从理论与实践分析，当高压电施加于喷杯时，其表面的电荷分布与表面曲率有关，曲率愈大，电荷密度愈高，即旋杯的凸缘处电荷密度最大，而在旋杯的内表面深孔处几乎没有表面电荷，故旋杯一般都是锐边型的，其厚度小于0.2mm。

静电雾化器产生离心力的方法有旋杯式和盘式两种。

1）旋杯式静电喷涂设备。其喷枪结构如图3-26所示，旋杯的杯口尖锐，放电极有很高的电子密度。旋杯的转速一般在2000r/min以上，高速旋杯可达60000r/min。由于旋杯离心力方向与电场力方向相垂直，形成的喷雾图形为环状，并且飞散的漆雾要比盘式的多。

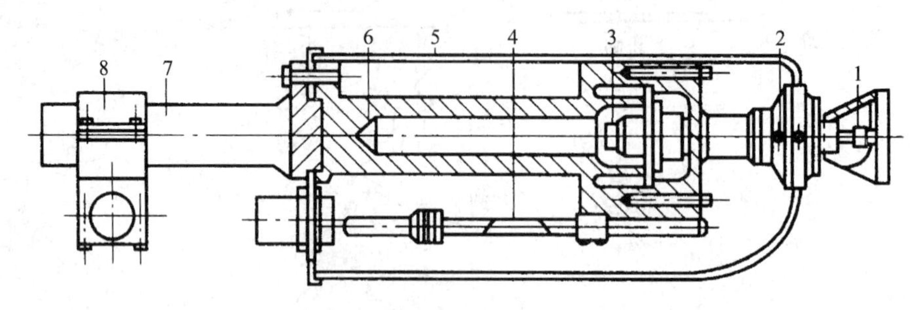

图3-26 旋杯式静电喷枪

1—旋杯；2—涂料入口；3—空气马达；4—高压电缆；5—绝缘罩壳；6—绝缘支架；7—悬臂；8—支座

2）盘式静电喷涂设备。由于盘式静电喷涂是在“Ω”形喷漆室中静电喷涂，故又称之为Ω静电喷涂。其主要由专用Ω喷漆室、旋盘静电喷枪、高压电源、供漆装置及电控装置组成（图3-27）。

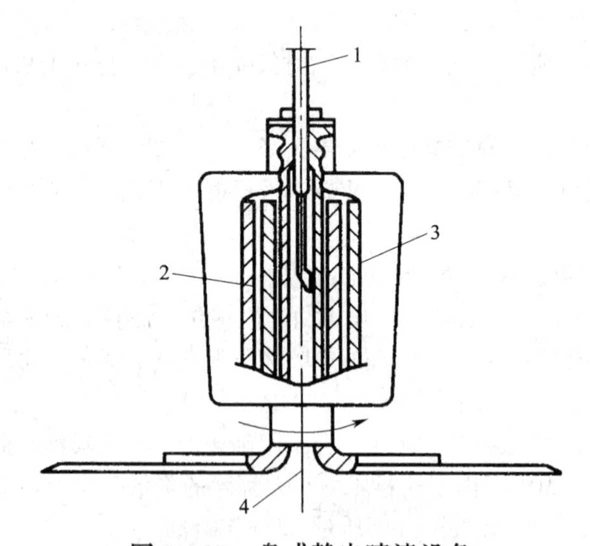

图3-27 盘式静电喷漆设备

1—涂料供给；2—气动电动机；3—负高压；4—涂料流入旋盘吸附电荷

（3）空气静电雾化　对于手提式静电喷枪，由于施加的电压较低，涂料的雾化必须靠压缩空气来保证。喷枪前端设置针状放电极，使部分涂料颗粒带上电荷并沉积于工件表面。由于压缩空气的前冲力和扩散作用，这种静电喷涂的涂料利用率低于离心力式，但比空气喷涂要高，适合于较复杂形状工件的喷涂。

特殊静电设备的使用如下：

1）塑料表面静电喷涂。近年来，在塑料成型过程中，即加入导电性充填，使其具有导电表面，可以免除表面导电处理工序。在选用涂料及稀释剂时尽量使涂料与塑料的溶解度参数相近，并用前处理破坏其规整性，降低表面结晶度，以提高附着力。塑料本身是一种绝缘材料，除了需经特殊的表面前处理外，为了使其能适应静电喷漆，还必须对塑料表面进行导电处理，导电液一般为用醇类溶剂稀释的表面活性剂，经导电处理后，即可进行静电涂漆。

2）水性涂料静电喷涂。水性涂料（乳胶漆除外）本身具有导电性，用常规静电涂漆设备，一般贮漆罐接地，导致高压电通过输漆系统涂料本身形成放电回路，无法实现静电雾化。针对水性涂料的这一特性，水性涂料静电喷漆设备有外部荷电方式、内部荷电方式及隔离荷电方式三种。

静电涂漆具有喷漆效率高、涂层均匀、污染少等特点，适应大规模自动涂漆生产线，已逐渐成为生产中应用最为普遍的涂漆工艺之一，广泛应用于汽车、仪器仪表、电器、农机、家电产品、日用五金、钢制家具、门窗、电动工具、玩具及燃气机具等工业领域。

近年来随着电子和微电子技术的发展，静电涂漆设备包括高压静电发生器、喷枪结构、自动控制等，在可靠性及设备结构轻型化方面有显著的进步，为静电涂漆工艺的发展提供了坚实的基础。

3. 电泳泳装喷涂设备

电泳泳装喷涂是指将水溶性涂料用蒸馏水稀释，配制成涂料含量8% ~15% 的稀薄溶液，放入槽中。

（1）电泳涂装设备。电泳涂装设备主要有漆槽、电源装置、搅拌设备、冲洗装置、漆液净化设备和烘干设备等。电泳涂装常用设备与工具如图 3 -28 所示。

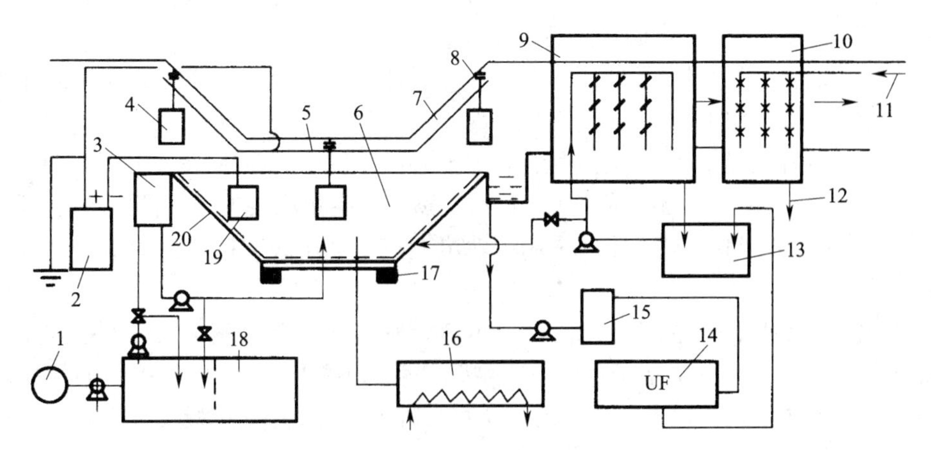

图 3 -28 电泳涂装设备示意图

1—补给涂料槽；2—直流电源；3—辅槽；4—泳涂工件；5—导电机构；
6—电泳主槽；7—悬挂输送链；8—绝缘质；9—水冲洗；10—脱离子水冲洗；
11—供水系统；12—排水；13—水槽；14—超滤装置；15—预滤装置；
16—热交换器；17—绝缘垫板；18—搅拌槽；19—电极装置；20—绝缘衬里

1）槽体。根据工件的输送方式不同，槽体分为船形槽和矩形槽两种形式。槽体的大小及形状需根据工件大小、形状和施工工艺而定。在保证一定的极间距离条件下，应将漆槽容积设计得尽可能小些，这样可少装涂料，节约占地面积。

槽底四周应避免死角，漆槽应装有过滤网的溢流槽，以除去循环漆液中的杂质并起消泡作用。槽内应有冷却和自动恒温装置，以保持漆液的一定温度。无论何种形式的槽体，为避免死角造成漆液沉淀，槽底部都要求采用圆弧过渡。

2）搅拌设备。循环搅拌系统分内、外两部分循环。内循环采用浸入式混流搅拌器，外循环采用离心泵搅拌循环漆液，在外循环系统中应串联磁性过滤器和圆筒过滤器，以除去磁性微粒和机械杂质。圆筒过滤器的滤网采用约为100目的不锈钢丝或尼龙丝网，漆液通过滤网流速为2～3m/min，最大压力损失为0.05MPa。目前在外循环系统中，往往将超滤器联合设置——循环泵的流量使整个电泳槽的漆液在1h内循环4～6次。

3）冲洗设备。冲洗设备主用于电泳涂漆前后工件的冲洗，一般用自来水（最好用无离子水），但需加压设备，目前普遍使用一种带螺旋体的淋洗喷嘴，它可使水分散成伞形雾状，效果良好。小型工件也可以用常压自来水冲洗。

4）电极装置。一般采用直流电源。整流设备可采用硅整流器或可控硅，亦可采用直流发电机，整流器的电流密度一般为2～4mA/cm^2，电极装置由极板、隔膜罩及辅助电极组成。

极板材料根据电泳涂料的种类有不同的选择，阳极电泳极板可采用普通钢板或不锈钢板制作，而阴极电泳极板可采用不锈钢制作。

一般由直流电源输出的直流电通过阳极汇流排（导电梁）送到挂具和工件（阳极），负电直接连接槽体，并使槽体接地，即形成阴极接地。

5）漆液净化设备。一般采用阴极隔膜装置作为净化设备。将阴极装在用厚帆布制的布袋内，袋内放入蒸馏水，使胺（铵）能透过，漆液不能透过。通过定期更换蒸馏水，抽出pH值高的水，换入新水而达到稳定漆液pH值的目的。

6）烘烤设备。烘房设计要有预热、加热和后热三段。应根据漆的品种和工件的具体情况，设计烘房和选用干燥设备。

（2）电泳喷涂设备。电泳喷涂设备可以分为连续通过式和间歇垂直升降式两大类。

1）连续通过式电泳设备组成流水生产线，适于大批量涂漆生产，在工业上应用很广。

2）间歇垂直升降式，初始形式采用单轨电葫芦。其用人工控制，适用于批量较小的涂漆作业。

（3）电泳泳装喷涂设备工作原理。电泳泳装喷涂设备施工时被涂工件浸入溶液中，将工件接阳极，电泳槽中设置一个或多个阴极，然后通以电压为30～50V的直流电，这时水溶性涂料中的主要成膜物质和颜料就会以大致相同的速度泳向阳极工件表面，沉积为一层不溶于水的漆膜。之后将工件用水冲洗干净再经过烘烤。

1）阳极电泳涂漆。阳极电泳用水溶性树脂是一种高酸价的羟酸盐（一般是羟酸胺盐），溶解于水后，在水中即发生离解，并在直流电场的作用下，带电离子向相反方向电极移动，带正电荷的NH_4^+向阴极移动，并在阴极吸收电子还原成胺（氨），与此同时，带负电荷的水溶性树脂$RCOO^-$向阳极（被涂工件）移动，并在阳极放电沉积于阳极，即在被涂工件表面形成一层均匀的涂膜。

2）阴极电泳涂漆。阴极电泳是一个极为复杂的电化学反应过程，而且同样存在电泳、电解、电沉积和电渗等主要的电化学过程。

阴极电泳涂漆是采用水溶性阳离子型树脂，一般是以环氧树脂或丙烯酸树脂为主链的聚胺树脂，经有机酸 HA 中和，在水中离解得到带正电荷的树脂阳离子，在直流电场的作用下，向极性相反的方向阴极泳动，使阴极区界面的 OH^- 积聚，导致 pH 值升高，并与带正电荷的树脂阳离子反应，便在阴极（被涂工件）表面发生沉积。

4. 高压无气喷涂设备

高压无气喷涂，就是涂料经加压泵加压，通过喷枪的喷嘴将涂料喷出去，高压漆流在大气中剧烈膨胀、溶剂急剧挥发分散雾化而高速地喷到被涂件表面上。因涂料雾化不借助压缩空气，所以称为高压无气喷涂。

高压无气喷涂，广泛应用于建筑、桥梁、船舶、机车、机械、汽车、航空等领域。高压无气喷涂设备主要有：高压泵、高压喷枪、过滤器、蓄压器、高压软管等，见图 3－29。

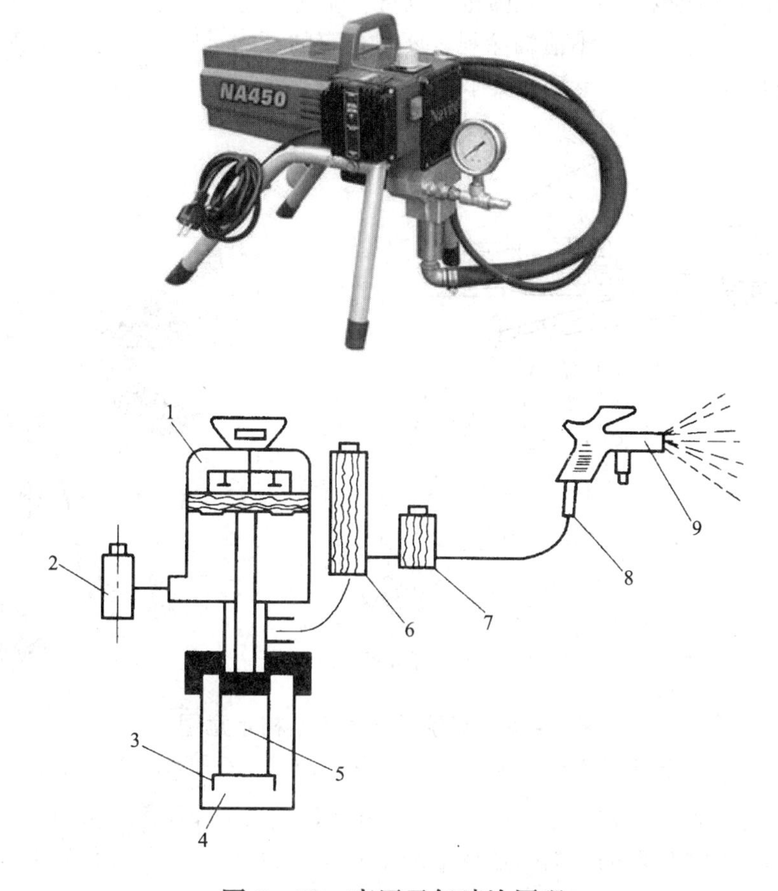

图 3－29　高压无气喷涂原理

1—空压机汽缸；2—气水分离器；3—盛漆桶；4、7、8—过滤器；
5—柱塞泵；6—蓄压器；9—喷枪

高压无气喷涂，适用于喷涂下列高固体分涂料：环氧树脂类、硝基类、醇酸树脂类、过氯乙烯树脂类、氨基醇酸树脂类、环氧沥青类涂料、乳胶涂料以及合成树脂漆、热塑型和热固型丙烯酸树脂类涂料等。

高压无气喷涂的优点：

1）涂装效率高达70%，为普通空气喷涂的3倍以上。可节省涂料和溶剂5%～25%。

2）适用于黏度大、固体分高的涂料。由于压力高，高黏度、高固体分涂料也容易雾化，一次喷涂涂膜较厚，可以节省时间，减少施工次数，一次喷涂膜厚可达40～100μm。

3）因涂料内不混有压缩空气，同时涂料的附着力好，即使在工件的边角、间隙等处也能涂上漆，形成良好的涂膜。

4）喷涂时，漆雾少，涂料中溶剂含量也少，涂料利用率高，减少了涂装环境污染，改善了涂装施工条件。

高压无气喷涂的缺点：

1）操作时，喷雾幅度和喷出量不能随意调节，必须更换嘴或调节压力。

2）与空气喷涂相比，漆膜质量差，不适用于薄膜及高装饰性涂膜的要求。

（1）高压无气喷枪。高压无气喷枪由枪身、喷嘴、连接部件所组成（图3－30）。要求高压无气喷枪密封性好，不泄漏涂料，要耐一定的压力。喷枪一般是用钢或铝合金制成。对喷枪的要求是轻巧、灵活、操作方便。

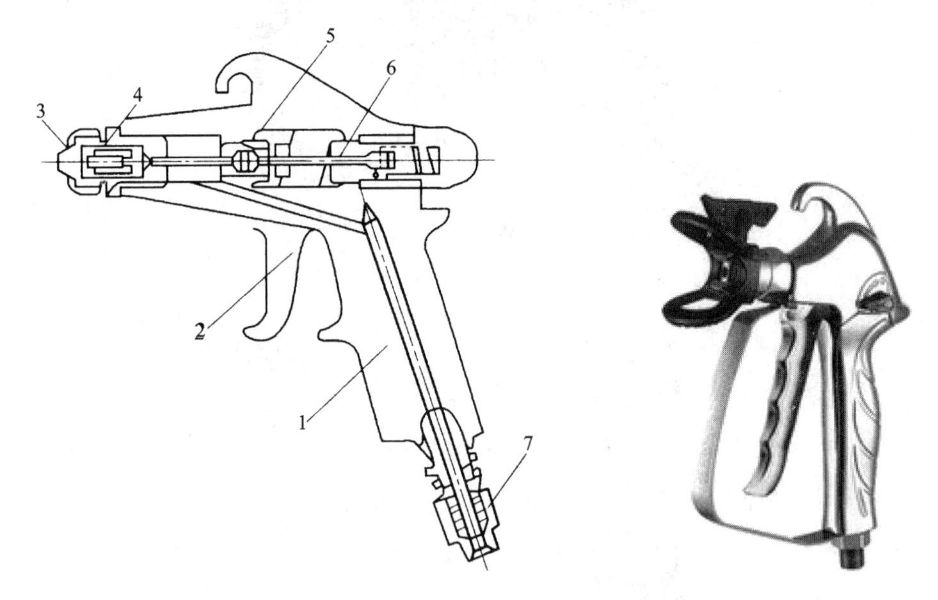

图3－30　高压无气喷枪结构示意图

1—枪身；2—扳机；3—喷嘴；4—过滤网；5—衬垫；6—顶针；7—自由接头

高压无气喷枪品种多样，选择高压无气喷枪要以喷涂工作压力为依据，一般高压无气喷枪是随购买的设备而配的。喷嘴是高压无气喷的重要部件，涂料雾化的优劣、喷涂幅面和喷出量都取决于喷嘴。喷嘴分为圆形和橄榄形两种。由于高压漆流通过喷嘴，所以对喷嘴材质要求耐磨损、硬度高、不易变形等。一般喷嘴材质选用耐磨性能好的硬质合金（碳化钨）制造，其硬度可达88～92HRA，洛氏硬度HRA是采用60kg载荷和钻石锥压入去求得的硬度，用于硬度较高的材料。喷嘴的粗糙度、几何形状，直接影响涂料的雾化喷流图样和喷涂质量，喷嘴的喷射角度一般为30°～80°，喷射幅面宽度为80～750mm。喷涂大平面时，宜选用300～400mm宽的喷幅；喷涂小平面时，宜选用150～250mm宽的喷幅。选择喷嘴时，要根据被涂件的大小、形状、涂料类型和品种、喷出量、喷涂操作压力、涂膜厚度和涂装质量等工艺要求来确定。

高压无气喷枪的喷嘴有标准型喷嘴、回旋喷嘴、90°复式喷嘴和可调幅喷嘴。回旋喷嘴能回旋，当喷嘴堵塞时，可旋转手柄180°，再开启喷枪即可清除杂物，不需要拆卸喷嘴。90°复式喷嘴在喷嘴球体上镶有两个不同孔径的喷嘴，只要转动90°，就可以选择不同的喷幅宽度。可调幅喷嘴的孔径可以调节，因而喷幅宽度可以改变，遇到喷嘴堵塞，只要调大孔径即可清除堵塞物。高压喷枪通过尼龙或聚四氟乙烯高压软管连接到高压无气喷涂设备的涂料出料口上。操作前，先将高压管与喷枪的接头螺栓旋紧，以避免高压涂料泄漏。选好喷嘴，先试喷几下，调节好压力，确定喷涂效果。高压喷枪投入正常操作时，喷枪不准对准人，以免伤人。

（2）高压软管。高压软管是输送涂料用的，应能耐25MPa高压、耐溶剂、耐涂料，并且轻便、柔软。目前，广泛采用的是尼龙、聚四氟乙烯和橡胶等制作，其内外层用尼龙管或橡胶管，中间层用钢丝、化学纤维或不锈钢丝编织物，以提高其耐压能力。高压软管内径有5mm、6mm、9mm、12mm，长度为5～30m，一般选用的为6～9m。

（3）蓄压过滤器。蓄压器使涂料液压保持稳定，减少喷涂时压力波动，以提高喷涂质量。过滤器是过滤漆液的，可使涂料中的颗粒、杂质经过滤后去掉，以免堵塞喷嘴。高压无气喷涂系统的过滤网是不锈钢丝网。一般是将蓄压器和过滤器合在一起，这样结构可紧凑些。

（4）气动式高压无气喷涂机。气动式高压无气喷涂机的动力源泵，是目前使用较普遍的。一般是使用压缩空气为动力源，压力不超过0.7MPa，涂料压力可达到输入气压的几倍到几十倍。其适用喷涂外墙等大面积工程。涂料的压力与气压比叫作压力比。一般涂料黏度低时，选用压力比较小的泵；涂料黏度高时，选用压力比较大的泵。高压无气喷涂机技术参数依据型号确定压力比、最大流量（L/min）、最大进气压力（MPa）。

气动式高压无气喷涂机的操作要点：

1）工作前，应认真检查汽缸、高压泵、蓄压过滤器、涂料罐等部位是否正常，然后接通压缩空气，打开调节阀。如高压泵空载运转正常，将高压软管、喷枪、吸料软管、放泄软管等管路接通，检查气路的接头是否松动漏气。

2）调整喷涂压力，根据被涂件的大小、形状、涂料类型和品种、涂膜厚度和涂膜质量要求，选择喷枪和喷嘴，一般进气压力不超过0.7MPa。同时，高压泵和喷枪要良好接地，防止产生静电发生事故。

3）将吸料软管插入涂料桶中，接通气源，高压泵即开始工作。运转2min后，旋紧放泄阀，负载压力平衡后，高压泵自行停止。如果高压泵还在继续工作，应检查各高压阀是否磨损或“气蚀”、高压密封圈是否松动、高压管路是否松动，涂料吸入系统是否堵塞等，排除故障后方可继续进行喷涂。

4）喷涂过程中，绝对不允许对着人喷，同时暂时停止工作时，要将自锁机构的挡片锁住，以免误操作伤人。

5）喷涂结束后，将吸料软管从涂料桶中取出，打开放泄阀，使喷涂机在空载情况下运行，将喷涂机和涂料管内的剩余涂料排净，再将吸料软管插到与喷涂涂料配套的溶剂中，开启泵，用溶剂进行循环清洗。然后卸下高压滤芯，单独用溶剂清洗，洗净后，重新装入过滤器内。卸下高压软管，用压缩空气吹净管内残留的溶剂及杂物等。

6）高压无气喷涂机要定期保养，及时检查排除故障。设备不使用时，应采用塑料布盖住，防止灰尘杂质附着和落入设备内部，影响喷涂机正常使用。

图 3－31　电动式高压无气喷涂机外形

（5）电动式高压无气喷涂机。电动式高压无气喷涂机（图 3－31），便于携带，但喷涂面积小于气动喷涂机，适用于家装等小面积，使用的是 380V、50Hz 的电源动力，适用于没有压缩空气但有 380V 电源的场合，其技术参数和外形根据喷涂机型号确定技术参数功率（kW）、工作压力（MPa）、流量（L/min）、重量（kg）来定。

电动式高压无气喷涂机的操作要点：

操作前，应检查各组件是否正常，尤其是柱塞泵及加入的油量、高压过滤器、各管接头连接是否牢固。喷涂时，可先试喷少量工件，检查是否达到喷涂要求，同时验证电源电压、电动机功率、转速、喷涂机是否正常工作。调试正常后，将涂料吸料软管插入涂料罐中，启动电动机，通过传动机构，直接驱动隔膜柱塞泵，将涂料连续吸入并排出，通过隔膜加压达到要求的喷涂压力，经加压过滤后由高压输料软管送到喷枪喷出。

电动式高压无气泵要定期加油，保证喷涂泵的工作压力。每次使用后，应及时用与涂料配套的溶剂将吸料软管过滤网、蓄压器过滤网、管路、枪体等清理干净，以防堵塞。

（6）高压无气喷涂机使用安全措施：

1）设备在使用前，应仔细检查高压无气喷涂机的接地是否良好，涂料管是否接地，涂料管是否有裂口、损坏、老化，管路的各接头是否牢固，有无松动处。

2）操作者应穿戴好劳保用品，工作服应为防静电服装，工作鞋应无铁钉。

3）操作时应从低压启动，逐渐加压，观察管路各部位及设备是否正常。

4）不得将喷枪对准自己或他人，以免误伤人。不要将手伸向喷枪的喷嘴前，作业中断时，要上好喷枪的安全锁。

5）不能用硬的铁钉或针疏通喷嘴。喷嘴堵塞时，可用木针疏通。

6）工作结束后，应及时清理涂料系统，所用设备必须彻底清洗干净，以防涂料固化堵塞设备。

4　涂漆前的基层处理

4.1　木制品的基层处理

木材是广泛使用的建筑工程材料之一。涂饰后的木制品，不仅延长了使用寿命，而且可使其表面更加美观。木材除本身的材质纤维和木质素外，还含有油类、树脂、单宁、色素、水分等。这些物质的存在，会直接影响基层的干燥、附着力和外观。涂料装饰对木制品的基本要求是表面清洁、平滑、无刨绺、疤节少、棱角整齐，采用清漆涂饰时还要求花纹美观、颜色一致。此外，木材本身的干燥程度应符合涂料施工要求。例如，对于门窗等四面涂刷涂料的物件，其含水率不应超过12%。

为此，需进行以下处理，见表4-1。

表4-1　木制品的基层处理

方法	内　容
清理	用铲刀和毛刷清除木材表面黏附的砂浆、灰尘。如黏有沥青，用铲刀铲去后还要点虫胶清漆，防止以后咬透漆膜使油漆变色或不干。有油污和余胶的表面要用温水或肥皂液、碱水洗净后，用清水洗刷一次，干燥后顺木纹用砂纸打磨光滑。对于渗出的树脂，可用有机溶剂酒精、丙酮、甲苯等擦洗，也可用热的电烙铁铲除，并再涂刷一层虫胶清漆封闭其表面，以防树脂再度渗出。除去保护物件所用的护角木条、斜撑等并拔掉钉子
打磨	经过清理后的木材表面要用1½号的木砂纸打磨，使其表面干净、平整。对于木窗框和木窗扇，由于安装时间先后不一，框扇的干净程度不一样，所以还要用1号砂纸磨去框上的污斑，使木材尽量恢复原来的颜色。为便于涂刷，各种棱角要打磨平滑。木材表面的刨痕，可用砂纸包木块打磨，如有硬刺、木丝、绒毛等不易打磨时，可待刷完一道底油后再打磨 

续表 4－1

方法	内　　容
漂白	有些木材表面有色斑，颜色不均，有些木材边材色浅，芯材色深，影响透木纹的清漆涂饰效果，就需进行木材漂白处理。一种方法是用浓度 30% 的双氧水（过氧化氢）100g，掺入 25% 浓度的氨水 10～20g、水 100g 稀释的混合液，均匀地涂刷在木材表面，经 2～3d 后，木材表面就被均匀漂白。这种方法对柚木、水曲柳的漂白效果很好。木材漂白的另一种方法是：配制 5% 的碳酸钾：碳酸钠＝1∶1 的水溶液 1L，并加入 50g 漂白粉，用此溶液涂刷木材表面，待漂白后用肥皂水或稀盐酸溶液清洗被漂白的表面。此法既能漂白又能去脂 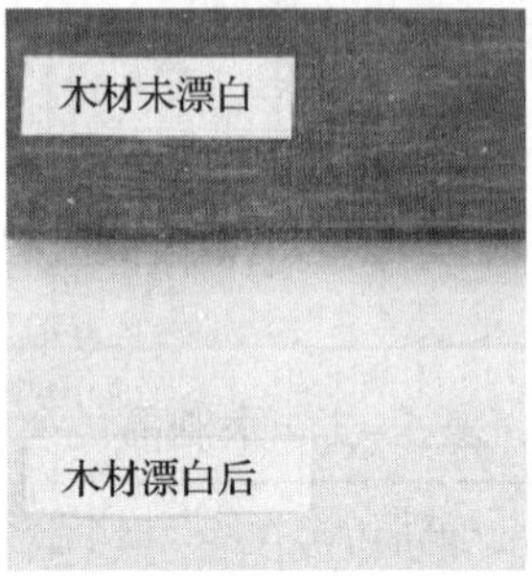 木材未漂白 木材漂白后

4.2 金属面的基层处理

4.2.1 钢铁基层表面处理

钢铁基层表面处理见表 4－2。

表 4－2　钢铁基层表面处理

方法	内　　容
机械和手工清理	主要用于铸件、锻件、钢铁表面清除浮锈，以及易剥落的氧化皮、型砂、旧漆层。效率低，但设备简单、不受施工条件和工件形状的限制。常用于批量小、形状不规则的金属制品表面除锈和作为其他除锈方法的补充。 为提高效率，在采用刮刀、锤、凿、钢丝刷、砂布的铲、敲、打磨、扫刷锈斑、氧化皮的纯手工操作外，也可用前述的手提式圆盘打磨机、旋转钢丝刷等小型机械进行 

续表 4－2

方法	内　　容
喷丸、喷砂	适合于清除厚度不小于 1mm 的制件或不要求保持精确尺寸及轮廓的中、大型制品以及铸、锻件上的氧化皮、铁锈、型砂、旧漆膜，当使用环境十分恶劣、对基层处理要求严格时采用，如受水浸泡的部位、海洋环境、工业污染区等。 喷砂前基层表面的油脂、污物应先用清洗剂清除。喷砂后应立即涂饰、不宜超过 4h。喷砂后的粗糙面有利于底漆附着，但不宜过于粗糙，一般情况下凸起高度应小于 50μm。 喷丸或抛丸的喷射材料为铁基及非铁基的金属线段、板材碎块、铸钢丸、马铁丸、白口铁丸等。粒度 6～50 目。该法用于除去锻皮、铸皮。可提高金属表面的抗疲劳强度。小工件用喷丸，大面积工件用抛丸。薄壁及较脆弱的工件不宜采用
火焰喷射	适用在具有一定侵蚀性的环境中。用火炬加热金属表面使氧化质失水干燥、变松散易于清除。在金属表面冷却前（至 36℃）涂刷底漆，以便涂料能在空气中的潮气未凝聚在金属表面前趁热流布于基层的各个细部，与表面牢固地黏附。 主要用于厚度不小于 5mm 的大面积设施，如桥梁结构，贮槽及重型设备，去除氧化皮、铁锈、旧漆层、油脂等污物
碱液除油	金属表面的油污，可用碱液清除。碱液配方：磷酸钠（Na_3PO_4）25～35：碳酸钠（Na_2CO_3）25～35：合成洗涤剂 0.75：水 1000（重量比）。碱液的 pH 值为 12.5～13.5，温度为80～100℃，将工件浸泡其中，配合搅动，用时 3～5min。取出后用冷水冲洗 30s，再用 70～90℃热水冲洗 0.5～2min。再吹干（70～105℃热风，吹 1～3min）。这种浸渍除油法适合于有一定数量的中小型工件，并有浸渍槽、加热设备。 对于尺寸大、形状复杂的工件，可配碱液刷、擦去油。此时，碱液浓度不应超过 30g/L，温度不超过 50℃
溶剂除油	常用的溶剂有汽油、甲苯、二甲苯、三氯乙烯、四氯乙烯、四氯化碳等，后三种溶剂应用最广，因为它们除油能力强，不易着火，比较安全，缺点是成本高、有毒。操作时要避免潮气、注意通风

续表 4-2

方法	内　容
涂刷底漆	在除油、除锈等表层清理完成后，特别是用火焰清除的情况下，应立即涂刷底漆。 对于一般的钢铁件，如钢门窗、梁柱、散热器、家具上的铁件可涂刷防锈底漆。特别对边角、接缝、焊接、铆接部位不可遗漏。防锈漆可用红灰酚醛防锈底漆或醇酸防锈底漆

4.2.2 有色金属基层表面处理

有色金属在建筑工程中运用的有铜、铝、锌、铬及其合金和镀层。

对有色金属的表面处理，在一般情况下，不需涂刷保护层，因为其表面附着的沉积层可起保护作用，而不似钢、铁会锈蚀。但当与有化学污染的大气，非同类金属的酸、碱材料或木材（冷松、橡木、栗木）接触时，会加速侵蚀，在这类环境中需涂刷保护层。有时为了协调色彩也会涂刷涂层。为使涂层与基体牢固粘结，也需对其进行处理。

处理的目的是去除油脂、脏污、残留焊渣、不均匀的氧化膜，或过于光滑的表面。

1. 铝及铝合金

用细砂布加松节油轻轻打磨表面，再用浸有松节油或松香水的抹布擦去油脂和污渍，然后用清水彻底漂洗。干燥后涂刷底漆。不得用碱性洗涤剂清洗表面，否则会使表面受到侵蚀。

底漆一般采用锌铬黄底漆，而避免使用含铅、石墨、金属铜颜料的底漆，因此类底漆会与铝材表面的潮气起不良反应。

2. 镀锌面

先刷洗表面的非油性污渍，然后用含非离子型清洗剂的清水漂洗。用离子型清洗剂和皂类清洗后的遗留物会影响涂层的黏附。再用松香水或松节油等溶剂擦涂表面的油脂。

用钢丝刷或砂布除锈。当使用环境恶劣或需要长期保护时，表面可采用轻微的喷砂处理。

在镀锌面上使用底漆应避免含铅、石墨等金属颜料（锌除外）的底漆。

3. 铜及铜合金

先用松香水或松节油去除油污，再用细砂纸磨糙或涂一层磷化底漆。注意打磨后要用松香水擦净表面的铜粉，以免酸性干性油或清漆料会溶解铜粉，造成污染。

如欲在表面涂刷清漆以保持铜面原有色彩，可配制醋盐水（1L 醋中加入 40g 食盐或用5%的醋酸1L加40g食盐）擦拭，然后用清水刷洗、干燥后尽快涂刷涂料。

4.3 旧漆层的处理

4.3.1 检查判断

在旧漆膜上重新涂漆时，可视旧漆膜的附着力和表面硬度的大小来确定是否需要全部清除。如旧漆膜附着力很好，用一般铲刀刮不掉，用砂纸打磨时声音发脆，有清爽感觉时，只需用肥皂水或稀碱水溶液清洗擦干净即可，不必全部清除。如附着力不好，已出现脱落现象，则要全部清除。如涂刷硝基清漆，则最好将旧漆膜全部清除（细小修补例外）。

旧漆膜不全部清除而重新涂漆时，除按上述办法清洁干净外，还应经过刷清油、嵌批腻子、打磨、修补油漆等项工序，做到与旧漆膜平整一致，颜色相同。

4.3.2 清洗旧漆膜的方法

清洗旧漆膜的方法见表4－3。

表4－3 清洗旧漆膜的方法

方法	内容
碱水清洗法	把少量火碱（氢氧化钠）溶解于清水中，再加入少量石灰配成火碱水（火碱水的浓度要经过试验，以能吊起旧漆膜为准）。用旧排笔把火碱水刷在旧漆膜上，等面上稍干燥时再刷一遍，最多刷3～4遍。然后用铲刀把旧漆膜全部刮去，或用硬短毛旧油刷或揩布蘸水擦洗，再用清水（最好是温水）把残存的碱水洗净。这种方法常用于处理门窗等形状复杂、面积较小的物件
火喷法	用喷灯火焰烧旧漆膜，喷灯火焰烧至漆膜发焦时，再将喷灯向前移动，立即用铲刀刮去已烧焦的漆膜。烧与刮要密切配合，漆膜烧焦后要立即刮去，不能使它冷却，因冷却后刮不掉。烧刮时尽量不要损伤物件的本身，操作者两手的动作要配合紧密
摩擦法	把浮石锯成长方体块状，或用粗号磨石蘸水打磨旧膜，直到全部磨去为止。这种方法适用于清除天然漆旧漆膜
刀刮法	用金属锻成圆形弯刀（刀口宽度不等，有400mm的长把），磨快刀刃，一手扶把，一手压住刀刃，用力刮铲。还有把刀头锻成直的，装上600mm的长把，扶把刮铲。这种方法较多用于处理钢门窗和桌椅一类物件
脱漆剂法	旧漆膜可用市上出售的T－1型脱漆剂清除。方法是将脱漆剂涂刷在旧漆膜上，约0.5h后，待旧漆膜上出现膨胀并起皱时，即可把漆刮去，然后清洗掉污物及残留的蜡质。脱漆剂使用时刺激味大而且易燃，因此操作时要注意通风防火。脱漆剂不能和其他溶剂混合使用

续表 4-3

方法	内　容
脱漆膏法	脱漆膏的配制方法有三种： （1）清水 1 份，土豆淀粉 1 份，氢氧化钠水溶液（1∶1）4 份，一面混合，一面搅拌，搅拌均匀后再加入 10 份清水搅拌 5～10min； （2）将氢氧化钠 16 份溶于 30 份水中，再加入 18 份生石灰，用棍搅拌，并加入 10 份机油，最后加入碳酸钙 22 份； （3）碳酸钙 6～10 份，碳酸钠 4～7 份，水 80 份，生石灰 12～15 份，混成糊状。 使用时，将脱漆膏涂于旧漆膜表面，涂 2～5 层。2～3h 后，漆膜即破坏，用刀铲除或用水流冲洗掉。如旧漆膜过厚，可先用刀开口，然后涂脱漆膏

4.3.3 旧浆皮和水性涂料层的清除

在刷过粉浆或水性涂料的墙面、顶棚及各种抹灰面上重新刷浆时，必须把旧浆皮清除掉。清除方法：先在旧浆皮面上刷清水，然后用铲刀刮去旧浆皮。因浆皮内还有部分胶料，经清水溶解后容易刮去。刮下的旧浆皮是湿的，不会有灰粉飞扬，较为清洁。

如果旧浆皮是石灰浆一类，就要根据不同的底层采取不同处理办法。底层是水泥或混合砂浆抹面的，则可用钢丝刷擦刮；如是石灰膏一类抹面的，可用砂纸打磨或铲刀刮。石灰浆皮较牢固，刷清水不起作用。任何一种擦刮都要注意不能损伤底层抹面。不得使用含碱类的剥除剂。

4.4 其他物体表面的基层处理

除木材、金属外，施工中常见的基层还有：水泥基层、石灰基层、砖石灰基层、混凝土基层、石棉水泥板基层、塑料基层、纤维材料基层、玻璃基层等。这些基层的成分不同，施工方法不同，故其干燥速度、碱度、表面粗糙度都有区别。应根据基层不同的情况，采取不同的处理方法。

4.4.1 水泥的基层处理

外墙涂料一般直接涂装在水泥基层上，主要是为了增加涂料与基层的粘结强度。外墙涂装建筑涂料时，水泥抹灰层要抹光，待抹灰层表面稍微干燥一些后，用毛刷蘸水刷毛。墙面上的孔洞要修补平整，当孔洞过大时，要分次修补，以防止由于干缩而影响墙面的平整。

4.4.2 石灰的基层处理

（1）泛碱物的处理：用正磷酸溶液（密度 1.7kg/L，将 150mL 酸液加水至 1L）刷洗表面并搁置 10min，然后用清水冲洗、干燥。对清除质量有怀疑时，可涂刷小面积做试验，涂料干后贴上压敏胶带，然后撕下，检查是否有涂料被带下来。

（2）裂缝的修补。裂缝宽度在3mm左右时，可直接修补，不必将裂缝加宽。当裂缝宽度在6mm以上或孔洞直径在25mm以上时，修补前应先将裂缝切成倒“V”字形，以利修补材料的黏附。修补前先用水将裂缝润湿，然后用水泥∶砂∶石灰＝1.5∶7∶0.1的砂浆修补裂缝（小缝可直接用石膏修补）。修补面要低于表面1mm，砂浆干后再用半水石膏将表面修补平整。

（3）玻璃纤维和加气石膏基层要注意对表面残留的隔离剂、孔隙及其他碱性物质的处理，表面不易被水润湿，说明有油性隔离剂，它有助于霉菌的生长，可用松香水擦除。碱性物质可用石蕊试纸检查，用磷酸处理。

4.4.3　砖石灰的基层处理

（1）确定基层所含水分已干燥。

（2）用硬毛刷或钢丝刷刷除表面的灰浆、泛碱物及其他松散物质；对油脂等不易刷除物，应用含洗涤剂的温水刷洗，然后再用清水漂洗。

（3）表面光泽过高时，需打磨将其变糙，并将孔洞裂缝修补好，涂刷耐碱底漆，要刷透、刷匀，不产生遗漏，特别是砖缝处。

4.4.4　混凝土的基层处理

（1）混凝土表面气孔及缝隙的处理：混凝土表面的气孔宜挑破并填平，否则空气会拱破跑出，毁坏涂层。手工和机械打磨对消除气孔比较费工，且效果也不理想。一般需采用喷砂处理。混凝土表面的孔隙及挑破的气孔要填平。室外和潮湿环境要用水泥或有机粘结剂的腻子填充。室内干燥环境可使用普通的石膏或聚合物腻子。对粉化或多孔隙表面，为黏附住松散物质和封闭住表面，可先涂刷一层耐碱的渗透性底漆，如稀释的乳胶漆。为减少收缩沉陷，腻子中体质颜料的比例可稍大于粘结剂。

（2）清除表面油污（模板隔离剂等）及其他污渍：可用洗涤剂擦洗基层，或用溶剂清洗第一遍再用洗涤剂擦洗，或用质量分数为5%～10%的火碱水清洗，然后用清水洗净。

（3）清除水泥浮浆、泛碱物及其他松散物质：可用钢丝刷刷除或用毛刷清除，对泛碱、析盐的基层可用3%的草酸溶液清洗，然后用清水洗净。对泛碱严重或水泥浮浆多的部位可用质量分数为5%～10%的盐酸溶液刷洗，但酸液在表面存留的时间不宜超过5min，必须用清水彻底清洗。泛碱和析盐清洗后应注意观察数日，如再出现析盐和泛碱，应重复进行清洗，并推迟涂刷涂料，直至泛碱物消失为止。

（4）消除表面光滑的方法：混凝土或水泥砂浆表面过于光滑，不利于涂料的渗透和附着，需进行消除。消除的方法可用酸蚀、喷砂、钢丝刷刷毛或自然风化，或在表面涂一层3%氯化锌和2%磷酸的混合液，或涂一层4%聚乙烯醇溶液，或20%的乳液均可增加基层和涂层的附着力。

（5）其他情况处理：当施工条件不允许基层长时间搁置、风化时，可用磷酸和氯化锌组成的溶液刷洗中和。当使用油基涂料时，也可用硫酸锌溶液刷洗。如果有的涂料与这些刷洗液不相容，可选用乳胶涂料。对需提高防雨水渗透性的部位或多孔隙型基层，可用有机硅憎水剂进行表面处理。

4.4.5 石棉水泥板的基层处理

石棉水泥底材的吸收性依其质量和产品类型变化很大，高质量的坚硬、吸收性差，防火型的孔隙多、吸收性强，这类基层大都是强碱性的，由于是高压形成的，质地坚硬，碳化或中和比石灰和水泥砂浆面要慢，但其处理程序比混凝土、水泥基层要简单、省力，只要表面干燥、平整、光滑、洁净即可涂刷。

（1）用硬毛刷或砂纸除去表面泛碱物或松散物质。

（2）确认底材彻底干燥后即可涂刷耐碱底漆和油性涂料底漆。

（3）如有潮湿入侵的可能，安装前要在板材背面及边缘涂刷防潮涂料。如使用沥青涂料应注意避免玷污正面。渗透性强的稀薄涂料亦要慎重使用，以防渗透到正面。

（4）石棉水泥板板缝要用腻子，分二至三遍填实填平，并待完全干燥固化后用粗砂纸磨平，然后涂刷耐碱底漆或油性涂料底漆。

4.4.6 塑料的基层处理

（1）塑料制品在涂装前必须清除制造过程中附有的塑模润滑剂、灰尘污物以及带有的静电，一般可在涂装前用煤油或肥皂水进行清洗。

（2）塑料制品表面光滑，对漆的附着力极不牢固，有必要进行一定的处理，使其表面粗糙，以增加漆膜的附着力。坚硬光滑的热固型塑料可用喷砂处理，或用砂纸打磨。软质与硬质聚氯乙烯塑料的处理方法一般可在三氯乙烯溶剂中浸渍数秒钟，去除塑料表面游离的增塑剂，然后取出轻擦，干燥后能使其表面有一定的粗糙度。某些耐有机溶剂较差的热塑性塑料可用肥皂水、清洗剂、去污粉等进行摩擦处理。对聚乙烯、聚丙烯等塑料还可以采用强氧化剂对塑料表面进行轻微的腐蚀，以获得表面的粗糙度。

（3）为了增强塑料对漆膜的附着力，对某些塑料在施工前，可先喷上一种含有强溶解性的溶剂（如丙酮、醋酸丁酯的水乳蚀液）来软化表面，在溶剂未完全挥发之前将漆涂饰好。

4.4.7 纤维材料的基层处理

（1）皮革、织物、纸张等都是具有纤维结构的材料。纤维材料的涂装用途很广，在电气工业中可用于浸渍漆包线、电机绕组和导线，在轻工业部门可用于皮革、漆布和纸张的涂染等。

（2）涂装前的皮革应具有良好的渗透性，表面要粗糙而无光泽。为了使皮革的油脂、污物彻底除净以使毛孔充分暴露，可用水和丙酮的混合液或其他亲水溶剂进行脱脂。该脱脂剂的配方为：200mL 醋酸乙酯与醋酸甲酯，50mL0.5 的氨水，250mL 丙酮，50mL 乳酸与 1000mL 水，将其组成混合液。利用这种混合液擦拭皮革，就可以达到皮革脱脂、增加漆膜附着力的效果。必须注意的是，从擦拭完毕算起，要在 30～60min 内做好涂料打底，不然会影响涂装质量。

（3）纤维材料具有多孔性的特点，在这些材料上涂漆、漆膜的附着力是由浸透的深度来决定的，即很大程度上取决于纤维材料对涂料的浸透性和纤维的拉力。如果涂装前对表面处理不好，漆膜就很容易从表面脱落。这里仅以制革工业中对皮革的表面处理来说明纤维材料表面处理的一般特点。

4.4.8 玻璃的基层处理

（1）玻璃制品表面特别光滑，如果不彻底处理，则涂装涂料后，会造成附着力差，甚至有流痕、剥落等现象，因此，玻璃制品在涂装施工前，需进行必要的表面处理。

（2）玻璃的基层处理包括两个方面。首先是进行清除粉尘、油污、汗迹及水分等的预备处理，可用丙酮或清洗剂等有机溶剂进行洗涤处理。清理后一定要用清水进行冲洗。其次，是要使玻璃制品表面具有一定的粗糙度，使漆膜牢固地附着于玻璃表面，一般可采用手工方法或化学方法进行处理。手工方法是用棉球蘸研磨剂在玻璃表面上反复、均匀地涂拭。化学方法是用 40% 的氢氟酸 20 份与水 80 份混合，将玻璃制品在常温下浸 5min，然后用大量的水清洗后，即可进行涂饰。

5 涂饰施工

5.1 涂饰基本技法

5.1.1 嵌批

手工涂饰嵌批腻子的工时，一般要占总工时的40% ~50%。腻子批刮得好，即使是比较粗陋的底层也能涂饰成漂亮的成品；如果腻子批刮不好，就是没有什么缺陷的底层，涂饰后的漆层效果也不会理想。

1. 嵌批方法一般要求

批刮腻子时，手持铲刀与物面倾斜成50°~60°角，用力填刮。木材面、抹灰面必须是在经过清理并达到干燥要求后进行；金属面必须经过底层除锈，涂上防锈底漆，并在底漆干燥后进行。

为了使腻子达到一定的性能，批刮腻子必须分几次进行。每批刮完一次算一遍，如头遍腻子、二遍腻子等。要求高的精品要达到四遍以上。每批刮一遍，腻子都有它的重点要求。

批刮腻子的要领是实、平、光。第一遍腻子要调得稠厚些，把木材表面的缺陷如虫眼、节疤、裂缝、刨痕等明显处嵌批一下，要求四边粘实。对于个别大的凹坑，要先刮实，然后用填坑腻子填平，决不能高出基面。不可一次嵌得太厚，若在木材面上填坑，应用铲刀顺木纹方向先压后刮，填补范围尽量局限在缺陷附近，以减少沾污或留下大的刮痕。第一遍腻子的批刮要领是“实”。

第二遍腻子重点要求填平，在第一遍腻子干燥后，再批刮第二遍腻子。这遍腻子要调得稍稀一些，把第一遍腻子因干燥收缩而仍然不平的凹陷和整个物面上的棕眼满批一遍，要求平整。

第三遍腻子要求光，为打磨创造条件。上道腻子干后进行第三遍腻子的批刮。第三遍腻子要多加一点适用的油漆，调得更稀一些，用铲刀再满批物面一遍。这遍腻子批后应做到正视平平整整，侧视亮光闪闪，手摸光滑。

每遍腻子的操作次序，要先上后下，先左后右，先平面后棱角。刮涂后，要及时将不应刮涂的地方擦净、抠净，以免于结后不好清理。

2. 嵌批中各种刮板的操作技法及使用范围

（1）橡胶刮板。拇指在前，其余四指托于其后使用。多用于涂刮圆柱、圆角、收边、刮水性腻子和不平物件的头遍腻子。用它刮平面也可以，但不如木刮板刮得平、净、光。

（2）木刮板。顺用的，虎口朝前大把握着使用。因为它刃平而光，又能带住腻子，所以用它刮平面是最合适的，既能刮薄也能刮厚。横刃的大刮板，用两手拿着使用，先用铲刀将腻子挑到物件上，然后进行刮涂。特点是适于刮平面和顺着刮圆棱。

（3）硬质塑料刮板。因为弹性较差，腰薄，不能刮涂稠腻子，带腻子的效果也不太好，所以只用于刮涂过氯乙烯腻子（其腻子稠度低）。

(4) 钢刮板。板厚体重，板薄腰软，刮涂密封性好，适合刮光。用它刮厚层腻子，因腰软不易刮平。

(5) 牛角刮板。具有与椴木刮板相同的效能，其刃韧而不倒，只适合找腻子使用。做腻子讲究盘净、板净，刮得实，干净利落边角齐，平整光滑易打磨，无孔无泡再涂刷。

3. 两三下成刮涂法

两三下成刮涂法是做腻子的基础。这种刮涂法首先是抹腻子，把物面抹平，然后再刮去多余的腻子，刮光。由于抹的腻子厚，干燥稍慢，能给刮腻子留有一定的工作时间，所以这一技法，既适合刮涂头几遍较厚层腻子，也适合作刮涂技术的练习。两三下成刮涂法，在刮涂一板腻子位置上，按操作顺序分为挖腻子、抹腻子、刮腻子三步。

(1) 挖腻子。从桶内把腻子挖出来放在托盘上，将水除净，以稀料调整稠度合适后，用湿布盖严，以防干结和混入异物。

当把物件全部清理好后，用刮板在托盘的一头挖一小块腻子使用，挖腻子是平着刮板向下挖，不要向上掘。经使用后，托盘上的腻子应保持一个整体，以免干燥成渣影响刮涂。刮板的外侧应保持干净利落，刮板两角所带的腻子要一样多。

(2) 抹腻子。把挖起来的腻子，马上往物件左上角打，即要放得干净利落。若放得不干净，刮板外面和左右两侧存有腻子，是不会把腻子刮均匀的。应把刮板清除干净，然后把刮板的刃全附在物件上，以刃的下角为转轴，围着腻子向里转半弧，这时腻子就全部随附在物件上，即控制在刮板之下。紧随着手腕往下沉，往下一抹，将这板腻子全用完，或者是已抹到头。这一抹要用力均衡，速度一致，逢高不抬，逢低不沉，两边相顾，涂层均匀。抹腻子的最厚层应以工作平面的最高点为准。腻子的最厚层以物件平面最高点为准，如图 5－1 所示。刮板下的腻子不断地消耗，刮板与工作面的角度应越来越小，以压制腻子填平物件不平之处。如果腻子不够用，或因物件凹陷太深，没有全部抹上腻子，要抓紧时间再从反方向按原手法抹一次，直到把腻子全抹到为止。

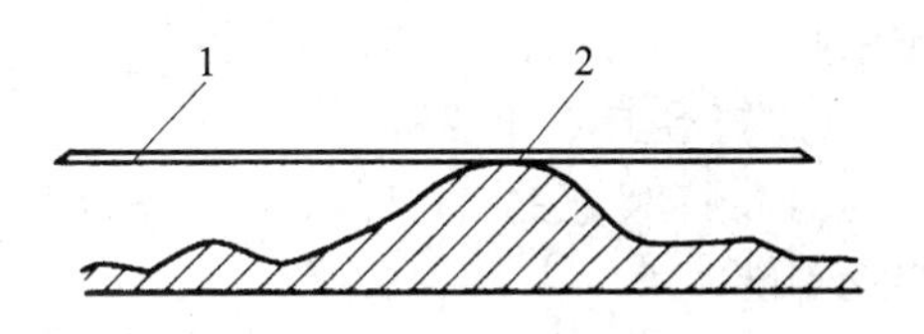

图 5－1 腻子厚度以物面最高点为准

1—抹腻子平面；2—物面最高点

(3) 刮腻子。刮腻子为同一板腻子的第二下。先将剩余的腻子打在紧挨这板腻子的右上角，把刮板里外擦净。再接上一次抹那一板的路线，留着几毫米宽的厚层不刮，用力按着刮下去，保持平衡并压紧腻子。这时，刮板下的腻子越来越多，所以越刮刮板越趋向与物面垂直。当刮板刮到头时，将刮板猛一竖直，往怀里一带，就能把剩余的腻子带下来。把带下的腻子仍然打在右上角。若这一板还没刮完，那么就得按第二板的方法把刮板弄净，再来第三板。刮过这三板，腻子已干凝，应争取时间刮紧挨这一板的另一板，否则两板接不好。又由于手下过涩，所以再刮就卷皮。

4. 注意事项

刮涂水性腻子或慢性腻子，事先做好充分准备，都会有刮涂三下的时间。如果准备不足都没刮准，没刮平，就不应再刮了。否则不但不能把以前刮的腻子刮好，还会刮坏，刮卷皮脱落。若再来一板，卷脱的腻子又堆积成块了。想刮好，就要根据腻子的干燥情况抢时间，一般在 2～30s 之内。刮完第一板所留有的一条厚层腻子，是准备与刮第二板相接，作润滑刮板使用。如果刮涂到物件的末端或中间停刮，这条厚层腻子就不必留。

两三下成刮涂法的头一板腻子完成后，紧接着应刮第二板腻子。第二板腻子要求起始早，需要在刮第一板的右边高棱尚未干凝以前刮好，使两板相接平整。刮涂第二板时，可按第一板的刮法刮下去，若剩余的腻子不够一板使用，应补充后再刮。两板相接处要涂层一致，保持平整。

分段刮涂的两个面相接时，要等前一个面能托住刮板时再刮，否则易出现卷皮。

防止卷皮或发涩的办法是，在同样腻子条件下，只有加快速度刮完，或者再次增添腻子以保证润滑。后增添腻子，涂层增厚，需费工时打磨。

除熟练地掌握嵌、批各道腻子的技巧和方法外，还应掌握腻子中各种材料的性能与涂刷材料之间的关系。如抹灰面刷粉浆时，不能用油性腻子或石膏腻子嵌批。

要掌握各层涂料之间的特点，选用适当性质的腻子及嵌批工具。如抹灰与漆的底层腻子可用菜胶腻子和面料腻子用钢皮刮板满批。但刷过油漆后的墙面上则要用石膏油腻子，用铲刀或牛角刮板嵌批。

5.1.2 打磨

无论是基层处理，还是涂饰的工艺过程中，打磨是必不可少的操作环节。应能根据不同的涂料施工方法，正确地使用不同类型的打磨工具，如木砂纸、铁砂布、水砂纸或小型打磨机具。

在各道腻子面上打磨要掌握：“磨去残存，表面平整”、“轻磨慢打，线角分明”，并能正确地选择打磨工具的型号。

1. 打磨方式和技法

（1）打磨方式。打磨方式可分为手工打磨和机械打磨。这两种方式中又分别包括干磨和湿磨。

机械打磨采用圆盘打磨机、环行往复式打磨机、带式打磨机。其优点是生产效率高，劳动强度小，工作环境清洁，主要适用于打磨大面积的工作面，如金属面的除锈、地板面油漆，也可打磨细木制品表面、焊缝表面、塑料表面。

手工打磨又分用手拿砂纸（砂布）打磨，用木板垫在砂纸（砂布）上进行打磨，称为卡板磨。

干磨是指直接用木砂纸、铁砂布、浮石、滑石粉等对表面进行研磨，此法简便，适用于干硬而脆的较粗表面，或装饰性要求不太高的表面。其缺点是操作过程中产生粉尘较多，产生热量较大，容易导致涂膜软化，甚至损坏。

湿磨是在砂纸或浮石表面泡蘸肥皂水或含有松香水的乳液作润滑剂进行打磨。其工作效率较干磨为高，粉尘少，打磨质量好。

（2）打磨技法。打磨技法分磨头遍腻子、磨二遍腻子、磨末遍腻子、磨二遍浆、磨漆腻子、磨漆皮、磨木毛和硬刺。

1）磨头遍腻子。头遍腻子未把物件做平，在腻子刮涂得干净无渣、无突高腻棱时，不需打磨，否则应进行粗磨。粗磨头遍腻子要达到去高就低的目的，一般用破砂轮、粗砂布打磨。

2）磨二遍腻子。磨二遍腻子即磨头遍与末遍中间的几道腻子。磨二遍腻子可以干磨或水磨，但应用卡板打磨，并要求全部打磨一遍。打磨次序为：先磨平面，后磨棱角。干磨是先磨上后磨下；水磨是先磨下后磨上。

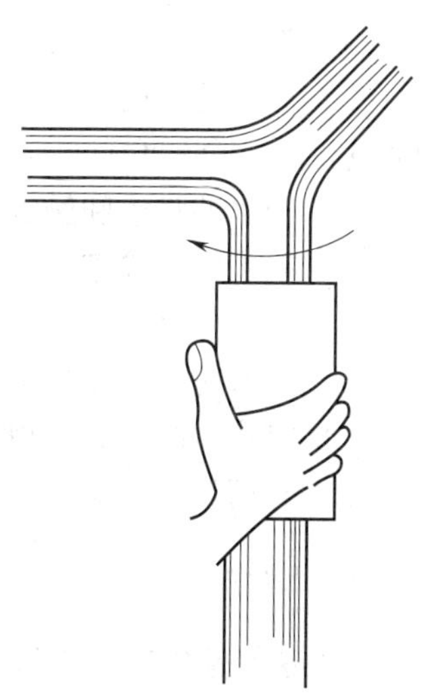

图 5－2 打磨圆棱及其两侧直线

卡板磨是将 2 号砂布裹在木板上，用手捏住两侧，靠臂、腕运动砂布。身躯靠近物件，臂向外伸，目视打磨之处。木板的四角要着力均衡，依次打磨，纵磨一遍，横磨一遍，然后交替打磨。大平面磨完后，若圆棱两侧出现直线，应把板顺着圆棱卡齐，然后再横着顺弧打磨。圆棱及其两侧直线是打磨重点，如图 5－2 所示。这些地方磨整齐了，全物件就整洁美观。面、棱磨完后，换为手磨，找尚未磨到之处和圆角。

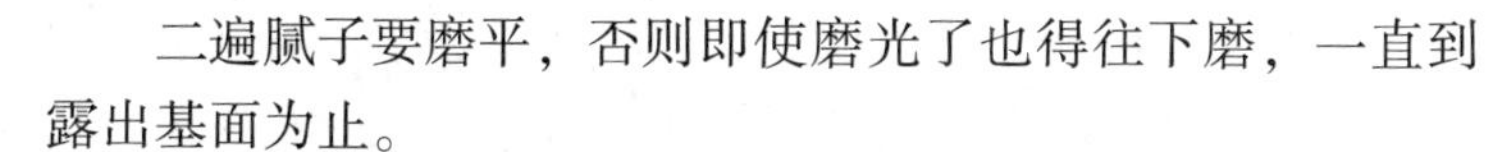

二遍腻子要磨平，否则即使磨光了也得往下磨，一直到露出基面为止。

3）磨末遍腻子。如果末遍腻子刮得好，只需要磨光，刮得不好，要先用卡板磨平后，再手磨磨光。

手磨是用一张砂布的 1/4 或 1/2，对头折叠以虎口夹住合边的一个角，全掌伸直，四指全部附在物件上，使砂布不能在手内窜动。否则，砂布乱窜，磨活少，磨手多。尤其是水磨，手若是不全附在物件上，仅用手指按不住砂纸，半天就会把手磨伤。要使手全附在物件上打磨立面，必须身躯靠工件，臂向外伸。

在这遍打磨中，磨平要采用 1.5 号砂布或 150 目粒度水砂纸；细磨要使用 100 号砂布或 220～360 目粒度水砂纸，磨的次序与二遍腻子打磨相同。手磨磨不到的地方，用砂布裹着刮刀或木条进行打磨。全部打磨完后，再复查一遍，并用手磨方法把清棱清角轻轻地倒一下，最后全部收拾干净。

4）磨二道浆。磨二道浆完全采用水磨。浆喷得粗糙，可先用 180 粒度水砂纸卡板磨，再用磨浆喷得细腻的 220～360 目粒度水砂纸打磨。磨二道浆不许磨漏，即不许磨出底色来。假若露出底色，由于渗油量不同，会造成多个光点。水磨时，水砂纸或水砂布要在温度为 10～25℃的水中使用，以免发脆。砂纸脆易磨手，耗用砂纸也多。

5）磨漆腻子。磨漆腻子可以用 100 号砂布蘸汽油打磨，最后用 360 目粒度水砂纸水磨。全部磨完后，把灰擦净。

6）磨漆皮。喷漆以后出现的皱皮或大颗粒都需要打磨。因漆皮很硬不易磨，较严重者可先用溶剂溶化，使其颗粒缩小后再用水砂纸蘸汽油打磨。多蘸汽油，着力轻些就不会出现粘砂纸的现象。采用干磨时，手更要轻一些。

7）磨木毛、硬刺。用排笔蘸些酒精，用火燎一下，使木毛变脆、变硬。刷一层稀虫胶漆［虫胶∶酒精＝1∶（7～8）］，干后打磨。用潮布擦拭表面，使木毛吸收水分膨胀竖起，干后打磨。

2. 注意事项

打磨工艺应注意以下几点：

（1）涂膜不实干不能磨，否则砂粒会钻到涂膜里。

（2）涂膜坚硬而不平或涂膜软硬相差大时，可利用锋利磨具打磨。如果使用不锋利的磨具打磨，会越磨越不平。

（3）怕水的腻子和触水生锈的工件不能水磨。

（4）打磨完应除净灰尘，以便于下道工序施工。

（5）一定要拿紧磨具保护手，以防把手磨伤。

（6）打磨时用力要均匀，以保证获得平滑的表面。

（7）打磨后的涂膜不得出现肉眼可见的大片露底现象，否则应重新涂饰。

（8）打磨异形表面时，砂纸（砂布）要与物面形状一致。

5.1.3 刷涂

刷涂法是涂饰工程中最早、最普遍的施工方法。是利用手工以漆刷蘸漆后把涂料涂到工件表面的一种涂装方法。

1. 刷涂基本操作方法

不同的涂料，要用不同的刷子，涂料黏度大时，要选用刷毛比较硬的刷子，涂料黏度小时，要选用刷毛比较软的刷子。涂刷面积较大时，选用宽度大的刷子，涂刷细小的部位，则应该选用宽度比较小的刷子才合适。

具体操作方法如下：

（1）蘸油。刷毛入油深度为刷毛长度 1/2～1/3，以免涂料堆积在毛刷根部不易清洗，且容易滴落流淌。

蘸油后将刷头两面分别在容器内壁轻轻拍打一两下，使涂料含在刷毛端部，再迅速提起毛刷至涂刷面上。

对于干燥快、固体含量低的油漆，每次蘸油不要过多，蘸油后不要拍打，马上捻转刷柄，将毛刷柄提出油桶，进行涂刷。

（2）开油。又叫摊油、上漆，就是将油刷上的油漆摊铺到涂刷面上。油刷上下走刷，力度适中，在开油的上半部向上走刷，将油刷背面的涂料摊在物面上，油刷走到头后再从上向下走刷，将正面的涂料耗去。

开油时各条之间留有一定的间隙，间隙的大小，依油的多少和基层状况而定，一般物面留有 5～6cm 的间隙。不吃油的物面可按三个刷面的宽度一条进行摊油。吃油的物面可少留或不留间隙。

（3）横油、斜油。将开油的直条油漆向横的、斜的方向刷匀叫横油、斜油。此时，油刷不蘸油，而是将开油的涂料以一定的宽度，向左右刷开，熟练的漆工可以蛇行方向刷涂。

（4）理油。用刷毛的前端顺木纹轻轻地一刷挨一刷地将涂料上下理顺，称为理油。

为使漆膜厚薄均匀，理油时走刷要平稳，力度要均匀，油刷与物面垂直。切忌中途起落刷子留下刷痕，一刷不能到头时，在该刷快结束时，逐渐提起刷子，留下茬口。

操作时还应注意：在垂直的表面上刷漆，最后理油应由上向下进行；在水平表面上刷漆，最后理油应按光线照射方向进行；在木器表面刷漆，最后理油应顺着木材的纹路进行。关于开油、斜油、理油操作方向见图 5－3 所示。

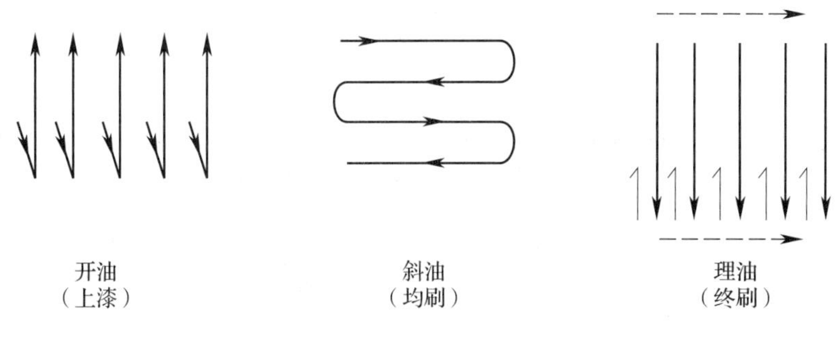

图 5－3　刷涂步骤

为避免接痕，应将各段的相互连接处叉开，不要总在一个部位连接。

硝基漆黏度大，挥发快，且易溶解底层的涂层，刷涂时不能摊油，要一下刷成，并应使用排笔、羊毛板刷等软毛刷具。

2. 注意事项

（1）涂层的厚度。涂层的保护作用是通过将油漆涂料刷涂到物体表面来实现的，但应注意涂层不可过厚，以免引起流挂或起皱，也不可过薄而露底。涂层的厚度，要视基层状况和涂料类型的不同而有所改变。对木材、抹灰面等多孔隙的新基层，涂刷底漆时，油漆涂料要摊的厚一些，以满足基层的吸收，但理油时应将多余的底漆刷开，表面的涂层不能过厚。对于中间涂层，摊油时就不能摊的过多，以致涂层过厚，表干里不干，墙面和顶棚刷涂无光油漆时，底、面漆所有的涂层都应摊的多一些，但不要因涂料的稠度和刷涂方法不当，形成过厚的软涂层。为使上下涂层都能干实，必须在底层干实后才可涂刷后续涂层。刷涂清漆、磁漆一类的面漆时摊油可多些。但也要根据它们各自的流动性，掌握处理，避免出现流挂。对金属等无孔隙基层，底漆和中间涂层都不宜摊的过厚，并应刷开、刷到，只有面漆可适当厚一些。

（2）刷痕的消除。刷痕的产生是由于后刷的涂料还没有刷上时先刷涂料的边缘已经干燥，在涂层间形成深色的接缝痕迹。油基涂料和有光涂料比无光乳胶涂料容易产生刷痕。为防止产生刷痕，每次刷涂的面积不宜过大。一次所能刷涂的面积和所需时间与涂料的性能和气温有很大关系。在大面积平面上刷涂时，每次刷涂的面积最好在 1m^{2}左右，可刷成 1.5～1.8m 长、0.6m 宽的条形。两个人同时刷涂时，一个人从右向左，另一个人从左向右刷涂。此外为避免刷痕，每次收刷时都应留茬口。留茬口是指每刷快要结束时，将油刷逐渐抬起，刷毛端部的压力逐步减轻，使涂层慢慢变薄，形成边缘参差不齐、羽毛状的刷涂痕迹。茬口要留在没涂刷过的部位。这种使刷涂或滚涂痕迹边缘的涂层由厚逐渐变薄的涂刷方法，对各种油漆涂料都有用，特别是在大面积的平面上，刷涂有光的油基涂料时就更为重要。

（3）卡边的方法。卡边是一种涂刷技巧，是油漆工常说的一种行话。它是指在用大油刷或滚筒、喷枪涂饰灯具、木制件周围或墙角时，为涂刷方便，避免沾染，应先用小油刷将不易涂刷的部位刷涂一下。卡边时先与墙角或门框成垂直方向走刷，然后再与墙角或门框成平行方向走刷，将油漆涂料理平。卡边的宽度一般是 50～80mm。室内一般采用 2～3in 油刷卡边，室外可采用 3～4in 油刷在窗户或门框周围卡边。乳胶漆一类无光涂料，由于不易显搭接痕迹，可在滚涂或喷涂前将整个部位卡边。对易产生搭接痕迹的有光磁漆等油漆，每次卡边的范围不要过大，一般为 0.6～1m 长，在油漆没干前就需用油刷或其他涂饰工具接上。

（4）分色线的刷法。在刷涂两种不同颜色表面的交界部位时，如采用刷分色线的方法涂饰，就可不必罩住另一面而使交界边刷的很整齐。刷涂时要选择刷毛为齐头或斜头状的小油刷。拇指按住刷裤，另外三指或四指抓住油刷的另一边，将刷毛搭在离交界处 25mm 的墙面上，流畅平整地向交界处移动。每次涂刷的长度为 300～400mm。各刷之间要互相搭接 25mm 左右。当刷上的涂料快完时，要将油刷呈弧状收回。收刷要在刷子抬起、刷毛还没离开墙面前完成。收刷时要留茬口。如果顶棚与墙面的交界部位不太平直，可在顶棚与墙面之间空出 5mm 的间隙，以便涂刷边缘显得平整。在刷涂窗户、裁口上的油灰时，也可采用分色线的刷法。涂刷应将玻璃盖住 1.5～3mm。这部分漆膜可起到防潮和封闭玻璃、油灰、裁口间缝隙的作用。

（5）接缝部位的涂刷。对不足以填塞的木板接缝，涂刷时一般采用三个步骤。头一刷与接缝成垂直方向，使涂料插进缝中。第二刷与接缝平行涂刷，使涂料既能进到缝中又能刷平多余的涂料。最后一刷要按整个涂刷面的刷涂方向轻轻平稳地理几刷，理刷时要从接缝的高端理向低端，以便刷上的涂料，不会被刮到接缝中，使多余的涂料流淌。

3. 不同种类常见油漆涂料的刷涂方法

（1）清油。刷清油虽很普通，但如果疏忽大意，仍会产生流淌、皱纹等不应有的毛病。刷涂时必须严格要求按正确刷涂顺序涂刷，刷涂刷匀，不允许有流挂等现象。刷涂时，清油中要适当加入少量颜料，使清油带色，以利于调整新旧材面的色泽，同时也便于刷涂时检查看清是否刷到、刷匀。如果刷涂时间较长，清油内稀料挥发变稠，需及时加入稀料调整稠度。夏天为减少挥发可适当加些煤油。

（2）铅油。一般可使用刷过清油的油刷涂刷。抹灰面可使用 3″油刷或 16 管排笔。木质面上要顺木纹涂刷，不可横竖乱涂。线角处不能刷得过厚，以免产生皱纹。在抹灰面上涂刷的头道铅油，要配得稀一些，以便能刷开、刷匀。涂刷高度较高时要由两人上下配合，不使接头处有重叠现象。接头宜选在自然分界处。要从门后、暗角处等不显眼处刷起。二道铅油调配时油料要重，稀料要少，以便涂膜有较好的光泽。可采取铅油与调和漆对半掺和使用。

（3）调和漆。刷调和漆的刷毛不能过长或过短，刷毛过长时油漆不易刷匀，容易产生皱纹、流挂。刷毛过短，易产生刷痕和露底。所以一般都用旧刷操作。调和漆黏度较大，刷涂时要多刷、多理、刷完一段后要及时检查修整。调和漆一般干燥较慢，刷完后要注意保持环境卫生，防止污物、灰砂沾污油漆面。

（4）油基磁漆。磁漆稠度大、流动性强、干燥快，是比较不易刷涂的涂料之一。刷涂时易产生涂层不均、流挂或露底的疵病。原因大多是由于对磁漆流动性大这一特点考虑过多，担心出现流挂，因而摊油时往往摊的不足，而理油时又用力过大，结果出现露底或是由于各刷涂片段摊油不匀，摊油不足的片段干燥过快，不能与其他片段很好地衔接，出现涂层不匀和连接痕迹。为防止出现这类问题，每次摊油的片段不可过大，动作要迅速，但不能慌乱。要摊足、摊匀，但也不可过多。这主要依靠走刷时的感觉来判断。如果走刷时在这一片段内感觉发滑，而另一片段内又发涩，这说明两片段的涂层不匀，应将油多发滑部位的油向油少发涩的部位刷。理油时要平稳、用力均匀，收刷时要均匀有力。油刷的选择与调和漆基本相同，不宜使用新刷，最好选用半新旧的刷子。

（5）无光油。刷无光油的操作方法与刷铅油基本一样，但这种涂料干燥快，刷涂时动作要快，相互间要配合好，要刷匀，特别是接头处要刷开、刷均，然后再轻轻理干。将每个刷面全部刷完后，再刷下一个刷面。因无光油中松香水含量较多，含气味大、有毒性，每次操作不宜超过1h，要到通风处稍休息一下。

为了保证质量，刷油时要把门、窗关闭，避免空气对流，使油漆干燥得较慢些，以利操作。刷完后开启通风。每遍油漆需经过24h后才能进行下遍刷油。

（6）酚醛清漆和醇酸清漆。这两种涂料的特点是黏度高、干燥慢、涂布量多，所以应选用猪鬃油刷。摊油时刷横涂或斜涂，将油均匀赶开，此时用力可重些。最后按木纹方向直理几次。理油时用力要逐渐减轻，最后用油刷的毛尖轻轻收理平直。

（7）硝基清漆。硝基漆黏度高、挥发快，是一种比较不易涂刷的涂料。涂刷时动作要快，注意刷匀、刷到。蘸漆量不能一刷多一刷少。用力要均匀，每笔刷涂面积的长短要一致（约40~50cm），应顺木纹方向刷涂，但是不能来回多刷，以免出现皱纹，或将下层的漆膜拉起。为避免将下层漆层溶解，要注意掌握漆中溶剂的挥发速度。气温高，空气流动快，干燥就快，这时应将门窗关好，刷涂动作要快，同时一次刷涂的涂层厚度，也可适当大些，以相应地延长挥发时间。此外还应注意避免产生泛白、气泡等现象。硝基漆涂刷第一遍时可稍稠一些，以后几遍要用2~3倍的稀料稀释后涂刷。

刷具常选用不脱毛、富有弹性的旧排笔或底纹笔。最好使用刷过虫胶漆的排笔，使用前后用酒精溶解，洗净虫胶漆，再放入香蕉水中洗一洗再用。

（8）聚氨酯和丙烯酸清漆。这两种漆的特点是固体分量高、黏度低、流平性好。其操作方法基本与刷涂硝基漆相同，但可适当来回多刷。刷涂时要顺木纹刷涂，要刷到、刷匀、厚薄一致、无接槎、无遗漏，涂层要薄。在刷涂这两种清漆时要注意掌握各道涂层的干燥时间。在常温条件下，刷涂第二道涂层时，应让第一道涂层有半小时以上的自干时间。同时不能在风大的地方施工，以免涂膜表面出现气泡、针孔、皱皮等缺陷。刷涂聚氨酯清漆，前后两遍涂层间隔的时间不能过长，否则漆膜坚硬不易打磨，而且涂层之间的结合力会变差，出现分层脱皮现象。当环境温度在15~30℃时，每日可刷一道，在30℃以上时，可刷二道。面漆刷涂后经7d方可使用。

（9）过氯乙烯漆。抹灰面上刷涂过氯乙烯漆，一般是一遍底漆，两遍磁漆和清漆。底漆最多两遍，磁漆和清漆可以适当增加，但一般不超6~9遍。底漆的操作方法与铅油相同，只是过氯乙烯漆干燥很快，每个部位不能多刷，只能一上一下刷两下，更不可横涂乱刷，以免将底层带起，并应注意接头处的重叠不能太明显。磁漆的刷法与底漆一样，为防止底漆被带起，刷涂时动作要快，手要轻，也可在底漆上先刷一道清漆后再刷磁漆。磁漆一般只刷两遍。如盖不住底漆或颜色不一致时，也可再增刷1~2遍，每遍间都需打磨、清扫，清漆的操作方法与磁漆一样，一般刷涂2~4遍。

过氯乙烯漆应使用专用稀释剂，在没有稀释剂的情况下，不宜用香蕉水代替。大面积施工最好采用喷涂。过氯乙烯漆气味较大，有毒，刷涂面积较大时要戴防毒口罩，每隔

1h 最好通风一次。

（10）虫胶清漆。虫胶清漆尤其是带色的虫胶漆，比较不易涂刷。它属挥发性涂料，干燥快，因此首先是拿笔的姿势和刷涂顺序要正确，一般是按从左到右、从上到下、从前到后、先内后外的顺序，顺木纹方向刷涂。涂刷手腕要灵活，精神要集中，动作要快，用力要均匀，不能一笔重一笔轻，而且不能过多的回刷，否则极易出现刷痕、色泽不一、混浊等缺陷。蘸油时，每笔的漆量要一致，不能一笔多一笔少。虫胶清漆怕潮湿和低温，冬季施工室温应保持在 15℃以上，也可在漆内加入少量的松香酒精溶液（但不宜超过用量的 5%）。

（11）水色。刷水色的颜料可以采用品色颜料。先用热水把颜料泡溶，最好在炉子上稍炖一下，使其充分溶解。颜料与水的比例要视具体要求而定，颜色浓的应多加点颜料。使用前要另用小木块刷涂试色，看是否符合需要。要是颜料已经加完，但水分还多时，可延长加热时间，使水分蒸发至合适的浓度。

刷水色要求木材面磨光。木材由于吸湿起毛，着色剂在木毛根部周围沉淀较多，干燥后形成深色环状，所以要特别注意材料的表面处理。

刷涂时，需选毛质柔软、能吸着多量着色剂的排笔或漆刷，先用排笔多蘸些水色，先横竖刷涂使着色剂均匀地渗进木材管孔内。再在水色未干前用毛刷顺木纹将水色理通理顺，用力要均匀而轻柔。局部吸色过多时，要用湿抹布擦淡些。

刷涂宜一次完成，否则容易产生着色不均。用过的刷子要及时清洗，否则含着色剂的刷毛干燥后再使用时，会产生着色不均。

木材的横断面渗透性强，可先涂水后再刷水色，也可先上一遍封闭底漆再上水色。

（12）油色。油色由于油少料多，刷涂时油易被吸收，从而感觉发涩，不易刷匀，故刷涂时一定要逐段、逐面进行，将拼缝、接头处处理好。接头拼缝处不能留得太整齐，要互相错开，以免留下明显的痕迹。刷涂地板一类面积较大的物面时，由 2～3 人合作较为适宜。在面上刷涂时，油色不能沾到未刷的面上，沾染的部位要及时擦净，以保证色泽的均匀一致。先从物面的不显眼处刷涂，显眼的主要部位最后涂刷。油色干燥后，涂膜不是十分坚固，不宜用砂纸打磨，可用净布擦拭，或用干油刷掸刷，以免造成色泽不一致。

（13）石灰浆。用铲刀或钢丝刷将基层的灰尘、粗粒疙瘩除去，用石膏腻子嵌补好洞眼裂缝，即可进行刷浆。不能刷得过厚，以免起壳脱落。

墙面刷石灰浆一般都采用两支排笔拼宽装上长把进行刷涂，而不用合梯和脚手板。这样刷墙面简单方便快捷，质量更有保证。门窗四周可先用排笔刷好，保持清洁。

刷有色浆时，在头遍中就加色，前两遍中加色要少，浅于要求的颜色，最后一遍灰浆配成要求的颜色。配好后应先试刷一下，看看是否符合样板的要求。刷色浆最好用 16 管排笔，上下顺刷，后一排笔要紧挨前一排笔，不能有空隙，相接处要刷开、刷匀，上下接头要刷通。

（14）大白浆。大白浆对墙面的干燥程度和含碱状况都有一定要求。用聚醋酸乙烯乳液和羧甲基纤维素作胶结料调配的大白浆，对抹灰面的要求不十分严。用菜胶调配的大白浆需当墙面充分干燥，抹灰面内碱质全部消化后才可施工。刷涂时因底层腻子或头遍浆易吸收水分，浆胶化开，被排笔带起，所以要比石灰浆难刷得多。刷涂时，动作要轻快，接头处不得有重叠现象。大白浆一般需刷涂两遍以上。如刷色浆，从批腻子时就要加色，加色由浅到深。

（15）聚合物水泥浆。刷涂聚合物水泥浆可选用油刷、排笔，对粗糙的表面可使用圆头硬毛刷。使用圆头硬笔刷刷涂时，刷子要呈环形移动，以使涂料渗到表面的孔隙中去。涂刷面应潮湿。刷涂后应在潮湿状态下养护72h。

（16）可赛银浆。刷涂可赛银涂料的程序、方法与大白浆大致相同，只不过要细致一些。当基层状况较好，颜色又与涂料接近时，一般只刷涂两遍即可。待第一遍浆已基本干燥，无明显湿痕时，即可刷涂第二遍浆。两遍浆的间隔时间不要过长。以保证刷涂面的光洁和颜色的一致。如果相隔时间过长，表面过于干燥，第二遍浆就不易刷涂并易留下刷痕。刷涂工具最好选用刷毛较为柔软的排笔。

（17）乳胶漆。乳胶漆刷涂前应加水调至适当稠度，一般为漆重的10% ~15%，不宜超过20%。批腻子前刷的底漆最多可加至80%。第一遍刷涂后经2h的干燥，就可刷第二遍。乳胶漆干燥快，为避免出现接头痕迹，每个刷面应一次完成。大面积刷涂时，应由多人配合，从一头开始，流水作业，互相衔接刷向另一头。施工时，温度应保持在0℃以上，以防冻结。刷具选用排笔较好。

（18）聚乙烯醇类内墙涂料。刷涂工具以羊毛排笔为宜，一般需刷涂两遍以上。为防止出现发花现象，刷涂时应上下走刷，切忌上下左右无规律乱涂。第一遍涂料因墙面吸水性强，一次可适当多蘸些涂料，并尽量将涂料刷开。第一遍刷完后打开门窗干燥1 ~2h后可刷涂第二遍，这时墙面吸水性已减弱，感觉比较轻松，所需涂料也少，因此每次蘸料不宜过多。涂膜应尽量刷薄，避免流挂，如出现流挂应及时刷去。已配制好的涂料，使用时不得随意加水，以防掉粉。如确实太稠，可加少量热水搅拌均匀。涂料保存期为半年，要密封存放并注意防冻。

5.1.4 浸涂

1. 浸涂的定义

浸涂是将被涂工件全部浸没在盛漆的容器里，经过一定时间，将被涂工件从容器里取出，流尽多余的漆液，用吊钩悬挂的方法送入烘干室烘烤或自然干燥，即完成了整个浸涂工艺。这种浸涂方法适用小型五金制件、电器绝缘材料等。

2. 浸涂的特点

浸涂的特点是：涂漆设备简单，操作简便，节约涂料，生产效率高。浸涂主要适用于小型五金制件、电器绝缘材料。

3. 浸涂对涂料的要求

浸涂槽一次投入的涂料量大，涂料入槽后要长期反复使用，所以要求涂料长期稳定不变质，沉降速度慢，能保持槽内的涂料组分分布均匀，因此，对涂料的选用要得当。

烘烤型涂料和水性涂料比较适宜采用浸涂方法。烘烤型涂料和水性涂料在常温条件下比较稳定，所含稀释剂挥发速度较慢，需在加热烘烤条件下才能交联固化成膜。这类涂料有沥青烘漆、酚醛树脂烘漆、醇酸树脂烘漆、氨基醇酸树脂烘漆、环氧树脂烘漆、环氧酚醛树脂烘漆、水性丙烯酸树脂烘漆等。自干型涂料如酚醛树脂、醇酸树脂、环氧树脂等自干型涂料也可采用浸涂方法，由于其自然干燥成膜时间长，不宜连续大批量涂漆作业，但这类涂料的某些品种也可以采用加热烘烤成膜。

快干型涂料、固化剂固化涂料和颜填料密度大的涂料不适宜采用浸涂方法。快干型涂料如硝基纤维涂料、过氯乙烯树脂涂料，所用的溶剂和稀释剂挥发速度快，漆膜处于流动状态的时间短，不利于漆膜流平和去除余漆；固化剂固化涂料如双组分聚氨酯涂料、胺固化环氧树脂涂料，当两组分混合调匀后，必须在规定时间内用完，不适宜大量配制用于浸涂槽；颜填料密度大的涂料如富锌防锈涂料，所含锌粉密度大，沉降快，在浸涂槽内即使搅拌也难使涂料的组分保持均匀一致。

4. 浸涂的工艺套件

（1）涂料黏度。一次浸涂的涂膜厚度为30μm左右，厚度的控制是通过控制涂料黏度实现的，随黏度的变化而增减。涂料黏度影响涂料的流动性，黏度低，在被涂物表面流动性好，对去除余漆有利，如果黏度过低，则会导致漆膜过薄；反之，涂料黏度过高，在被涂物表面流动性差，不易流平，流痕严重，漆膜不平整，对去除余漆不利，因此，浸涂时应确定合适的涂料黏度，并严格控制。

（2）涂料温度。涂料黏度与温度关系密切，涂料黏度随涂料温度的变化而变化，因此对浸涂槽的涂料温度必须严格控制，使其保持稳定，一般为20～30℃，如果所用涂料的常温黏度过高，则需适当提高温度，达到合适的黏度，以利于浸涂。

（3）浸涂的施工注意事项：

1）确定浸涂槽内涂料的合适黏度。在浸涂过程中应定期检测浸涂槽内涂料的黏度，并随时进行调整。

2）应根据作业环境温度的变化，采取适当的加热或降温措施，将浸涂槽内涂料温度控制在所要求的范围之内。

3）为防止浸涂槽内产生沉淀，需适当搅拌。添加新漆搅拌均匀后，需静置一定时间，待气泡消除后方可进行浸涂作业。

4）浸涂时被涂物入槽与出槽的速度不宜过快，以免浸涂槽内涂料激烈运动产生气泡，影响涂膜质量。

5）开始浸涂作业前5min应启动通风设备，作业停止后不要立即关闭通风设备，应使其多运转几分钟，以保持作业环境空气流通，排除溶剂挥发气体。

5. 浸涂的去除余漆方法

（1）自然滴落去除余漆。自然滴落去除余漆是被涂物浸漆后，表面黏附多余的涂料依靠自身的重力，自然滴落除去。实际上被涂物从浸涂槽开始上提时，余漆就开始自然滴落，因此，被涂物上提的速度要均匀，尤其是大型被涂物上提时，不要时快时慢，以免影响漆膜的均匀性。

为获得余漆自然滴落的良好效果，被涂物的最佳吊挂状态应是其最大表面与水平近似垂直，而其他表面与水平呈倾斜状态，其夹角宜为10°～40°。如果余漆去除不净，可辅以漆刷刷掉。

（2）静电去除余漆。静电去除余漆的原理是：平板（或网状）电极（负极）与高压静电发生器接通后，当接地的被涂物（正极）通过静电去除余漆区时形成静电场，余漆受静电场的作用滴落。静电去余漆速度快，可改善被涂物上下部漆膜厚度不一致的缺陷。

电极与被涂物之间的距离是确保必要的静电场强度的重要条件，通常为200～300mm。在静电电压恒定的条件下，被涂物余漆流出表面积小，其间距可大一些；余漆流出表面积大，其间距可相对小一些，总之，为获得满意的去除余漆效果，应根据被涂物的状况调整极间距离。电极与被涂物之间的距离，还受静电场电压的影响，如果静电场电压改变了，其间距也应随着进行调整。确定电极与被涂物之间的距离，还应考虑防止火花放电。当静电场电压为85kV时，发生火花放电的距离约为100mm。通常为了去除余漆作业安全可靠，电极与被涂物之间的距离应不小于火花放电距离的2倍。

5.1.5　擦揩

用软材料或漆擦，蘸取涂料、填孔料、砂蜡等用擦揩手法进行涂饰作业，具有清洁物面、修饰颜色、增亮涂层等多重作用。

1. 擦老粉

老粉是填孔剂的俗称，分为水老粉、油老粉，是填孔上色、显现木纹的清水油漆涂饰不可缺少的工序。起着填平管孔（以便形成平整漆膜）、基层着色、显露小纹、减少底面漆消耗的作用。

（1）操作方法：

1）用手抓住棉纱团（或麻丝、竹丝），浸透水老粉（或油老粉），然后在被涂物面上进行圈涂圈擦，使其充分填入管孔内，并均匀布满物面。

2）在老粉将干未干时，用干净的棉纱团或麻丝、竹丝、进行揩擦，先圈擦，把所有的棕眼（管孔）腻平，再顺着木纹擦揩，将浮在表面的老粉揩清收净，并用剔角刀或剔角筷剔清线角、边角等处的积粉。

（2）注意事项：擦老粉的要求是动作快、颜色匀、物面净。

1）较大的面积要一次做成，以保证颜色一致。

2）对于着色力强的水粉和油粉，操作时特别注意：细小部位随涂随擦。大面积部位，要涂快、涂匀。尤其是接茬部位和重叠处，更要仔细，确保颜色均匀一致。

3）根据材质情况及吸色程度掌握擦揩力度。木质疏松及颜色较深处要揩重些，反之则轻些。

4）不能等填孔料干了再擦，否则会造成卷皮和色泽不匀。

5）要处处擦到，不得留穿心眼、擦痕或积粉现象。

6）颜色擦完后，直到刷油前，不得沾湿物面，以免出现色斑。

2. 擦颜色

（1）操作方法：

1）先将色调成粥状，用毛刷炝色后，均刷一片物件，约0.5m^2。

2）用已浸湿拧干的软细布猛擦，把所有棕眼腻平。

3）再顺着木纹把多余的色擦掉，求得颜色均匀、物面平净。

4）全擦完一遍之后，再以干布遍擦一次，以擦掉表面颗粒。

（2）注意事项：

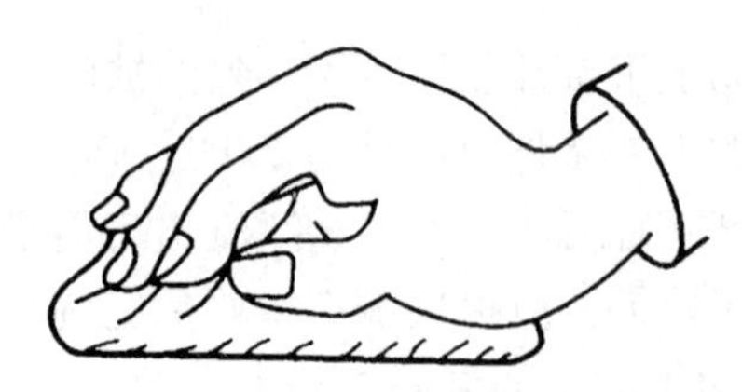

图5-4 布下成平底的执法

1）在擦平时，布不要随便翻动，要使布下成为平底。布下成平底的执法如图5-4所示。

2）每擦一段要在2~3min内完成。否则棕眼擦不平颜料已半干，再擦就卷皮。

3）擦完这段，紧接再擦下一段，不要间隔时间太长。间隔时间长，擦好的颜料已干燥，接茬就有两色痕迹。

4）颜色完全擦好之后，在刷油之前不得再沾湿，沾湿就有两色。

3. 擦漆片

擦漆片，主要用作底漆。水性腻子或水老粉做完以后若要进行涂漆，应先擦上漆片，使虫胶清漆渗入填孔料或腻子中间，既增加了老粉、颜料之间的粘结力，又增加了腻子或老粉与木材的粘结力，同时还起到封闭底层的作用，防止面漆向木材内部渗透，减少面漆消耗，保证漆膜平滑连续。

（1）操作方法：

1）擦漆片一般是用白棉布或白的确良包上一团棉花拧成布球（或用尼龙丝团），布球大小根据所擦面积而定，包好后将底部压平。

2）蘸满漆片（漆片用83%~90%浓度的酒精溶解，其虫胶漆含量为30%~40%）。

3）将布球（或尼龙丝团）在被涂面上做画圆圈运动，或画8字或做S形运动。总之，不能在同一部位擦揩超过两遍。擦漆片路线和擦漆方式如图5-5所示。

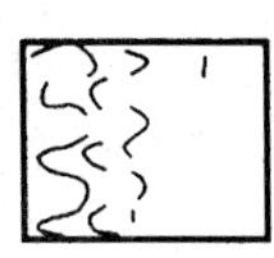

（a）擦涂路线

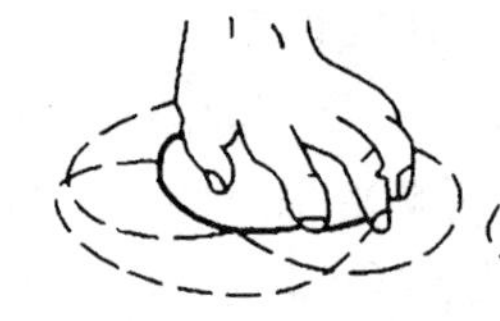
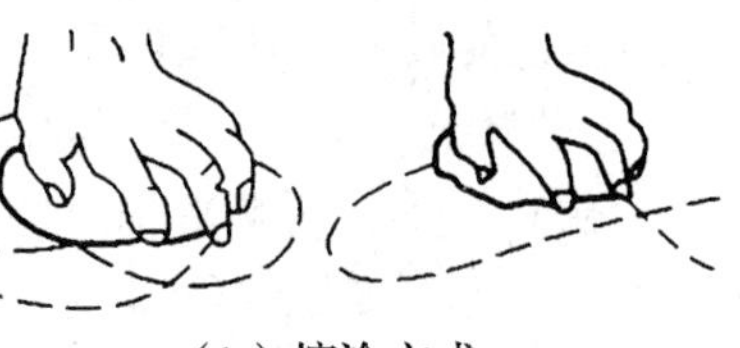

（b）擦涂方式

图5-5 擦漆片路线和擦漆方式

4）有棕眼的部位，可在蘸取虫胶清漆后再蘸滑石粉擦揩。

（2）注意事项：

1）漆片不足、手下发涩时，要马上蘸漆片继续擦，否则会涂布不匀。

2）擦揩过程中不要停顿，因停顿处漆膜厚度增加，颜色也会变深。

3）虫胶漆最好现用现配，贮存期不宜超过3~4个月，不得用铁制容器盛装，宜用陶瓷、玻璃制品盛装。

4）施工现场温度要在18℃以上，相对湿度为（65±5）%。否则，虫胶漆吸潮泛白。若无此条件，可用红外线或其他方法预热需涂饰面，可有效防止漆膜发白。

5）操作时，关好门窗，避免涂层吹风，保持室内温度。

4. 揩硝基清漆

硝基清漆的涂饰最常用揩涂，也称拖涂，用此法能得到高质量的漆膜。

每一遍揩涂，实际上是棉球蘸漆在表面上按一定规律做几十遍至上百遍重复的曲线运动。每揩一遍的涂层很薄，常温下每揩涂一遍表干约5min后，再揩涂下一遍，经过揩涂多遍才形成一定的厚度。

（1）操作方法：

1）第一遍揩涂。第一遍揩涂所用的硝基清漆黏度稍高（硝基清漆与香蕉水的比例为1∶1）。棉球蘸适量的硝基清漆，先在表面上顺术纹擦涂几遍。接着在同一表面上采用圈涂法，即棉球以圆圈状的移动在表面上擦揩。圈涂要有一定规律，棉球在表面上一边转圈，一边顺木纹方向以均匀的速度移动。从表面的一头揩到另一头。在揩一遍过程中，转圈大小要一致，整个表面连续从头揩到尾。在整个表面按同样大小的圆圈揩过几遍后，圆圈直径可增大，可由小圈、中圈到大圈。棉球运动轨迹如图5－6所示。

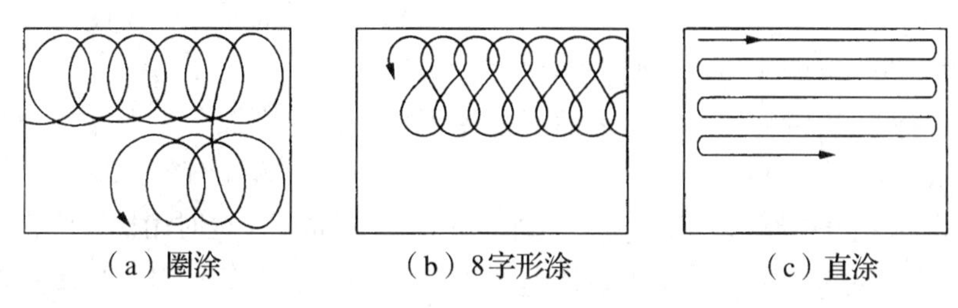

（a）圈涂　（b）8字形涂　（c）直涂

图5－6　棉球运动轨迹

圈涂法在加厚涂层的同时，能把漆液揩入表面所有的凹处以及木材管孔里。棉球的曲线运动除圈涂、8字形揩涂外，也可以呈波形、之字形及其他圆滑连续的曲线形等。按各种曲线形每擦揩一遍，能形成平滑均匀而又很薄的一个涂层，但是连续用曲线形揩涂几十遍后，可能留下曲线形涂痕。这时，一般还要采用横揩、斜揩数遍后，再顺木纹直揩的方法，以求揩出的漆膜平整，并消除曲线形涂痕，这时可结束第一遍（也称第一操）揩涂。

2）静置修整。第一次揩涂结束，要有一段静置时间，以使涂层在常温下彻底干燥，整个涂层要向管孔（棕眼）内渗陷，干后的漆膜要经过修饰（用水砂纸砂磨）才能继续进行第二遍（也称第二操）揩涂。

3）第二遍揩涂。第二遍揩涂过程基本同前述，只是所用硝基清漆的黏度要低些（硝基清漆与香蕉水比例约为1∶1.5）。这次揩涂的遍数可少些。棉球的蘸漆量要比第一遍少些，用力要比第一遍重些，揩涂时间要比第一遍短些。目的在于填平渗陷的细微不平处，一般在圈涂几十遍后便顺木纹揩涂。至达一定厚度，漆膜平整后就可以结束第二遍揩涂。

4）静置修整。第二遍揩涂后也应经过较长时间（2～3d）的静置干燥，并经修饰（水砂与抛光）后，才能获得平整光滑、具有很高光泽的漆膜。

（2）注意事项：

1）棉球在既旋转又移动的揩涂过程中，要随时轻轻地均匀挤出硝基清漆。随着棉球中硝基清漆的消耗逐渐加大压力，待棉球重新浸漆后再减小压力。

2）棉球中浸漆已耗尽时（最好赶在揩到物面一头或一个表面揩完一遍后），要重新浸蘸硝基清漆继续揩涂。

3）揩涂时用力要均匀，棉球不能捏得过紧，动作要轻快。棉球初接触表面或离开表面采取滑动的姿势，提起或放下不应做直上直下的垂直运动。

4）在整个揩涂过程中，棉球要平缓连续移动，有规律、按顺序地从表面的一端揩至另一端。不要无规则地乱揩，也不能固定在一小块地方来回擦揩，更不能太慢或中途停顿。否则会引起原来涂层局部溶解或使棉球与原来的涂层粘结起来，从而破坏涂层。

5. 擦砂蜡、上光蜡

擦砂蜡、上光蜡是漆膜抛光的一个工序，可使漆膜达到镜面般光泽，增强漆膜性能，保护和延长漆膜寿命。

该工序常应用于硝基漆、聚氨酯漆、丙烯酸木器漆等漆膜表面，作为高级装饰、家具等涂装。抛光分为手工抛光和机械抛光两种。

（1）手工抛光：

1）将抛光膏（即砂蜡）敲碎、捻细（如砂蜡是软膏状，则可直接使用），用煤油浸泡软化调成糨糊状。

2）用软质布内包棉砂头，做两个布团（称为蜡头）。

3）将蜡头蘸糊状砂蜡，在漆膜表面反复用力擦揩，先圈擦，后顺木纹方向擦，均匀用力。

4）当感到漆膜表而有些“热”时，漆膜已达到一定亮度，这时用棉纱团将砂蜡揩净。

5）再用另一布团蘸煤油反复用力擦漆膜，擦法同上。要揩到擦匀，至漆膜透亮，用棉纱收净。

6）局部未擦到或用力不够，再用蜡头局部找补，至整个面光亮一致。

7）最后，用纱布内包纱头的布团蘸油蜡（又称光蜡）在漆膜上顺着木纹用力来回擦揩，然后用干净棉纱团收净多余的光蜡，直到擦净。

操作时应注意三点：

一是砂蜡与煤油制成糊状后，可放在容器内封存，不使杂质混入，保持洁净，可存放相当长时间。决不能混入粗砂粒等杂质，会损伤漆膜。

二是擦揩时切忌用力过大或停留在一个部位上擦，以免损伤漆膜。

三是必须使用煤油调制砂蜡。不可使用汽油或其他溶剂。

（2）机械抛光　抛光机有盘式和辊筒式两种。具体操作：

1）将砂蜡敲碎捻细与煤油混合，用80目筛网过滤，调成糊状。

2）用猪毛漆刷蘸取砂蜡糊涂于布辊（俗称抛光蜡头）上或涂于工件表面。

3）抛光时将布辊降下，压在工件表面，压力不宜过大或过小。

4）启动机器进行抛光，约数分钟即可出光，切断电源。

5）用棉纱头收尽砂蜡煤油。

6）上光蜡操作同手工抛光。

操作时应注意两点：

一是布辊压力要大小适宜。过大，漆膜不出光，严重时漆膜会软化起泡，擦穿露白；过小，也抛不出光泽。

二是机械转动轴要添加润滑油。抛光辊要经常用钢丝刷梳理，使其疏松。不可任其干燥结饼。

5.1.6 淋涂

淋涂也称为浇涂。它是以压力或重力通过喷嘴，使漆液浇到物件上。它与喷涂法的区别在于漆液不是分散为雾状喷出，而是以液流的形式，就好像喷泉的水柱一样。采用这种方法涂漆时，被涂件置于传送装置上，以一定的速度通过装有喷嘴的涂漆室。多余的漆回

收于漆槽中，用泵抽走，重复使用。

淋涂有手工淋涂和自动淋涂两种方式。手工淋涂即为传统的浇涂法，自动淋涂可分为喷淋淋涂法和幕帘式淋涂法两类形式。最常用的淋涂工艺为幕帘淋涂。

淋涂最适于大批量的、只进行一面涂漆的大板面制品。缝纫机台板多采用淋涂方法涂装。淋涂还适用于其他涂装方法效果不好的桶状、瓶状，以及油箱等产品及零部件的涂装。这种涂漆方法的特点是：生产效率高，劳动强度低，涂层质量好，特别适于流水线生产。又由于涂剩的漆液可以不断循环使用，操作环境可以密封，所以不但溶剂挥发和漆液损失小，而且改善了劳动条件。

5.1.7 滚涂

1. 滚涂的特点

滚涂是用毛辊进行涂料的涂饰，其特点是：

（1）工具灵活轻便，易于操作，与刷涂相仿。

（2）毛辊着浆量大，在大面积的平面上使用，较刷涂工效高约 2 倍。

（3）与喷涂相比，滚涂对环境无污染。

（4）使用不同的辊筒可做出各种不同装饰效果的饰面。

（5）针对各种不同种类的涂料和基层涂饰，可选用不同的筒套，适应面广。筒套材料的选用见表 5－1。

表 5－1 筒套材料的选用

基层状况 涂料类别		光 滑 面	半糙面	糙面或有纹理的面
乳胶漆	无光或低光	羊毛或化纤的中长度绒毛	化纤长绒毛	化纤特长绒毛
	亚光	马海毛的短绒毛或化纤绒毛	化纤的中长绒毛	化纤特长绒毛
	光	化纤的短绒毛	化纤的短绒毛	
溶剂型油漆	底漆	羊毛或化纤的中长度绒毛	化纤的长绒毛	
	中间涂层	短马海毛绒毛或中长羊毛绒毛	中长羊毛绒毛	
	无光面漆	中长羊毛绒毛或化纤绒毛	长化纤绒毛	特长化纤绒毛
	半光或全光面漆	短马海毛绒毛、化纤绒毛、泡沫塑料	中长羊毛绒毛	长化纤绒毛
其他油漆涂料	防水剂或水泥封闭底漆	短化纤绒毛、中长羊毛绒毛	长化纤绒毛	特长化纤绒毛
	油性着色料	中长化纤绒毛、羊毛绒毛	特长化纤绒毛	
	氯化橡胶涂料 环氧涂料 聚氨酯涂料 地板漆 家具清漆	短马海毛绒毛、中长羊毛绒毛	中长羊毛绒毛	

注：表中短绒毛为 7mm 左右；中长绒毛为 10mm 左右；长绒毛为 20mm 左右；特长绒毛为 40mm 左右。

2. 滚涂作业要点

(1) 先将涂料倒入清洁的容器中，充分搅拌均匀。

(2) 根据工艺要求适当选用各种类型的辊子如压花辊、拉毛辊、压平辊等，用辊子蘸少量涂料或蘸满涂料在铁丝网上来回滚动，使辊子上的涂料均匀分布，然后在涂饰面上进行滚压。

(3) 开始时要少蘸涂料，滚动稍慢，避免涂料被用力挤出飞溅。滚压方向要一致，避免蛇行和滑动。滚筒毛刷的运行如图 5－7 所示。先使毛辊按倒 W 形运行，把涂料大致涂在墙面上。然后，作上下左右平稳的纯滚动，将涂料分布均匀。

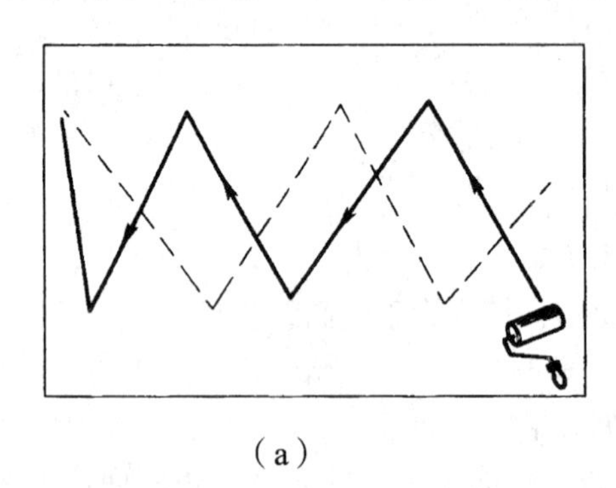

(a)

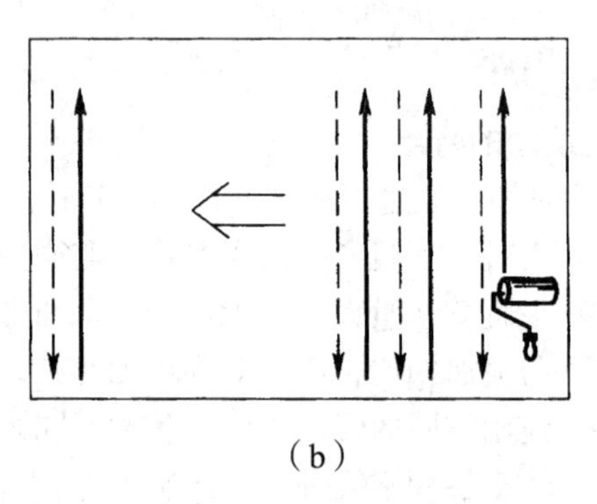

(b)

图 5－7　滚筒毛刷的运行

(4) 滚压至接茬部位或达到一定的段落时，可用不蘸涂料的空辊子滚压一遍，以保持涂饰面的均匀和完整，并避免接茬部位显露明显的痕迹。

(5) 阴角及上下口等细微狭窄部分，可用排笔、弯把毛刷等进行刷涂，然后，再用毛辊进行大面积滚涂。

(6) 滚压一般要求两遍成活，饰面式样要求花纹图案完整清晰，均匀一致，涂层厚薄均匀，颜色协调。两遍滚压的时间间隔与刷涂相同。

3. 滚涂施工注意事项

(1) 滚涂所用涂料的黏度应根据基层表面的干湿程度、吸水快慢来调节。黏度高，流平性差，会影响涂膜的平整度；而黏度低，涂膜薄，则可能增加施工遍数。

(2) 每日按分格分段施工，不留接茬缝，以免事后修补，产生色差甚至“花脸”。一个平面上的滚涂尽量一次连续完成，以免接头处留下痕迹。

(3) 基层表面不平时。应使用窄滚筒施涂，以防止局部浆多而拉包。若滚涂中出现气泡，则可待涂层稍干后用蘸浆较少的滚筒复压一次。

(4) 进行滚花时，应将涂料调至适当黏度，并在底色浆的样板上试滚花，满意后再正式进行，操作时仍要自上而下，从左到右有序进行。滚筒运行不能太快，用力要匀，保证花纹一致，上下顺直、左右平行、一次滚成。移位时，应校正滚筒花纹的位置，使图案左右一致。

(5) 施工时要适时清洗滚筒，保持滚筒清洁，花纹清晰。完工后一定要用稀料洗净滚筒，晾干备用。

5.1.8 喷涂

喷涂是利用压缩空气或其他方式做动力，将油漆涂料从喷枪的喷嘴中喷出，成雾状分散沉积形成均匀涂膜的一种涂装方法。它的施工效率较刷涂高几倍至十几倍，尤其是大面积涂装时更显出其优越性。喷涂对缝隙、小孔及倾斜、曲线、凹凸等各种形状的物面都能适应，并可获得美观、平整、光滑的高质量涂膜。绝大部分油漆涂料都可采用喷涂施工，特别是硝基漆，过氯乙烯漆等挥发性油料更可获得高质量的涂膜。需要采用喷涂施工工艺的建筑涂饰情况如下：

（1）大面积的涂饰且喷涂所节省的费用不会被因遮挡周围不需喷涂部位所耗费的费用抵销。

（2）采用刷涂会降低施工效率的不规则的复杂物面及必须避免刷痕的物面。

（3）当涂饰干燥快的挥发性油漆时。

（4）当对涂膜表面要求非常均匀光滑时。

喷涂包括气压喷涂、高压无气喷涂、热喷涂及静电喷涂。目前在建筑施工中，应用最广的还是气压喷涂，其次是高压无气喷涂。

1. 气压喷涂

（1）特点：气压喷涂是以喷枪为工具，利用压缩空气的气流将涂料从喷枪的喷嘴中喷成雾状，分散在物体表面，形成连续的涂层。其特点：

1）生产效率高，比刷涂高几倍甚至十几倍，适应性强，应用范围大。

2）涂膜平整、光滑、均匀。

3）对于结构复杂、凹凸面多的大型物体，最为方便、有效。

4）对快干的挥发性涂料更易获得高质量的涂膜。

5）涂料浪费较大。

6）每次成膜较薄（一次 30μm 左右），需多次喷涂才能达到较厚的涂膜。

7）扩散于空气中的漆料，对人体健康和环境造成不良影响。

8）施工中若通风不良，漆雾太浓，容易引发火灾或爆炸。

（2）喷枪检查。

1）将皮管与空气压缩机接通，检查气道部分是否通畅。

2）各连接件是否紧固，并用扳手拧紧。

3）涂料出口与气道是否为同心圆，如不同心，应转动调节螺母调整涂料出口或转动定位旋钮调整气道位置。

4）按照涂料品种和黏度选用合适的喷嘴。薄质涂料一般可选用孔径为 2 ~ 3mm 的喷嘴，骨料粒径较小的粒状涂料及厚质、复层涂料可选用 4 ~ 6mm 的喷嘴，骨料粒径较大的粒状涂料、软质涂料和稠度较大的厚质、复层涂料可选用6 ~ 8mm的喷嘴。涂料黏度低的宜选小孔径的喷嘴，涂料黏度高的应选用大孔径的喷嘴。

（3）选用合适的喷涂参数。

1）打开气阀开关，调整出气量，空气压缩机的工作压力一般在 0.4 ~ 0.8MPa（约 4 ~ 8kgf/cm^2）之间，压力选得太低或太高，涂膜质感不好、涂料损失也多，如图 5 - 8 所示。

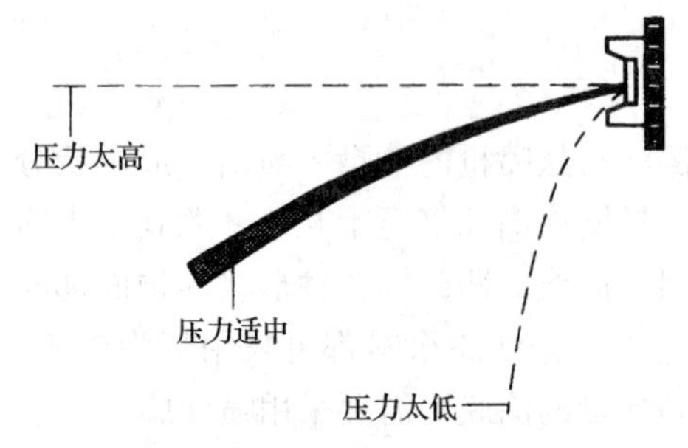

图5-8 喷涂选择压力示意图

2）喷嘴和喷涂面间距离一般为400～600mm（喷漆则为200～300mm）。喷嘴距喷涂面过近，涂层厚薄难以控制，易出现涂层过厚或流挂现象。距离过远，涂料损耗多，如图5-9所示。可根据饰面要求，转动调节螺母，调整与涂料喷嘴间的距离。

3）在料斗中加入涂料，应与喷涂作业协调，采用连续加料的方式，应在料斗中涂料未用完之前即加入，使涂料喷涂均匀。同时还应根据料斗中涂料加入的情况，调整气阀开关。即：料斗中涂料较多时，应将开关调至中间，使气流不致过大；涂料较少时，应将开关打开，使气流适当增大。

（4）喷涂技巧：

1）手握喷枪要稳，涂料出口应与被喷涂面垂直，不得向任何方向倾斜。如图5-10中，上图位置为正确，下图为不正确。

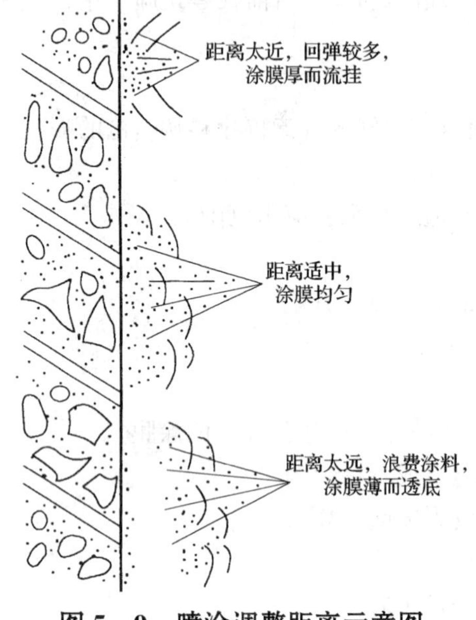

图5-9 喷涂调整距离示意图

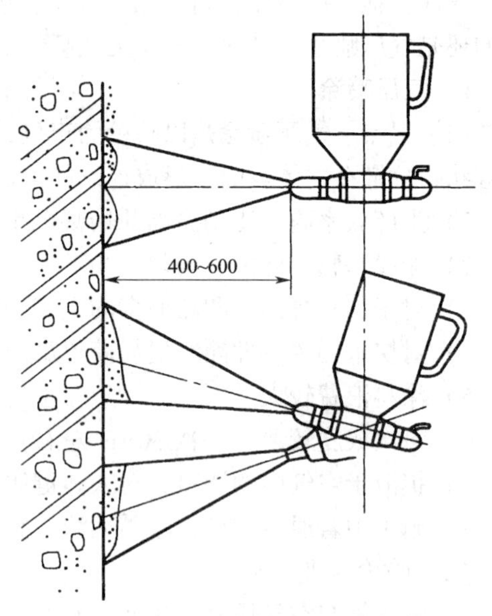

图5-10 涂料出口位置示意图

2）喷枪移动长度不宜太大，一般以700～800mm为宜，喷涂行走路线应成直线，横向或竖向往返喷涂，往返路线应按90°圆弧形状拐弯，如图5-11（a）；而不要按很小的角度拐弯，如图5-11（b）。

3）喷涂面的搭接宽度，即第一行喷涂面和第二行喷涂面的重叠宽度，一般应控制在喷涂面宽度的1/2～1/3，以便使涂层厚度比较均匀，色调基本一致。这就是所谓“压枪喷”，如图5-12所示。

4）喷枪移动时，应与喷涂面保持平行，而不要将喷枪作弧形移动（图5-13右侧），否则中部的涂膜就厚，周边的涂膜就会逐渐变薄。同时，喷枪的移动速度要保持均匀一致，每分钟为10～12m，这样涂膜的厚度才能均匀。

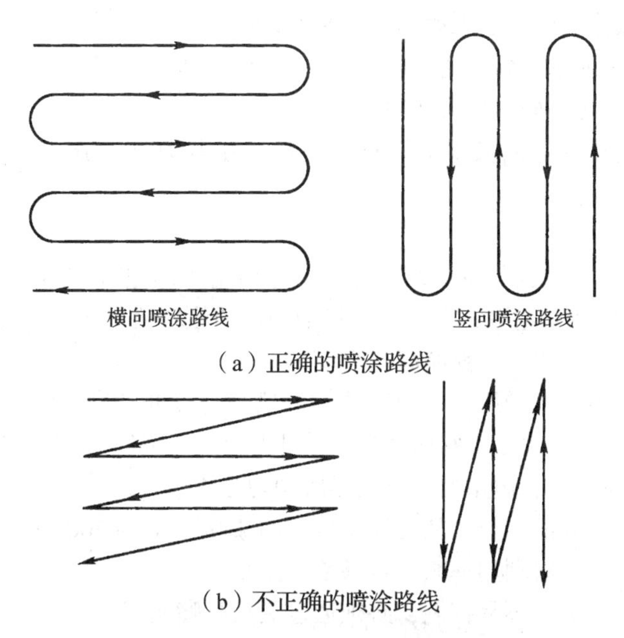

(a) 正确的喷涂路线

(b) 不正确的喷涂路线

图 5－11 喷枪移动示意图

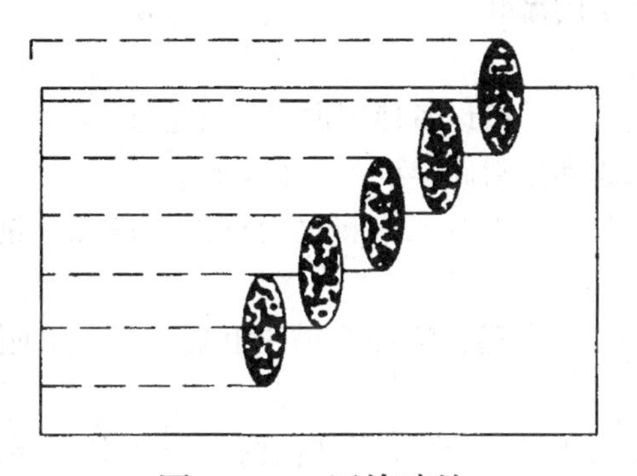

图 5－12 压枪喷法

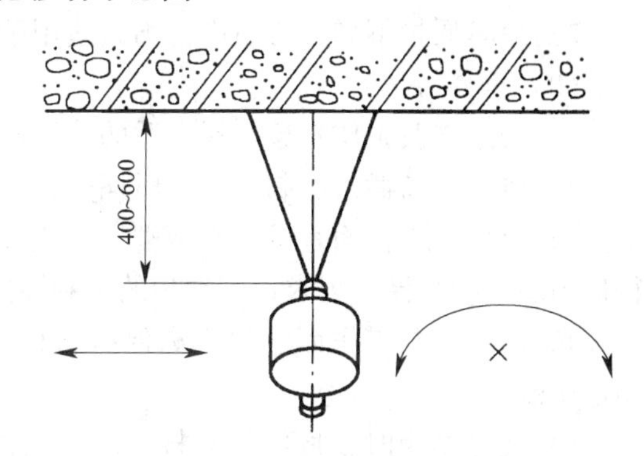

图 5－13 喷枪移动要保持平行

5）关键是手、眼、身、步法协调一致。要做到以上几点，关键是练就喷涂技法。喷涂技法讲究手、眼、身、步法，缺一不可，枪柄夹在虎口，以无名指轻轻拢住，肩要下沉。若是大把紧握喷枪，肩又不下沉，操作几小时后，手腕、肩膀就会乏力。喷涂时，喷枪走到哪里，眼睛看到哪里，既要找准枪去的位置，又要注意喷过之处涂膜的形成情况和喷雾的落点，要以身躯的移动协助臂膀的移动，来保证适宜的喷射距离及与物面垂直的喷射角度。喷涂时，应移动手臂而不是手腕，但手腕要灵活，才能协助手臂动作，以获得厚薄均匀适当的涂层。

（5）注意事项：

1）喷涂时应先喷门窗口附近。涂层一般要求两遍成活。墙面喷涂一般是头遍横喷，第二遍竖喷，两遍之间的间隔时间，随涂料品种及喷涂厚度的不同而有所不同，一般为2h左右。

2）喷涂施工最好连续作业，一气呵成，完成一个作业面或到分格线再停歇。

3）在整个喷涂作业中，要求做到涂层平整均匀，色调一致，无漏喷、虚喷、涂层过厚，以及形成流坠等现象。如发现上述情况，应及时用排笔刷涂均匀，或干燥后用砂纸打去涂层较厚的部分，再用排笔刷涂处理。

4）喷涂施工时应注意对其他非涂饰部位的保护与遮挡，施工完毕后，再拆除遮挡物。

2. 无气喷涂

（1）特点：无气喷涂也称高压无气喷涂，是利用压缩空气或电动高压泵使涂料在密闭的容器里增压至15MPa左右，再经喷嘴将增压后的涂料喷射出来。其特点：

1）生产效率更高，比气压喷涂高。

2）涂料在密闭容器内增压到15MPa左右，喷射速度非常高，随着冲击空气和气压的急速下降，涂料被雾化。故不含有如气压喷涂中所用的压缩空气那些水分、油污等杂质。漆膜的附着力好，在缝隙、边角处，也能形成均匀漆膜。

3）可喷涂黏度较高的涂料，从而获得较厚的漆膜（100~300μm）。

4）喷雾飞散小，涂料利用率高，对环境污染小。

5）喷雾幅度和喷雾量不易控制，必须通过更换喷嘴实现。

6）设备比较复杂，对涂料黏度和压力调控要求更加严格。

7）涂膜质量不如气压喷涂，不大适用于薄涂层的涂装。

（2）操作方法：

1）按涂料及工作对象选择合适的喷涂机和喷嘴，并按设备使用说明安装连接。

2）将吸料口插入已制备好的料桶中，打开风阀和涂料阀，设备开始运行。

3）喷枪与工作面垂直，在两端以45°为限，在角隅部分，应将喷枪移近喷涂点，进行适当的断续喷涂，力求达到均匀的涂膜厚度。

4）喷枪嘴与工作面之间距离保持300~500mm。太远，漆面粗糙，浪费涂料；太近易产生流淌和涂膜不均。

5）喷涂结束时，将稀释剂打入高压泵内，再从喷枪回到稀释剂桶内。经几次循环，直至喷涂系统内无残留涂料为止。

6）释放压力，将系统内残留的稀释剂放出，再将系统各部分分开，分别保管。

（3）注意事项：

1）因涂料的喷射压力和速度都很高，涂料射出可以穿破皮肤，对身体造成伤害。需特别注意安全防护。

2）喷涂前应仔细检查管路，胶管不能扭曲，避免踩踏和碾压，以防爆裂。

3）涂料从喷枪高速射出时会产生静电，并集聚在喷枪和被涂物上。因此要使涂料泵、输漆管可靠接地，以免因静电积聚而发生火灾、爆炸、电击等事故。

4）清洗喷枪喷嘴时，严禁用高压喷射溶剂。否则因溶剂的急剧雾化有导致爆炸的危险。

（4）不同涂料品种常用参数选择：

1）喷嘴直径的选择见表5－2。

2）压力的选择见表5－3。

表 5－2 喷嘴直径选择

涂料品种	流动性	喷嘴直径（mm）
接近溶剂或水的低黏度涂料	非常稀	0.17～0.25
硝基漆、密封胶	较稀	0.27～0.33
底漆、油性清漆	中等稠度	0.33～0.45
油性色漆、乳胶漆	黏稠	0.37～0.77
沥青环氧涂料、厚浆型涂料	非常黏	0.65～1.8

表 5－3 压力选择

涂料品种	常用黏度（s）	涂料压力（MPa）
硝基漆	25～35	8～10
热塑性丙烯酸树脂漆	25～35	8～10
醇酸树脂磁漆	30～40	9～11
合成树脂调和漆	40～50	10～11
热固性氨基醇酸树脂涂料	25～35	9～11
热固性丙烯酸树脂涂料	25～35	10～12
乳胶漆	35～40	12～13
油性底漆	25～35	≥12
防锈漆	50～80	≥12

5.2 内墙面及顶棚涂饰

5.2.1 内墙面的涂饰工艺

操作工艺流程：

防开裂处理→涂抹界面剂→找阴阳角方正→粘石膏线→批刮腻子→砂纸打磨→涂刷底漆→涂刷面漆（两遍）

内墙面涂饰工艺，见表 5－4。

表 5－4 内墙面涂饰工艺

步骤	内容及图示
防开裂处理	为了防止墙面开槽接缝等处开裂，常在接缝处粘贴一层 50mm 宽的网格绷带或牛皮纸带，需要时也可贴两层，第二层的宽度为 100mm

续表 5－4

步骤	内容及图示
防开裂处理	其粘贴操作方法：事先在基层面接处用旧短毛油漆刷涂刷纯白胶乳液，将纸带粘贴后，用贴板刮平、刮实  具体方法：先在墙面滚刷乳胶液，乳胶液要刷的均匀，不能漏刷，然后将浸湿的的确良布上墙粘贴，用刮板刮出多余的胶液   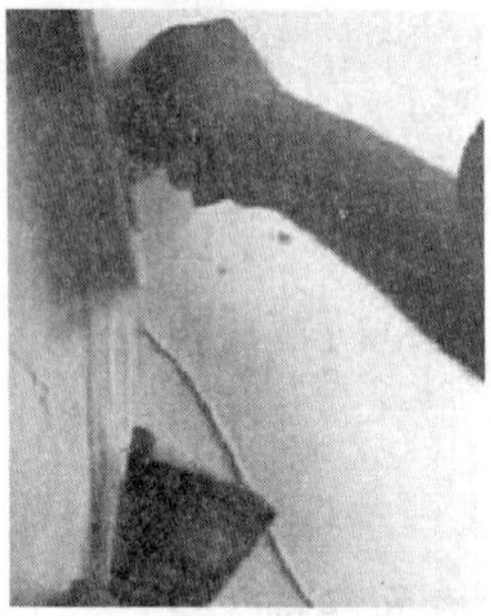 
涂抹界面剂	在嵌批腻子前，为了提高墙面的附着力，要涂抹界面剂。涂抹时应用滚筒从下往上滚刷，涂抹一遍即可。但涂抹操作要仔细，不能漏刷 

续表 5－4

步骤	内容及图示
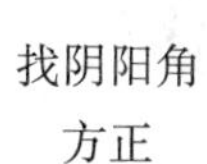 找阴阳角 方正	具体方法是：在两墙角间拉线，并将墨线弹到一面墙上   然后以这条线为基准，用石膏沿线进行修补   阳角的处理方法是：用靠尺一边与阳角对齐，再用线坠将靠尺调整垂直，这样就可检测出阳角的缺陷  

续表 5 -4

步骤	内容及图示
找阴阳角方正	然后就可以进行修补了 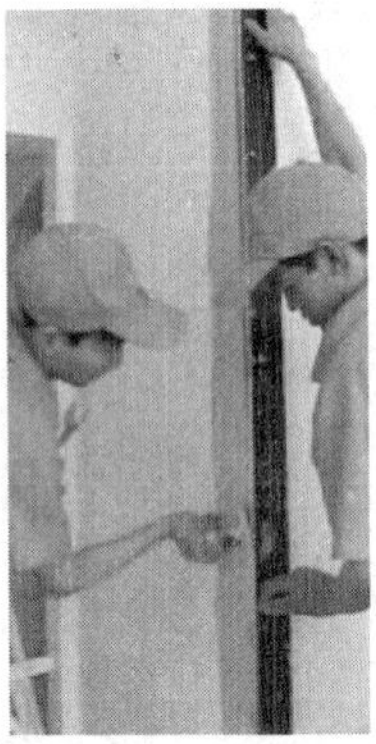
粘石膏线	墙面基层处理后，即可贴石膏线了 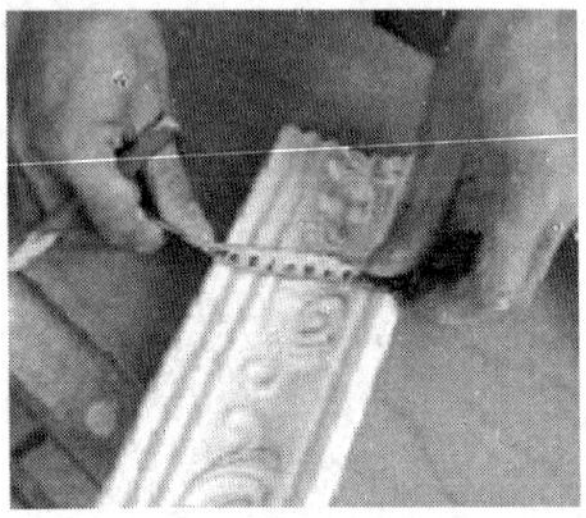   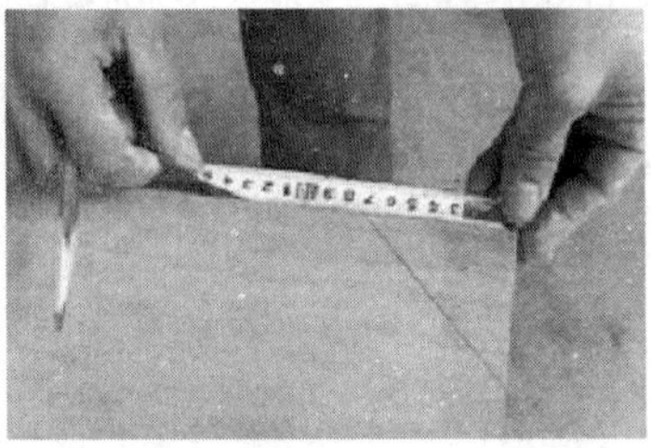 并将地位线弹好 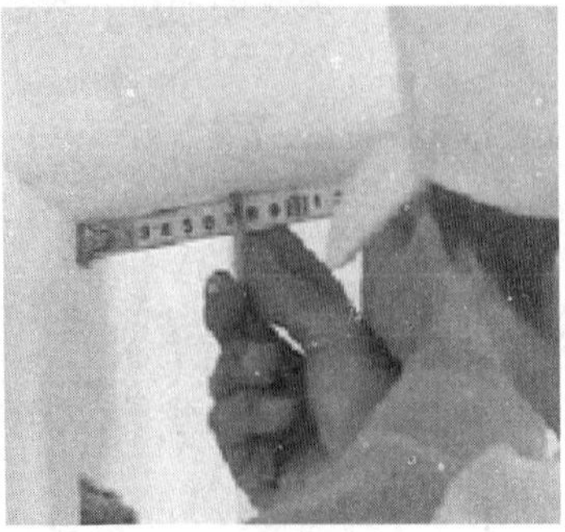 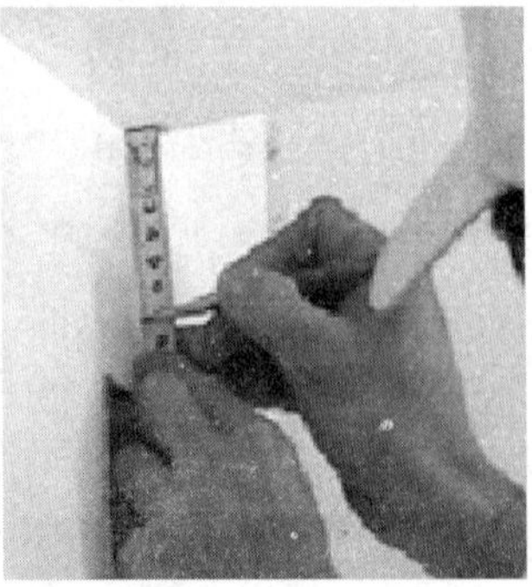

续表 5－4

<table>
<tr><th>步骤</th><th>内容及图示</th></tr>
<tr><td>粘石膏线</td><td> 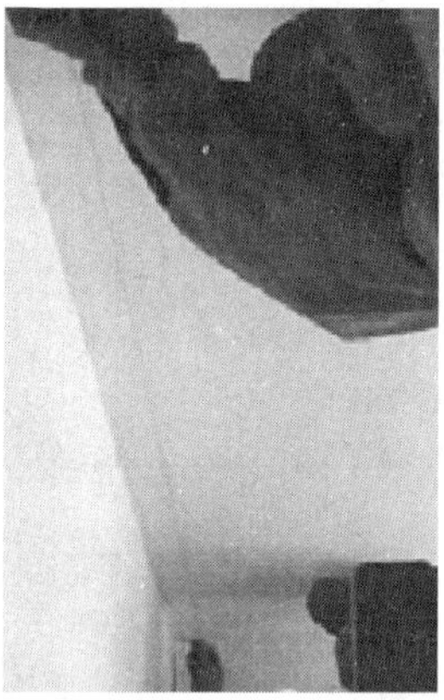接下来开始下料 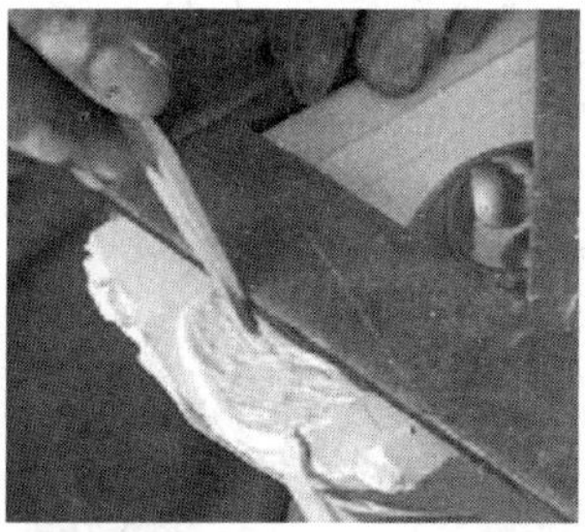 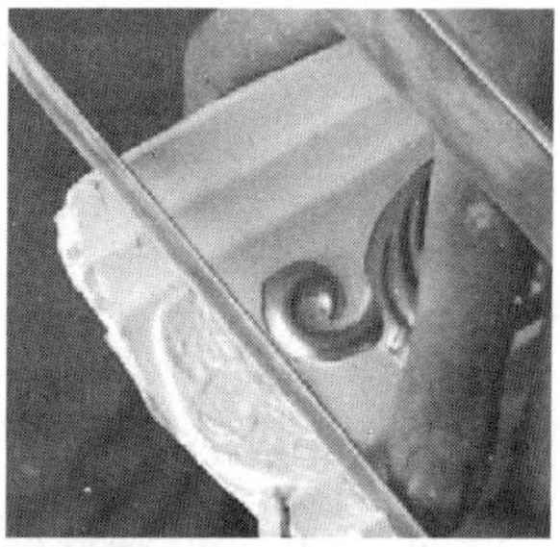
石膏线在拐角处，需要碰角，注意它并不是以45°剪裁碰角 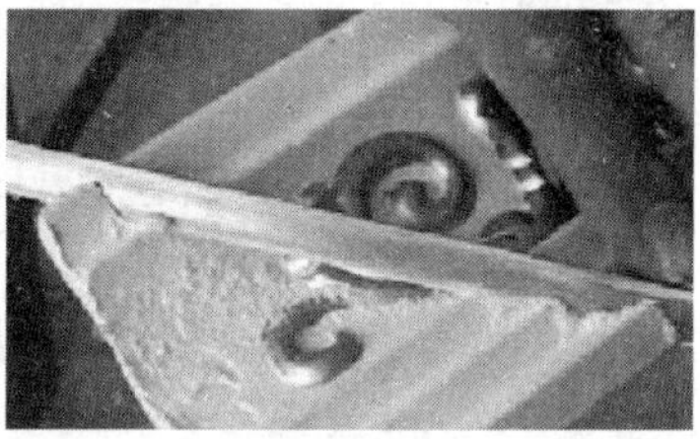   </td></tr>
</table>

续表 5 - 4

步骤	内容及图示
粘石膏线	   贴石膏线需用快粘粉，它凝结的速度比较快，所以要一次用多少就调多少 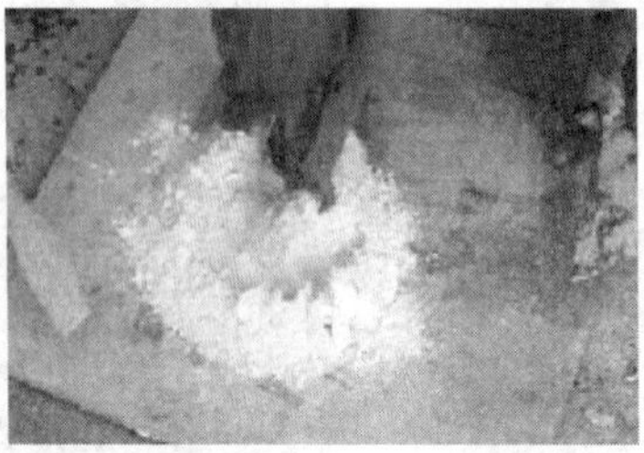 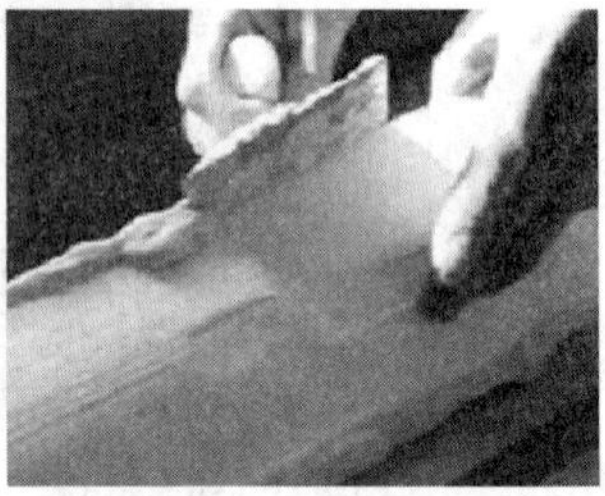  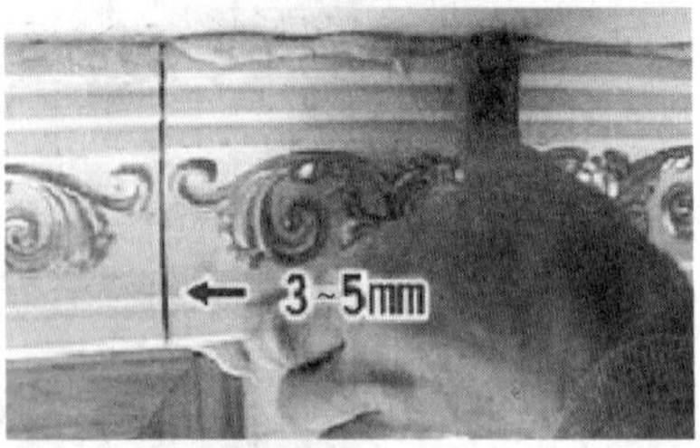 3~5mm
批刮腻子	嵌补腻子：使用石膏腻子的配合比为石膏粉：乳液：纤维素 = 100 : 4. 5 : 60，用它将表面的大裂缝和坑洼嵌补平整，要填平、填实，收净腻子

续表 5－4

<table>
<tr><th>步骤</th><th>内容及图示</th></tr>
<tr><td>批刮腻子</td><td> 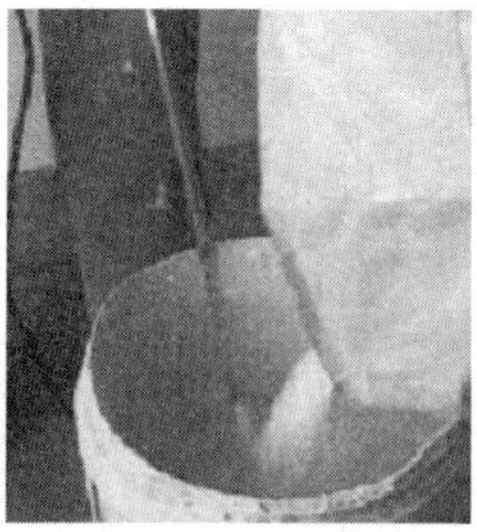 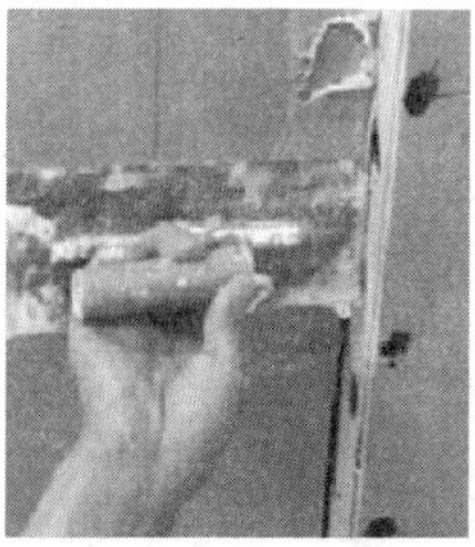 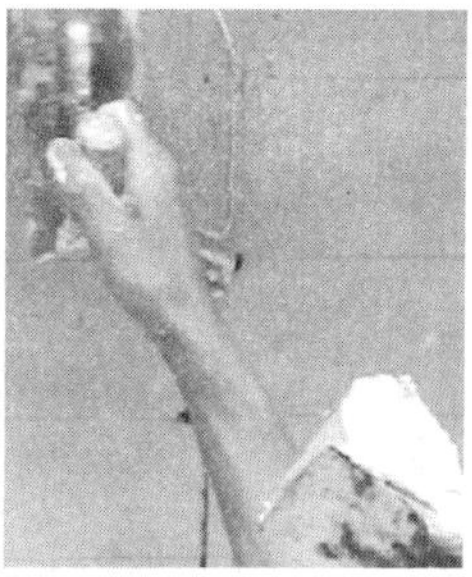批刮腻子：要求刮的平整，四角方正，横平竖直，阴阳线角竖直，与其他物面连接处整齐、清洁。应注意墙面的高低平整，和阴阳角的整齐。略低处应刮厚些，但每次的厚度不超过 2mm，一次批不平，可分多次批 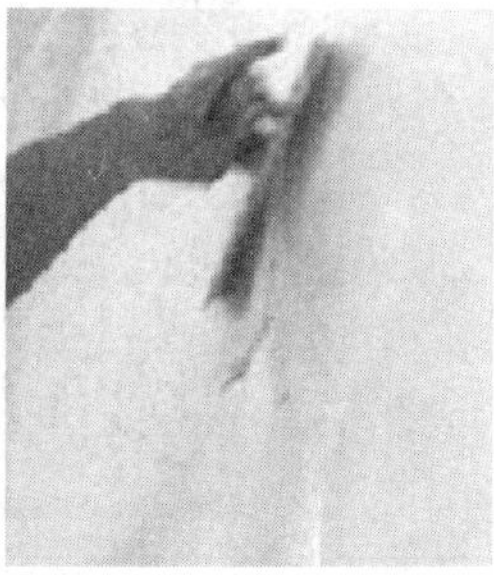 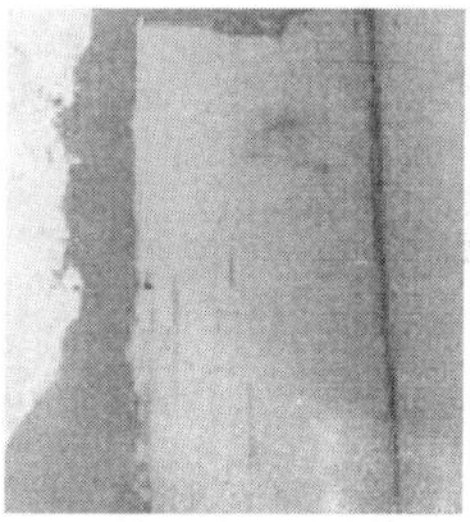  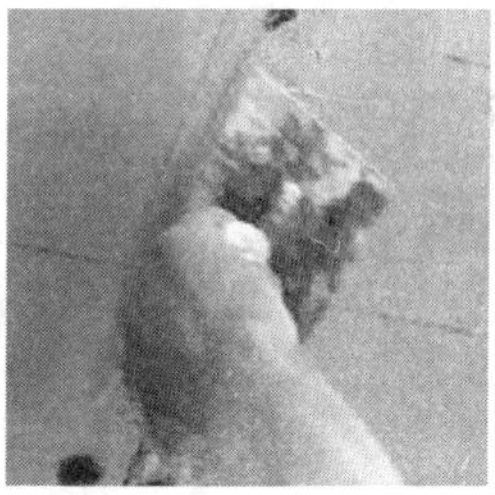</td></tr>
<tr><td>砂纸打磨</td><td>用 1 号砂纸将嵌补处打磨平整，并将浮尘扫净 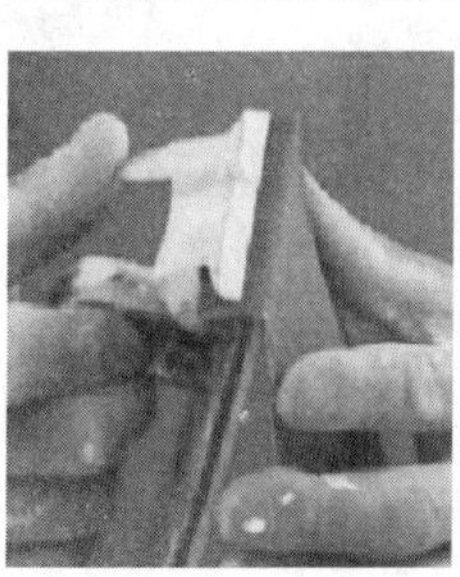 </td></tr>
</table>

续表 5－4

步骤	内容及图示
涂刷底漆	涂刷底漆时，油漆涂料要摊的厚一些，以满足基层的吸收，但理油时应将多余的底漆刷开，表面的涂层不能过厚   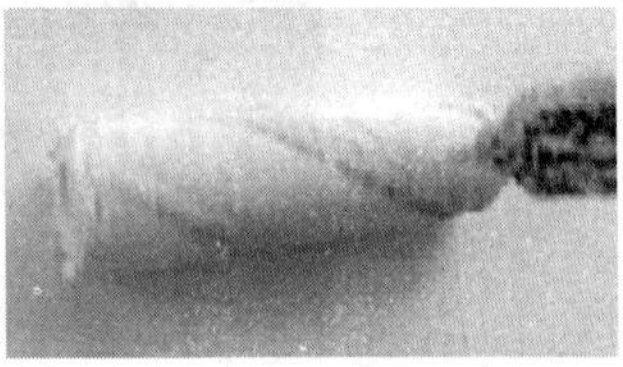 在底漆干燥后，应对墙面最后进行一次细致的检查  
涂刷面漆	地面也应该干净，然后才能拭涂面漆   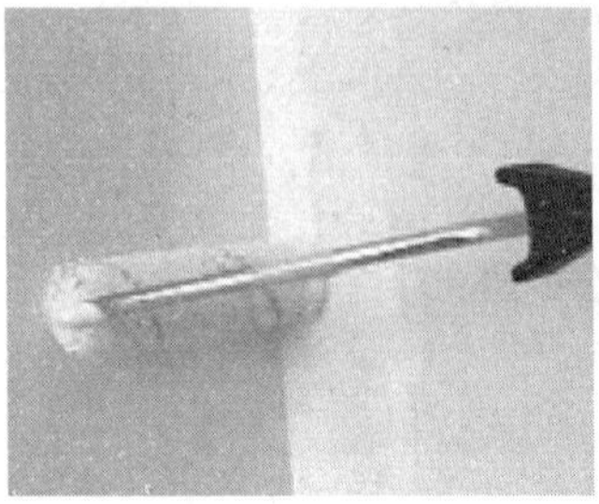

5.2.2　顶棚的涂装工艺

顶棚涂装工艺与一般涂物的分色装饰工艺没有什么特别不同。顶棚涂装的装饰性是否成功，关键在于选色是不是恰当，就是说所选用的几种颜色经涂饰完毕，看上去是否协调、优美，是否符合特定环境下的特殊装饰目的。

1. 胶合板顶棚施涂工艺

胶合板天棚涂漆是将五合板或三合板钉在天棚龙骨木筋上，然后进行涂漆，使之明亮光滑、色泽均匀、木纹清晰、线条顺直。适于影剧院、图书馆、宾馆、办公楼、教学楼、俱乐部等公用建筑的门厅的顶棚装饰。

操作工艺流程：

清理→刮腻子→上色→罩清漆

胶合板顶棚的涂饰工序见表5－5。

表5－5　胶合板顶棚的涂饰工序

步骤	要　点
清理	扫净表面积灰，用板凿或斜凿将胶迹、木刺等依次清除干净，砂纸打磨光滑，扫净
刮腻子	胶合板顶棚宜涂浅色，所以膜子应用老粉与水胶及少许浅黄颜料混合配成，将钉眼、缝隙填实填平，干后打光、抹净
上色	上色可用老粉、水胶、水，并加少许色料混合调成色浆（水粉）。先涂刷表面，10～15min后，用宽灰刀顺木纹纵行将色浆刮满棕眼，而后用棉纱或破布反复擦至木纹清晰、颜色均匀一致、表面平整光洁为止。由于顶棚面积较大，加上水粉干燥较快，故操作时最好有3人配合，一人刷水粉，一人刮水粉，一人擦水粉，密切配合，确保上色质量，水粉干后，用细砂纸轻轻打滑，抹净浮末
罩清漆	清漆根据设计要求涂装。如要求涂聚氨酯清漆，可选用S01－1聚氨酯清漆，将两组分按规定的比例调和均匀，先涂刷两道，干后用水砂纸磨平滑，抹净。晾干，在均匀涂刷一道，干后木纹清晰，明亮光滑。如涂醇酸清漆，可用C01－1醇酸清漆，先涂刷一道，干燥24h，砂纸打光抹净，再涂刷一道即可

2. 钢板网顶棚施涂工艺

钢板网顶棚涂漆也称钢板网顶棚粉刷，它是将钢板网打在顶棚龙骨木筋上，用麻刀灰砂浆粉在钢板网顶棚上，做成各种雅致图案，干后用乳胶漆或106涂料罩面。其特点是精巧雅致，可塑性大，用料普通，物美价廉，装饰效果良好。主要适于展览馆、图书馆、纪念堂、会堂等公用建筑的天空间顶棚装饰工程。

操作工艺流程：

刮底层灰→刮中间层灰→罩面漆

钢板网顶棚的涂饰工序见表5－6。

表5－6 钢板网顶棚的涂饰工序

步骤	要　点
刮底层灰	用麻刀灰与黄沙按体积比1:2混合均匀，用铁抹子压入钢板网内。厚度为4～6mm，并使之形成转脚。再将吊在龙骨上1/3的麻丝分成燕尾形均匀蘸入麻刀灰浆。待头道麻灰已经凝固而尚未完全收水时，再用麻灰刮4～6mm厚，梳理1/3的麻丝，分成燕尾形，使之均匀地粘在刮灰层上，按这样的方法再刮道麻灰，并把剩余的麻丝均匀地粘在灰层上。三道灰厚度共15mm左右
刮中间层灰	在第三道灰已经凝固而尚未完全收水时，拉线，做当天灰饼，间距为800mm。然后，再用麻灰刮4～6mm厚作为中间层灰，按灰饼找平，用木抹子抹平整
罩面漆	待面层灰干燥后，用腻子将缺陷刮平，砂纸打光。涂刷两道乳胶漆或106涂料，就结束了钢板网顶棚涂漆的装饰工艺

5.3 木材面涂饰

5.3.1 木材面清色油漆

1. 醇酸清漆、聚酯清漆涂饰工序

操作工艺流程：

基层处理→润水粉、打磨→刷一遍底油→刷第一遍清漆底漆→补钉眼、刮腻子→刷第二遍底漆→打磨→喷刷第一遍面漆→打磨、修色→喷刷第二遍、第三遍面漆

醇酸清漆、聚酯清漆的涂饰工序见表5－7。

表5－7 醇酸清漆、聚酯清漆的涂饰工序

步骤	要　点
基层处理	首先与上道工序进行交接检查，检查饰面板板面有无木纹破损，木线接头是否严密吻合，木饰面阴阳角接茬是否严密顺直，如有不合格之处，交由木工重新处理。基层处理时，首先将木板表面用木砂纸顺木纹统一打磨一遍，将油污、斑点打磨掉，手摸光滑无毛刺、无凸点时为合格，用潮布将磨下的木屑粉末擦掉，如木质有色差应先进行漂白

续表 5 –7

步骤	要　　点
润水粉、打磨	用干净的白棉布蘸着色剂擦涂于木材表面，使着色剂深入到木纹棕眼内，用白布擦涂均匀，使木材基层染色一致，干后用木砂纸轻轻顺木纹打磨一遍，使棕眼内的颜色与棕棱上的颜色深浅无明显不同，用潮布将磨下的粉尘擦掉
刷一遍底油	刷（喷）底油一遍（底油比例，油∶稀料 =1∶6），打磨光滑
刷第一遍 清漆底漆	作业环境保持清洁、通风良好。涂刷前先将羊毛板刷的刷毛在稀料中浸湿，然后甩去多余的稀料，以免板刷刚刚开始吸漆太多，用羊毛板刷涂刷底漆于木材表面
补钉眼、刮腻子	用大白粉、着色剂、清漆、稀释剂和成有色腻子补钉眼及饰面板接缝，用牛角刮板将腻子刮入钉孔、裂纹内，待腻子干透后用木砂纸顺木纹轻轻打磨一遍，注意将钉眼以外的有色腻子完全磨掉，这样可以避免将钉眼扩大化。用潮布将磨下的粉尘擦干净
刷第二遍底漆	刷漆时要求羊毛板刷不掉毛，刷油动作要敏捷利落，不漏刷，要勤刷勤理、涂刷均匀、不流不坠。刷完后应仔细检查，有缺陷及时处理，干透后进行下道工序（聚酯漆底漆可用配套产品，也可用面漆）
打磨	底漆 24h 干透后，用水砂纸蘸清水或肥皂水全面认真打磨一遍，使木材表面无油漆流坠痕迹，木线顺直清晰无裹棱，手摸光滑平整无凸点。打磨完毕，然后过潮布，晾干
喷刷第一遍面漆	作业前保证室内通风良好，干净无灰尘，将非油漆部位用纸遮盖，然后喷刷第一遍面漆。如用喷涂，应先在废板上试喷，调整喷枪的压力及喷枪嘴距板面的距离，使喷涂的油漆厚薄均匀、不流不坠，再大面积正式喷涂
打磨、修色	漆膜 24h 干透后再用水砂纸将细部及大面光感稍有不平及其他有刷毛等杂质的部位最后打磨一遍，力求木材表面色泽一致、光滑无杂质。磨后过潮布，晾干
喷刷第二遍、 第三遍面漆	必须确保室内清洁无灰尘，在通风良好的条件下喷刷第二遍面漆，接着喷刷第三遍面漆

2. 硝基清漆涂刷工序

操作工艺流程：

基层处理→嵌批腻子→打磨→补腻子→打磨→施涂硝基清漆两遍及打磨→擦涂硝基清漆并理平见光

硝基清漆涂刷工艺，见表 5 –8。

表 5－8　硝基清漆涂刷工艺

步骤	内容及图示
准备工作	使用工具如下 
基层处理	木材进场后，首先要将木材表面的黏着物清理干净 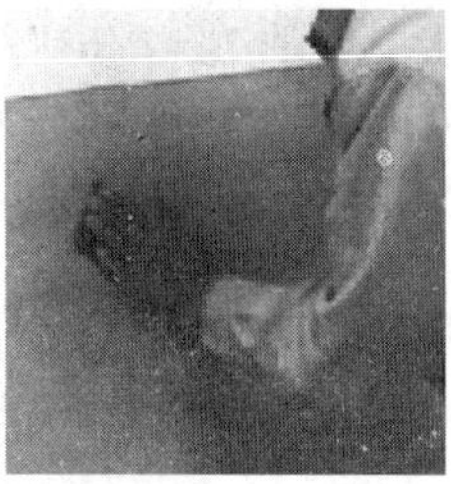 
嵌批腻子	批刮腻子时，手持铲刀与物面倾斜成 50°～60°角，用力填刮。木材面、抹灰面必须是在经过清理并达到干燥要求后进行  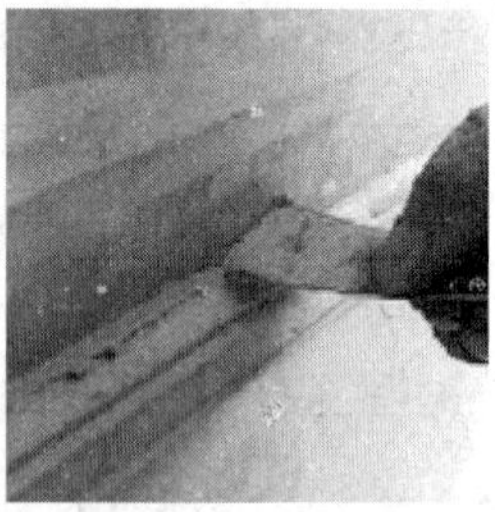
打磨	满批腻子干燥后，要用 1 号或 1½ 号木砂纸打磨平整，并掸扫干净 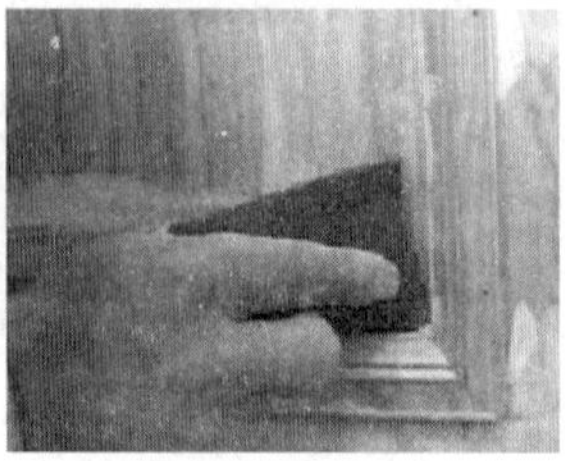 

续表 5-8

步骤	内容及图示
补腻子	为防止腻子塌陷，复嵌的腻子应比物面略高一些，腻子也可稍硬一些 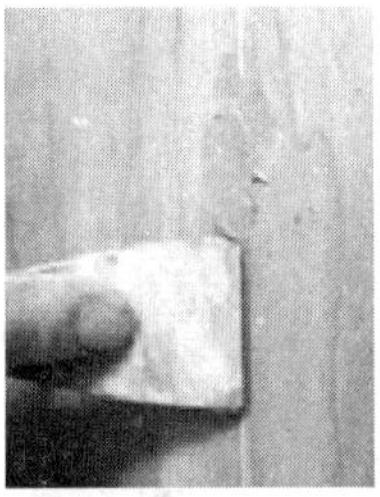 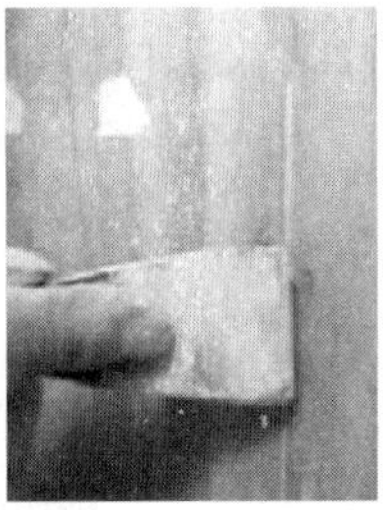   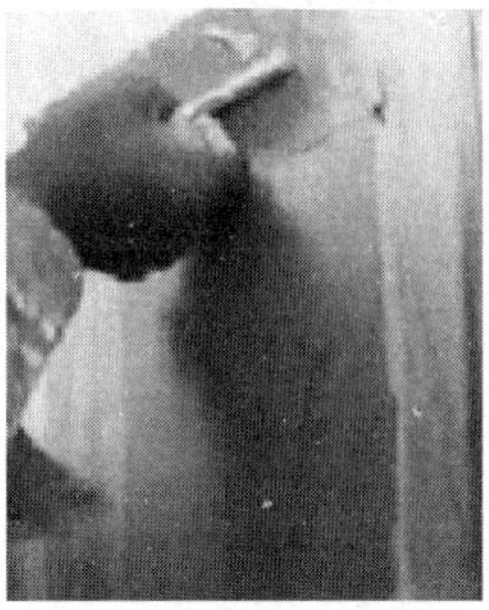
打磨	打磨平面时，砂纸要紧压在磨面上。打磨线角要用砂纸角或将砂纸对折，用砂纸边部打磨，不能用全张砂纸打磨。打磨应掌握除去多余、表面平整、轻磨慢研、线角分明，不能把菱角磨圆，要该平的平，该方的方，磨完后手感要光滑 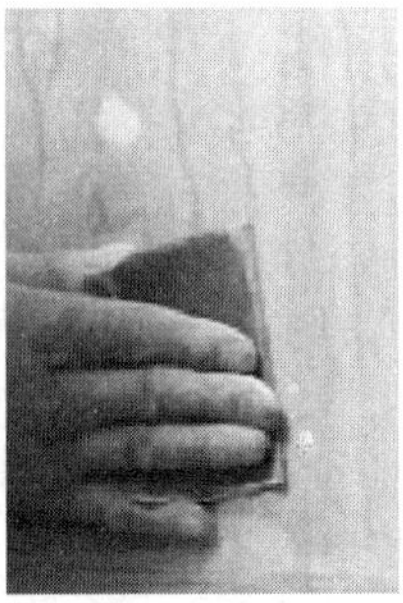 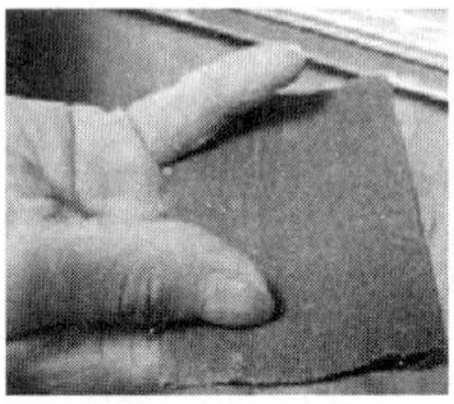
施涂硝基清漆两遍及打磨	底漆一般刷一至三遍   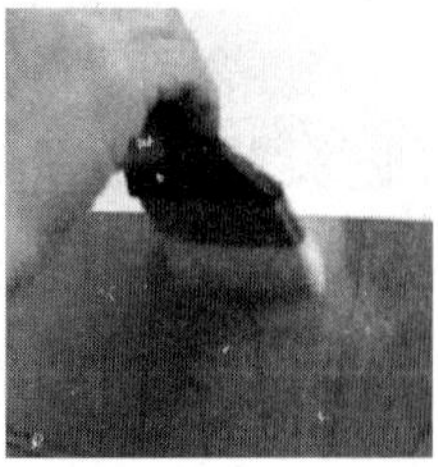

续表 5－8

<table>
<tr><th>步骤</th><th>内容及图示</th></tr>
<tr><td>施涂硝基清漆两遍及打磨</td><td>在第一遍清漆施涂干后，要检查是否有砂眼及洞缝，如果有则用腻子复补。复补腻子时应注意，不能超过缝眼，每遍施涂干燥后都要用0号旧木砂纸打磨，磨去涂膜表面的细小尘粒和排笔毛等 
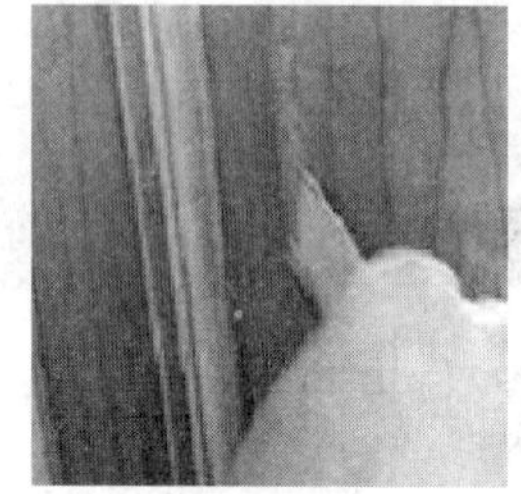 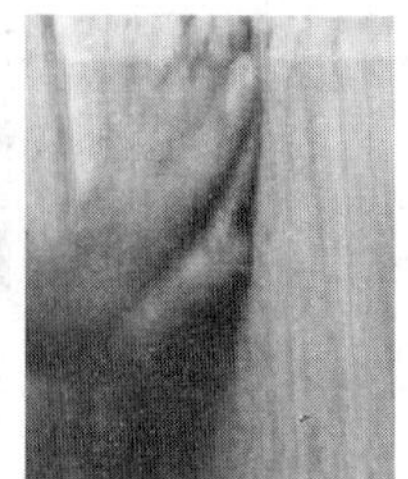</td></tr>
<tr><td>擦涂硝基清漆并理平见光</td><td>先将厚稠的硝基清漆：香蕉水＝1∶(1～1.5) 混合搅拌均匀后，用8～12管不脱毛的羊毛排笔施涂二至四遍。施涂时要注意，硝基清漆和香蕉水的渗透力很强，在一个地方多次重复回刷，容易把底层涂膜泡软而揭起，所以施涂时要待下层硝基清漆干透后进行。用排笔蘸漆后依次施涂，刷过算数，不得多次重复回刷。同时还要掌握漆的稠度，因为稠度大，则刷劲力大，容易揭起，因此硝基清漆与香蕉水的重量配合比以1∶(1～1.5) 为宜。由于稀释剂挥发快，施涂时操作要迅速，并做到施涂均匀，无漏刷、流挂、裹楞、起泡等缺陷，也不能刷出高低不平的波浪式。总之施涂时要胆大心细；均匀平整，不遗漏

每遍硝基清漆施涂的干燥时间，常温时30～60min即能全部干燥。每遍施涂干燥后都要用0号旧木砂纸打磨，磨去涂膜表面的细小尘粒和排笔毛等
 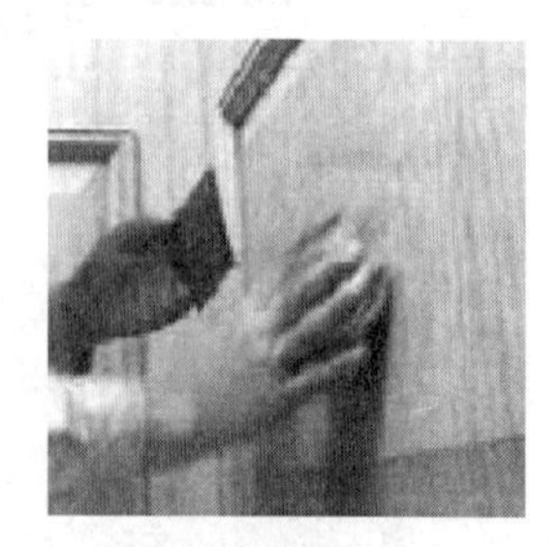
在修补过的部位，会产生一定的色差，所以要对局部进行修色矫正，达到表面色彩自然统一</td></tr>
</table>

续表 5 –8

步骤	内容及图示
擦涂硝基清漆并理平见光	 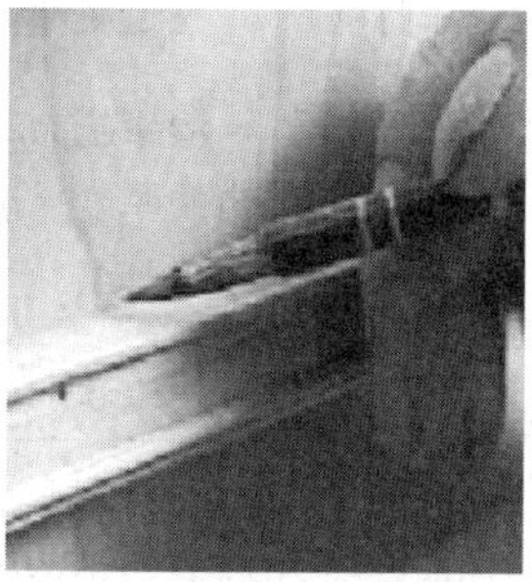 揩涂第三遍硝基清漆的稠度要比第一遍时稀一些［硝基清漆:香蕉水为1:(1～2)］，此时不能采用横圈或8字圈的揩涂方法，而必须采用直圈拖去法。首先可以分段直拖，拖至基本平整，再顺木纹通长直拖，并一拖到底。最后用棉花团蘸香蕉水压紧，顺木纹方向理顺至理平见光 

5.3.2 木材面清漆磨退

对于高级装饰的民用建筑硬木家具、硬木门窗、楼梯扶手、门窗套、木护墙等硬木制品表面常用清漆磨退的高级涂饰方法。

本节列举醇酸清漆磨退、聚氨酯清漆磨退、丙烯酸木器清漆磨退。

1. 醇酸清漆磨退工序

操作工艺流程：

基层处理→封底油、补腻子打磨→刷第一遍清漆→上色→刷第二至第四遍清漆→拼色、修色→打磨→刷第五遍、第六遍清漆→磨退→打砂蜡→擦上光蜡

醇酸清漆磨退工序见表5–9。

表 5 –9 醇酸清漆磨退工序

步骤	要　点
基层处理	清除木材表面灰尘和污迹。如有油污，可用稀料擦洗干净。钉帽进入木材表面深度应大于0.5mm，顺着木纹打磨基层表面，不可横磨或斜磨。磨平和磨去所有附着物后，将表面擦拭干净。如木质表面有色差应做漂白处理，漂白剂一般用4:1（过氧化氢:氨水）

续表 5－9

步骤	要　点
封底油、补腻子打磨	先封底油再补油腻子打磨光滑
刷第一遍清漆	清漆施涂时应顺着木纹方向，不能横刷、斜刷、漏刷和流坠，并应保持适当的厚度。清漆干燥后应间隔一天，待其充分干透，颗粒和飞刺全部翘起，利于打磨
上色	用柔软的白布擦均匀
刷第二至第四遍清漆	应检查拼色、修色效果，符合要求后，便可依次施涂第二至第四遍清漆。每遍清漆施涂干燥后，都要用1号旧木砂纸打磨一遍，把涂膜上的细小颗粒磨掉并擦拭干净才能施涂下一遍清漆
拼色、修色	施涂第四遍清漆后如发现局部颜色与样板颜色不一致，应依据样板颜色进行拼色、修色。拼色和修色可用油色或色精。对面积较小的腻子疤痕，一般可用油色，对较大面积的颜色不一致可用色精
打磨	第四遍清漆干燥后，用280号～320号水砂纸打磨，要求磨平、磨细致，把所有部位都磨到，注意棱角处不能磨白或磨穿。打磨后擦去污水，并用清水擦拭干净
刷第五遍、第六遍清漆	作为清漆磨退工艺最后二遍罩面漆，其施涂方法同上。同时要求第六遍漆在第五遍漆还没有完全干透的情况下接连涂刷，利于涂膜丰满平整，在磨退中不易被磨穿或磨透
磨退	待最后二遍罩面漆干后，用400号～500号水砂纸蘸上肥皂水打磨涂膜表面的光泽。打磨时用力要均匀，要求磨平、磨细致，把表面光泽全部磨到、磨光滑。磨退后擦净晾干
打砂蜡	首先将砂蜡用煤油调成粥状，用干净的绒布蘸上砂蜡，顺着木纹方向往返揉擦，直到不见亮星为止。力量要均匀，边角处都要擦到，不可漏擦，棱角处不要磨破。最后用干净的绒布将表面浮蜡擦净，使用抛光机时用力要均匀
擦上光蜡	用干净的白布将上光蜡包在里面，在油漆涂层上反复揉擦，擦匀、擦净，直至光亮为止

2. 聚氨酯清漆磨退工序

操作工艺流程：

基层处理→润粉→打磨及施涂底油→打磨及嵌批复补石膏油腻子→打磨及施涂第一遍聚氨酯清漆→打磨和拼色、修色→施涂第二至第五遍的聚氨酯清漆并交替打磨→施涂第六、七遍聚氨酯清漆→磨退→打蜡、抛光

聚氨酯清漆磨退工序见表5－10。

表 5－10 聚氨酯清漆磨退工序

步骤	要 点
基层处理	表面清洁，必要时漂白。其余同醇酸清漆磨退
润粉	配合比为老粉∶水∶颜料＝1∶0.4∶适量，水粉颜色按样板调色。棕眼需润到润满，均匀着力，顺木纹揩抹，快速，整洁，干净，防止木纹擦伤、漏抹
打磨及施涂底油	待老粉干透后进行，底油宜薄不宜厚，配方为聚氨酯清漆∶香蕉水＝1∶1，或熟桐油∶松香水＝1∶1.5
打磨及嵌批复补石膏油腻子	待底油干透后，顺木纹打磨，并掸净表面，嵌批1～2遍油腻子，做到批实批满，不留批板痕迹。每遍干后都用1～1½号木砂纸磨平整，掸干净。对局部的细小缺陷要复补
打磨及施涂第一遍聚氨酯清漆	聚氨酯清漆为双组分涂料，使用时，甲、乙组分按厂家给出的配合比调拌均匀，顺木纹涂刷，宜薄不宜厚
打磨和拼色、修色	对较大的面积与样板色不一致时可用水色，对面积较小的如腻子、节疤等可用酒色
施涂第二至第五遍的聚氨酯清漆并交替打磨	涂刷要均匀一致，每遍干透后，都要用1号或1½号的旧木砂纸打磨一遍。把涂膜上的细小颗粒磨掉掸净后才能涂下一遍漆。第五遍漆干后可用280号～320号的水砂纸打磨，把大约70%的光磨倒。然后擦去浆水并用清水揩抹干净
施涂第六、七遍聚氨酯清漆	第六遍涂膜尚未完全干透时，涂第七遍，以利于涂膜丰满平整，在磨退中不易磨穿和磨透
磨退	待第二遍罩面漆（即第七遍清漆）干后，用400号～500号水砂纸蘸肥皂水磨退涂膜表面光泽，要用力均匀，磨平、磨细腻，将光泽全部磨倒，擦净表面
打蜡、抛光	用新软的棉纱头敷砂蜡，顺木纹擦，可用力擦出亚光，棱角处不可多擦，以免擦白。收净多余砂蜡后，再用手工或抛光机抛光。最后用油蜡擦亮

3. 丙烯酸木器清漆磨退工序

丙烯酸树脂清漆耐候性、耐热性、防毒性、耐水性好，涂膜丰满光亮，附着力强，是一种高级清漆，价格较高。所以在使用上不及聚氨酯清漆普及。为降低成本，大多将它作为面漆使用。实践证明，用虫胶清漆打底、以醇酸清漆作中间涂层、丙烯酸清漆作面层的涂刷工艺既能降低材料费用，又能保证质量。可用于高级建筑的室内木装修和高级木制家具的涂装。

以B22－1型双组分的丙烯酸木器清漆磨退为例，其操作工艺流程：

基层处理→虫胶清漆打底→嵌批虫胶清漆腻子及打磨→润粉及打磨→施涂醇酸清漆两遍→打磨复补醇酸清漆腻子再打磨→施涂第一至第三遍丙烯酸清漆→磨光→施涂第四、五遍丙烯酸清漆→磨退→打蜡抛光

（1）前四步与聚氨酯清漆面、硝基清漆面大致相同。

（2）施涂醇酸清漆中间层时，配合比为醇酸清漆：松香水 =1:1，起封闭色层的作用。第一遍干透打磨掸净后，对比样板色泽，以略浅为宜。如色差较大，可用酒色拼色，对小面积可用画笔进行修色，再涂第二遍醇酸清漆，漆与稀释剂的比例可用1:0.5。

（3）施涂第一至第三遍丙烯酸木器清漆时应注意甲、乙组分要充分调匀。用羊毛排笔顺木纹刷到、刷匀、理直，不可过厚，以免咬起下层涂膜。

（4）每遍漆干透约需24h，干透后即可用280号～300号水砂纸打磨，相隔时间不应过长，以免漆膜过硬，影响湿磨效率。

（5）清漆磨退，最后一遍面漆施涂后，需待其充分干透约7d后，再用400号～500号水砂纸蘸肥皂水打磨，再行打蜡抛光。

注意事项：一是甲、乙组分混合后在20～27℃时的使用时间不应超过4h，28～35℃时，不应超过3h，否则会胶化，所以应用多少配多少；二是不应直接在虫胶清漆的涂膜上直接施涂丙烯酸清漆，否则会因附着力差而导致揭皮、脱漆、咬底等现象。但可用醇酸清漆作底漆，操作方法相同；三是盛漆应采用陶瓷类容器，不要使用金属容器。

5.3.3 木材面混色油漆

混色油漆有调和漆、磁漆、无光漆等。一般门、窗多用调和漆，标准高些刷磁漆。

1. 普通混色油漆——调和漆工序

操作工艺流程：

基层处理→喷涂第一遍底漆→嵌批第一、二遍腻子及打磨→喷涂第二遍底漆→嵌批第三遍腻子及打磨→喷涂第一遍面漆及打磨→喷涂第二至第三遍面漆及打磨

调和漆喷涂工序见表5-11。

表5-11 调和漆喷涂工艺

步骤	内容及图示
基层处理	刮灰土、挖松囊、除脂迹。用1号以上的砂纸打磨掉木材面的木毛、边棱。在木节疤和油脂处点漆片。 用配套底漆或清油（用汽油和光油配制）或白色油性漆。按次序涂，不得遗漏，并刷薄、刷匀

续表 5-11

<table>
<tr><th>步骤</th><th>内容及图示</th></tr>
<tr><td>基层处理</td><td>调和漆所使用的腻子是用原子灰添加固化剂调制而成的，它具有连接性好、防开裂等特点，使用时要尽量将原子灰与固化剂混合均匀
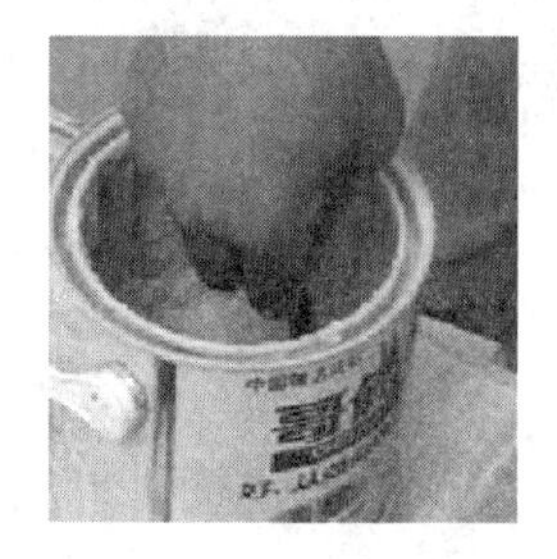 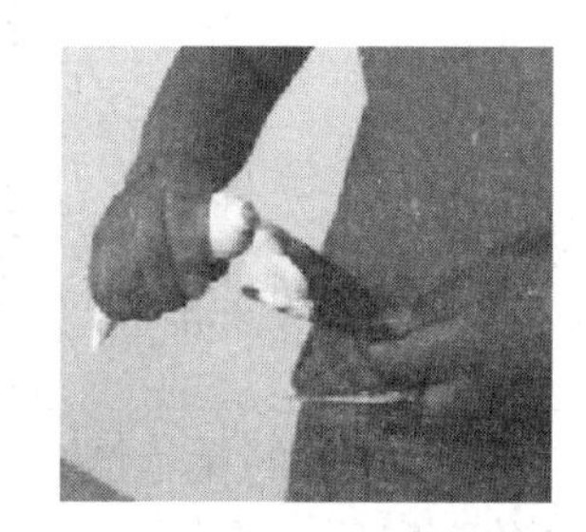
用配套腻子或石膏腻子，参考配合比：光油∶石膏=1∶3，水适量。待底油干透后，将钉孔、裂缝、节疤、边棱残缺处，用腻子刮抹平整
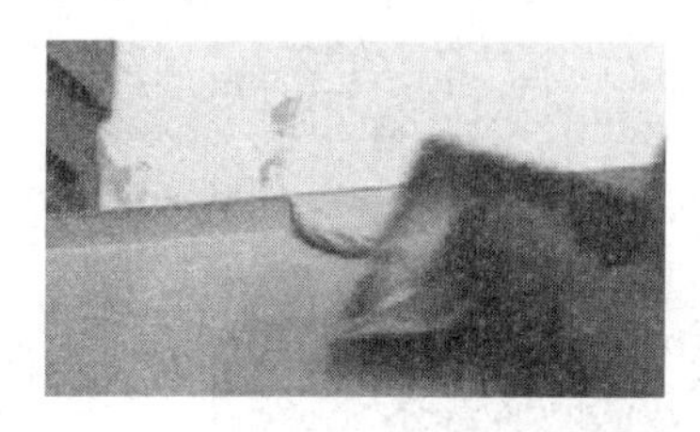
腻子干透后用1号砂纸打磨，不得磨穿涂层前棱角。磨光后，打扫干净，用潮布擦去粉尘
 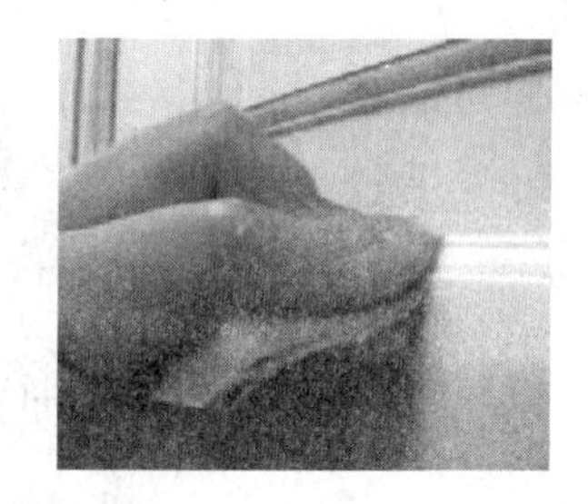</td></tr>
<tr><td>喷涂第一遍底漆</td><td>将稠度调到能盖住底色、不流淌、不显刷痕为准（参考配合比：铅油∶光油：清油：汽油=65~70∶7~10∶10~15∶10~15。冬季加催干剂，混合均匀，搅拌过罗），厚薄要均匀
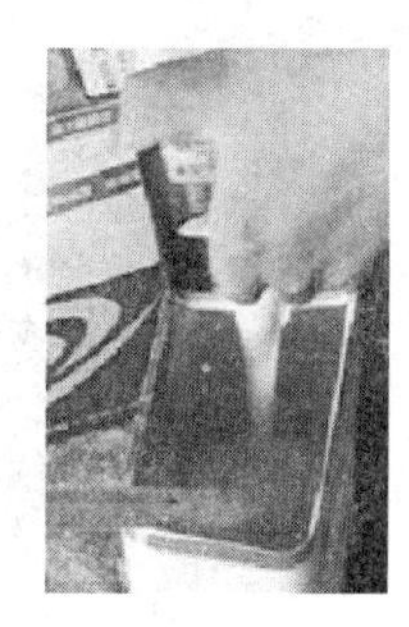 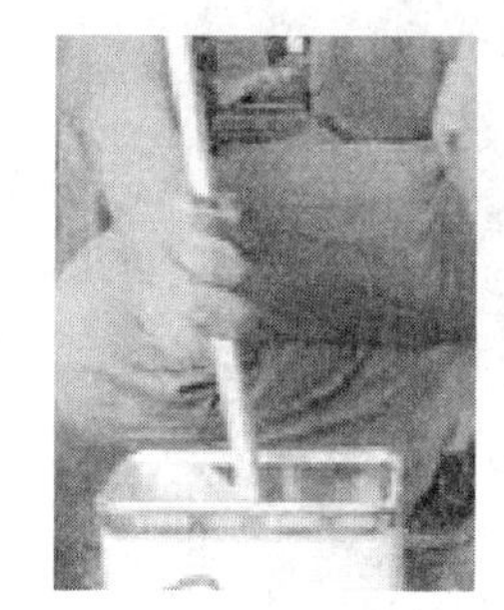 </td></tr>
</table>

续表 5－11

步骤	内容及图示
喷涂第一遍底漆	
嵌批第一、二遍腻子及打磨	待铅油干透后，将底腻子干缩及残缺处，用石膏腻子刮抹补平。腻子干透后，用1号以下的砂纸打磨，要求同前  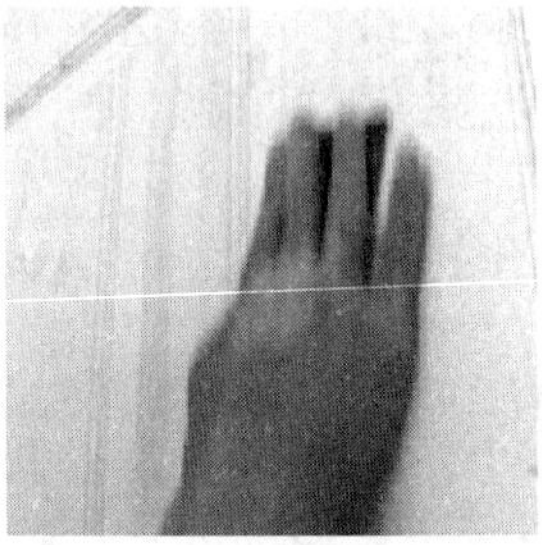
喷涂第二遍底漆	这遍底漆要调配得稀一些，以增加与厚腻子的结合能力，其他同第一遍底漆  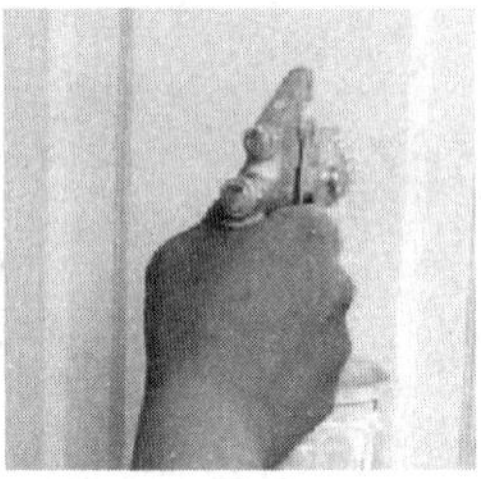
嵌批第三遍腻子及打磨	喷涂第二遍底漆后，还要进行一次最后的精补腻子   用1号砂纸或旧砂纸轻磨一遍，要求同前

续表 5－11

步骤	内容及图示
喷涂面漆及打磨	因调和漆稠度大，要多刷多理，动作敏捷，刷油饱满，不流不坠，使光亮均匀，色泽一致。 如面漆是无光漆，则还需在调和漆干燥后，用已用过的1号木砂纸，再进行一遍打磨工序，打磨干净后再涂无光漆一遍。无光漆有快干的特点，施涂后可将原有的光泽刷倒，不显缕光。施涂工具采用16管羊毛排笔或刷毛较长的油漆刷。施涂无光漆时，动作要迅速，接头处要用排笔或油刷刷开、刷匀，再轻轻理直。要一个面刷完再刷另一个面，以免因无光漆快干而出现接缝不美观。无光漆气味大，有微毒，每次操作时间不宜过长，操作人员要呼吸新鲜空气后再去涂刷

2. 磁漆工序

中、高级装修标准中的木制品，常选用硝基磁漆、醇酸磁漆、手扫漆等。

操作工艺流程：

基层处理→刷第一遍底漆→满刮腻子补平打磨→刷第二遍底漆→补腻子、打磨→刷第一遍混色面漆→水砂纸打磨→刷第二遍混色面漆

木材面磁漆的涂饰工序见表 5－12。

表 5－12 木材面磁漆的涂饰工序

步骤	要 点
基层处理	首先用开刀将木材表面的油污、胶迹、灰浆等清理干净，然后用1号木砂纸打磨一遍，要求磨光、磨平，木毛茬要磨掉，阴阳角胶迹要清除，阳角要倒棱、磨圆，上下一致
刷第一遍底漆	多用白色油性漆作为底漆，也可选用与面漆配套的底漆，底漆要刷得薄而均匀，油漆稠度要适中，不可漏刷。节疤处及小孔抹石膏腻子或用油性腻子，拌和腻子时可加入适量磁漆。干燥后用砂纸将残余的腻子磨掉，清扫并用湿布擦净
满刮腻子补平打磨	用刮刀满刮油腻子，要求刮光、刮平，干后用1号木砂纸打磨，局部缺陷嵌补的腻子如有收缩渗陷处，要用腻子再嵌补填平待干后用1号木砂纸打磨，油腻子按石膏粉∶熟桐油∶松香水∶水＝16∶5∶1∶4的配合比调制。调配时，先

续表 5 - 12

步骤	要　点
满刮腻子补平打磨	按比例将熟桐油、松香水倒入铁桶内充分搅拌，再按比例加入石膏粉（从中取出 20% 的石膏粉待用）放在拌板上用铲刀搅拌均匀，在其上挖一凹坑，然后把存余的 20% 石膏粉和需用量的 50% 水倒入凹坑中全部搅拌，一面搅拌一面逐渐加入剩余的水，反复搅拌均匀呈糊状再施工。对于表面平整较差或树节、接缝处可用原子灰填补打磨平整
刷第二遍底漆	涂刷时要横平竖直，不得漏刷和流坠。刷每道漆间隔时间，应根据当时气温而定，一般夏季约 6h，春、秋季约 12h，冬季约 24h
补腻子、打磨	如发现有不平之处，要及时补抹腻子打磨，干燥后用 320 号水砂纸打磨，用湿布擦净
刷第一遍混色面漆	使用不同的面层油漆其稀释比例不同，可依据选用产品的使用说明按比例稀释。常用配合比为硝基磁漆：稀料 = 1：(1 ~ 1.5)；醇酸磁漆：醇酸稀料 = 1：(0.05 ~ 0.1) 涂刷面漆时注意不得漏刷和流坠，顺一个方向收理均匀
水砂纸打磨	干透后用 600 号水砂纸打磨。如局部有不光、不平处，应及时复补腻子，待腻子干透后，用砂纸打磨，清扫并用潮布擦净
刷第二遍混色面漆	刷最后一遍漆之前应完成玻璃、五金等的安装，并将室内地面、台面浮尘清扫干净，做好其他饰面的遮盖保护，面漆刷法和要求同第一遍面漆。要求刷纹通顺、平展、厚薄均匀一致、不流不坠，不得漏刷

磁漆比较稠，因此刷涂时必须用刷过铅油的油漆刷操作，避免用新油刷致使易留刷痕。刷毛长短要适中，长则不易刷匀，易产生皱纹、流坠现象；短则易留刷痕、露底等。磁漆黏度较大，施涂时要均匀，不露底，做到多刷多理。同时要注意周围环境的清洁无尘，以防灰砂、污物沾污涂膜。

3. 木材面磁漆磨退工序

高级民用建筑的木门窗、门窗套、木护墙、木踢脚、木制固定家具、楼梯扶手等木材表而常采用混色磁漆高级磨退油漆工艺。

操作工艺流程：

基层处理→刷底油、满刮原子灰两道、打磨→刷第一、二遍硝基磁漆及打磨→刷第三至第六遍硝基磁漆及交替打磨→刷第七、第八遍硝基磁漆及打磨→磨退→打砂蜡→擦上光蜡

木材面磁漆磨退工序见表 5 - 13。

表 5－13 木材面磁漆磨退工序

步骤	要 点
基层处理	首先用开刀或玻璃片清理、清除木材表面的砂浆和灰尘，然后用 1 号木砂纸打磨，要磨光、磨平，木毛茬要磨掉，阴阳角胶迹要清除，阳角要倒棱、磨圆、上下一致
刷底油、满刮原子灰两道、打磨	用磁漆∶稀料＝1∶4 封底，满刮原子灰，用刮腻子板满刮一遍，要刮光、刮平。干燥后磨砂纸，将浮腻子磨掉，清扫并用湿布擦净。满刮第二遍原子灰，大面用钢片刮板刮，要平整光滑。小面用开刀刮，阴角要直。腻子干后用零号砂纸磨平磨光，清扫并用湿布擦净
刷第一、第二遍硝基磁漆及打磨	头二遍漆可加入适量硝基稀料调得稍稀，要注意横平竖直、刷涂均匀，要顺木纹纹理刷涂，防止漏刷及流坠，待漆干后用 280 号～360 号水砂纸打磨，用力要均匀，要求磨平、磨细腻，清扫并用湿布擦净。如发现有不平之处要及时复抹腻子，干燥后局部磨平、磨光，清扫擦净
刷第三至第六遍硝基磁漆及交替打磨	涂刷方法同上。适量减少稀料比例，增加涂膜厚度，注意防止漏刷和流坠。干燥后交替用水砂纸打磨，用力要均匀，要求磨平、磨细腻，应注意棱角不能磨白和磨透，清扫并用湿布擦净。如局部有不光、不平之处应及时复补腻子
刷第七、第八遍硝基磁漆及打磨	作为硝基磁漆磨退工艺最后的两遍罩面漆，其施涂方法同上。同时要求第八遍磁漆是在第七遍漆的涂膜还没有完全干透的情况下接连涂刷，以利于涂膜丰满平整，在磨退中不易磨穿和磨透
磨退	待最后两遍罩面漆干透后，用 400 号～500 号水砂纸蘸肥皂水磨涂膜表面的光泽。打磨时用力要均匀，要求磨平、磨细腻、磨滑，把光泽全磨倒，擦净
打砂蜡	磨退后擦抹的水渍晾干后，可用软的棉纱蘸砂蜡，顺着木纹方向擦砂蜡。擦蜡时用力要大、要均匀，直至擦出亚光，棱角处不要多擦，以免发白。最后用棉丝蘸汽油将浮蜡擦洗干净，高档油漆用抛光机抛光时用力要均匀
擦上光蜡	用干净棉丝蘸上光蜡薄薄擦一层，注意要擦匀、擦净，达到光泽饱满为止

5.4 美工涂饰

在油漆装饰工程中，采取一些特殊的装饰技法做成丰富多彩的各色饰面，俗称美工油漆。以下是几种常用工艺：

5.4.1 画线

画线工序也叫做起线。它的目的和作用是把两种颜色的涂饰面分开，使界限分明，层次清楚、齐整平直。一般经常遇到的如墙面分色线、墙裙高度线及其他装饰线等。画线工作是一种技术要求较高的工作，因为任何工程都会有一定的误差，如顶棚高度、地面平整度等。

1. 画线的基本要求

（1）线条宽窄要一致，用2m直尺检查偏差不超过2mm。

（2）色调要均匀，层次要清楚，颜料应不褪色。

（3）横平竖直，接茬及转角处连接通顺，不显接茬痕迹。

（4）墙面清洁，无污染，线条无流淌。

2. 画线的分类

按画线使用的涂料可分为画油线和画粉线。按使用的画线工具可分为直线笔画线、弧形板画线、注射器画线。

画油线要在油漆面充分干燥后进行，且在调和漆中加适量铅油，以防流坠。先用粉线袋弹出线样，一般要弹出上下限，再用画线工具涂满中间部分。

画粉线则是在刷好水色的物面上，先刷一遍较稀的清漆，干后用细旧砂纸打磨光滑，在需画线部位用铅笔点出底样。将水彩画颜料加水调至适当稠度，用画线工具蘸取画线。线条干燥后，再用清漆罩面，以固定线条。

3. 画法

（1）直线笔画线。把直尺放在线样上，用画线刷靠着直尺，均匀用力，平直移动，在前后线头的搭接处开始下笔要轻，待两线基本接通时，再加速向后移动画线刷。宽10mm内的线可用1½英寸的画线刷一次画出。画更宽的线时，可用直线笔先按线样画出两条边线，再涂满中间部分。画2~5mm宽的线时，也可用狼毫笔拖画而成。画1~2mm宽的细线条时，可使用无油杯画线笔，这种笔笔杆尾部有一贮油胶囊，用于吸油供画线用，将笔贴住直尺，与物面成斜角度画线。

弧形线条则用圆规打好底线，将颜料或涂料刷在直线笔上，先镶外圈线再镶里圈线。

（2）注射器画线。在平面上画线，用医院废弃的注射针管画线比较方便。把颜料或油漆配至适当稠度，注入针管中，将直尺摆放在线样旁边，针管紧靠直尺平缓均匀移动，即能画出直线。

（3）弧形木板画线。画线的工具是一弧形木板。木板的圆弧做成坡口状，坡口的宽度视所要求的线条宽度而定。画线时用铲刀将油漆刮涂在一块平板玻璃上，厚度为0.5mm左右。先用木板圆弧边沿在玻璃板上的油漆层上滚过，再用双手拿住画线板的两端，在所需要画线的位置上滚轧，画线板边沿上的油漆即黏附在物面之上。

画线时，最好先打草线，并用湿纸条粘封住草线的端部，以免滚轧时超出要求的长度。画线结束后，再揭去封头的纸条。

画线板滚轧数次后，应将画线板上过楞的油漆用软布或棉纱擦干净。同时将玻璃板上的油漆用铲刀收刮一下，使油漆均匀一致地集中于一个地方，这样易使画出的线条宽窄一致。

4. 画线操作的注意事项

（1）应事先弹好样线或画好框线。

（2）画线运笔要牢而稳，用力均匀、轻重一致，不留接头痕迹。

（3）根据线条宽窄选择合适的画线工具和方法。

（4）颜料或涂料的稠度要调整合适，以保证画出的线条不露底、不皱皮、不混色、不流坠。

5.4.2 描字

招牌、匾额、广告等常需油漆工选用合适的涂料通过缩放、凿刻、喷刷、复描等手段将各种字体刷涂在所需的物面上，这种技艺简称描字。其工艺过程为：

1. 缩放字样

将写好的字根据装饰需要进行放大或缩小。其方法有：使用缩放尺，使用方格网，使用幻灯机。

（1）缩放尺法。使用缩放尺按比例缩放。

（2）方格网法。这种方法不需特别的工具，简单可靠，最为常用。只需将要放、缩的字样上打上方格网，再在白纸或物面上按缩放的比例画上同样多的方格。如想放大3倍。则方格的每边距离就是样字方格尺寸的3倍。方格网打好后，即可按样字方格网中的各笔画，描在经放大或缩小的相应方格中，最后得到所需字样。格子越密，准确度越高。

（3）幻灯机放大。要放大字样时，可将字样用墨汁或深色涂料描在幻灯片的玻璃上，将白纸固定在墙上，调节幻灯的焦距和移动幻灯机位置，使白纸上得到清晰而合乎所要求尺寸的放大字样。然后用铅笔描出。这种方法较适合放大特大的字样。

2. 凿刻

字样缩放完毕后，有的需要制成字模反复使用，这就需要进行凿刻。一般可用厚的油纸或硬纸板做字模，若重复使用次数过多，也可用薄铁皮制模。

做纸模比较容易，将写好或缩放好的字样粘在硬纸板或油纸上，用墙纸刀或刻刀沿字样刻画。应该说明的是，在刻画之前，应找出连接字样笔画的连筋位置。在多笔画交叉处和两画相连的转角处，都要留出连筋，不可刻断，这样才能使字模完整、平伏、紧贴物面，喷刷出的字样才清晰整齐。字模使用前，刷清漆一遍。

凿薄铁皮字模可用0.2mm左右厚的薄铁皮，用长度在50mm左右、宽5~10mm的双出口小钢凿，及0.2~0.3kg左右的小榔头，沿着贴在铁皮上的纸字样笔画边缘敲凿，钢凿倾斜15°左右，榔头用力要均匀，注意连筋处不得凿断。

3. 喷刷字样

铁皮字模或纸字模制成后，可用喷涂或刷涂的方法，将字涂在指定的物面上。

（1）刷字。一般民宅或办公楼、商店招牌等处，可用刷涂法。刷前需将字模准确、牢固、密贴地固定在所需位置，用漆刷蘸匀涂料在字模上轻轻刷涂。注意涂料的稠度和运笔的力度，既不要漏底又不要渗出模外。

（2）喷字。喷字的字迹清楚、美观，工效高，适于大批量的物件。固定字样与刷字时的要求相同。水平面上喷字比较易于操作，若在垂直面上喷字就要采取一定的措施，保证字模与物面的密贴或工人配合操作，以保证质量。喷枪需与物面垂直，一次喷涂成活，不要重复，以免流坠。

喷刷字样时要注意与被喷刷的物面的涂料配套使用，如硝基涂料的字不要喷刷在油性涂料的物面上。

字模用过后，应用配套溶剂洗净，纸模在刷洗净后，用干布吸干，在玻璃板下压平，以便下次使用。

4. 复描字样

将放缩好的字样描或复写在所需的物面上，多在牌匾上使用。

（1）剪字。先将字样逐个剪出，用纱布包上带色的粉末均匀揩涂在字样的背面。粉的颜色可根据物面最后的颜色而定。

（2）贴字。再用胶带纸或糨糊，把字样的四角固定在匾额上，用铅笔或竹签沿字样边线描画一遍。注意不要遗漏笔画，不要走样。描完后，轻揭纸样边角，检查是否已全印到了，确认无误后，即可取下字样，使物面上留有粉线的字体。

（3）描字。用涂料将粉线字体描出，字体大的，可用漆刷先描出大处，再用羊毛笔补描尖角、连笔等细小处。字体小的，则可先用油画笔描，再用羊毛笔补细小处。

描字要逐个进行，待字体的涂料干燥后，用干净的抹布蘸水擦去物面上残留的粉末。同时因所描的字大多为手写体，大小不一，间距不等，高低错落，所以在放字样时要特别注意字样的位置、间距，使之准确、美观。

5.4.3 仿真

1. 仿木纹

真木纹可选择那些木纹清晰、纹理美观的木材的径切面或弦切面的纹样。常用的工具是橡皮刮笔、海绵块、底纹笔、密齿橡皮刮板、排板、毛笔等。

先处理好底层，腻子必须批刮得平整光滑，底漆要做得平光或无光，如底漆有光，可用旧砂纸打磨去光。

（1）水色仿木纹。配好与仿制对象相仿的水粉色浆，将水粉色浆涂在底层的漆膜上，要涂得均匀一致，可用羊毛排笔刷涂，最好用海绵块擦涂。然后用橡皮刮笔依所要仿制的木材纹理先画出树心纹，随即用底纹笔掸扫出木纹射线。再用海绵块依树心纹的纹理擦出边纹。绘木纹的涂料，可用猪血、氧化铁黄、少量哈叭粉和少许氧化铁黑配成。待物面的全部木纹仿制完毕后，用清漆罩面两遍以上。此法简便易学，用得最为普遍。

（2）油色仿木纹。用漆刷施涂一层象牙色无光漆，其重量配合比为调和漆∶无光漆＝3∶2，刷匀，干燥后，用木砂纸打磨去光。

在黄色调和漆中加入适量的红色调和漆调配成近似天然木纹的颜色，涂层宜薄。随即用齿形橡皮刮板，按选好的木纹式样，在涂层上刮绘，自上而下形成木纹线条，再用短硬的油漆刷在绘刮成的仿木纹线条表面轻轻飘刷，飘刷过的部位颜色呈浅色，未飘刷到的、局部较呆板的线条用画笔加以修整。以上过程必须在涂膜干燥前完成。木纹仿绘完毕后，刷一遍罩面清漆。

该工艺适合在纤维板、刨花板上进行木纹的模拟装饰，也可在实木上模拟。在实木上可用水老粉作填孔料。在纤维板、刨花板上宜用油腻子批刮、嵌补，不会起色，如用水老粉则会起毛而不易得到平整光滑的表面。

2. 仿大理石纹

用油漆仿制大理石纹应用较为普遍，可选取各种大理石纹样进行仿制。

（1）底层刷涂法。在刷好白色油漆的面上，不等干燥再刷一遍浅灰色油漆，宜用伸展性好的调和漆，无规则地施涂刷成与白色交错的条纹，并不等干燥就在面上刷黑色的粗条纹，条纹要曲折，不能平直。在漆将干未干时，用干净刷子把条纹的边线刷混，刷到隐约可见，使两种颜色充分调和。干后再刷一遍清漆罩面，即成仿粗纹大理石面。

涂漆始终宜匀而薄，不宜选用磁漆，因其流展性差。

（2）喷涂法。先做一木框，可按大理石块的尺寸，如 400mm × 400mm 或 500mm × 500mm，将丝棉或乱蚕丝浸透水后捞出，挤去水分，甩开扯松成斜纹状，将整理好的丝棉牵绷在木框上，然后放在已干燥的白色底漆面上，用喷枪喷上一层墨绿色或紫红色的油性漆，喷后随即将丝棉网拿掉，底漆面上即成大理石纹。仿制操作时要特别注意物面的干净整洁，要一块接一块地连续喷涂制作，接缝处要挺括，给人以大理石块砌体的印象。

如果还需要在大理石纹上加点其他颜色的脉络，可以用刻有不规则裂纹的漏板紧靠在干燥的漆面上加喷几道裂缝即成，这样给人以大理石面上夹有杂色线条的感觉。喷涂裂缝时，喷枪的喷嘴要小些，气压也要低些，以使裂缝清晰醒目。

用喷涂法仿制的大理石纹与天然大理石纹相比，外观极为相似。特别是用来装饰墙壁的墙裙与走廊的廊柱效果最为理想。用喷涂法可采用干得快的磁漆和喷漆。

3. 仿花岗岩

先将物面涂刷上浅灰或米黄色底漆，也可涂所仿的花岗岩的其他颜色的底色。刷涂两遍，第二遍漆调得稀一些，刷涂后的漆膜要求无光或亚光。底漆干燥后，可用喷雾器装上红色、黑色或灰色调和漆，喷出雾状小颗粒，均匀地溅洒在物面底漆膜上。调和漆的颜色依照需要灵活选用。

5.4.4 做花

1. 漏花

在墙面、顶棚上做套色花饰可采用漏板工艺，在油漆刷浆结束并已干燥后即可进行。其工艺流程和操作要点：

（1）制作漏板。参见 3.5 中“3. 漏板”的内容。

（2）弹线。将基准线用粉线色弹于墙面或顶棚上，作为定位用。

（3）漏花方法。将漏板按弹好的基准线固定，如系对称花，则需找中，由中间起印。如系连环花，可由一端起印。工作量大时可用机械喷壶喷浆（或油），工作量小时可用手工喷壶喷浆（或油）；也可用油刷蘸浆（或油）进行漏花；也可用布包棉丝蘸浆（或油）进行锤漏。可根据具体情况选用一种方法。

应由两人合作完成，蘸浆（或油）要少，动作要快。如用油刷，不能横竖抹，只能点刷，以免产生重皮、起刺。所用浆料要色重油轻，遮盖力强，特别注意稠度合适，不能产生流坠。

2. 滚花

在墙面、顶棚上用胶皮辊进行滚花、印花。方法与漏花类似。先根据印花辊的大小、宽度和接茬位置弹好基准线。操作时辊筒的轴必须垂直于粉线，不能歪斜，花纹图案要拼接完整，颜色均匀一致。防止漏印和流淌。

3. 手工做花

（1）做锤印花纹。这种花纹较适用于不够平滑的家具，因为锤印花纹可将底层上的缺陷覆盖。

在底漆快干的物面上，喷一遍以中绿硝基磁漆 10 份、硝基稀料 8 份、银粉 0.2～0.5 份混合的银绿色喷漆。喷时顺物面横纵双向连喷 2～3 遍。在漆膜未干时，用长毛鬃刷蘸硝基稀料往漆膜上掸洒成均匀的小点，让这些小点重新与漆膜溶解。由于银粉的物理作用，会使漆膜上形成无数的锤印花纹。待干后再喷两遍硝基清漆，或刷一遍醇酸清漆，也可刷一遍酚醛清漆。

如果不用中绿硝基磁漆，也可用其他色的硝基磁漆（除白硝基磁漆外）加入少量银粉涂装。

（2）做花朵。先将底层做成白色、象牙色、黄色等浅色调，再根据需做的花朵用不同颜色的油性涂料（工作量小的较适宜）或石性颜料、广告颜料（施工面积大、工作量较大时采用）涂在已干燥的浅色底层上。

1）手抓花朵：在饰花涂料未干时，戴上乳胶手套，五指聚合，在物面上均匀旋转移动，每处旋转半圈。物面上就留下花朵状的花纹。干后用清漆罩光。也可用棉花拧成一团，按在涂层面上旋花。

2）布拧花朵：用破皮块卷成手电筒粗细的布卷，中间手握处用线绳捆扎，再用剪刀将布捆两头各剪上几刀，使剪后的布卷稍用力就能分开。用布卷的头部在刷好饰花涂料而未干时，边走边拧，物面上就出现花朵状纹路。干后用清漆罩光。

如需改变花形，可将布捆口翻动一下。翻动一次，花形即改变一次，可任意变换花形。用粗布的效果较好，若工作面小、量少，也可用废纸捆成花。

3）气球按花：用长形小气球、吹气扎口，在涂满花饰漆未干的物面上先按个“十”字架，再将十字架的空白处，用气球的头部由外向里按满花瓣，再点出花心，就成为牡丹花图样。

若用气球的头部一推一停地向前移动，即成为竹竿图案，再用木胶皮块照竹节处画“个”字，就呈现竹叶形状。

若用气球头部左右摇动同时向前或向后移动，可呈现辫子花纹。

若用气球头部先向上重叠按出荷花瓣，然后将其一按一起，印出荷叶，再用笔添枝加叶脉，可呈现荷花图案。

若用气球扎口的一头（即尾部），均匀地旋转、移动，可呈现玫瑰花图案。

所制花样完成后，都应刷清漆罩光。

用乳胶手套和布捆做花速度快，花朵大小均匀，适于用在大物面上。

用气球制花速度较慢，花朵形状不易一致，适于在凳、椅、箱面等小件家具面上制花。

5.4.5 贴面

一些旧家具或次等木材制作的家具，可以通过粘贴木纹纸或微薄木（也称木皮）再罩清漆的方法翻新、美化。还可通过粘贴薄木图案或塑料贴花来装饰一些特定部位。

1. 粘贴木纹纸

处理好需贴木纹纸的底层后，根据尺寸将木纹纸裁好，背面用清水润湿，平放晾干。将白乳胶用温水调匀后，薄而匀地涂刷在物面上，然后将木纹纸对正物面，从一端开始，边贴边用干净的排笔或毛刷将纸面刷顺、压平，平展地粘贴于物面上。

木纹纸下的胶液干燥后，即可涂饰面漆。为防止油性清漆中的油分渗入木纹纸的内部，使颜色变深，旱半透明状，影响装饰效果，可在刷油性清漆罩面之前，刷一层明胶液，或质量好的皮胶，形成一隔离层，一般刷涂两遍。待明胶液干燥后，用0号木砂纸轻轻打磨一遍，抹净磨屑再用清漆罩面两遍即可。如用树脂清漆罩面，虽不致发生渗油现象，但有明胶层隔离，也可起到节省面漆的作用。

此法也可粘贴石纹纸，也可贴墙裙或纤维板的隔断墙。面层用滚涂法滚上聚酯清漆罩面，效果更好。但要特别注意边角的密封问题。应在边沿处多涂些白乳胶及明胶液，以免清漆从缝隙中渗至木纹纸的背面，影响装饰效果。

2. 粘贴薄木图案

可结合家具的造型，用图案或花边、线条粘贴在适当部位。这些图案、花边、线条可选择那些有特殊色泽或纹理的木材，经切片后能展现出如鸟眼、石纹、水纹、闪光纹等奇特的纹理，然后经过一定的制作工艺，粘贴在家具上。其操作步骤是：

（1）放样。将设计好的图案按实际尺寸（即1∶1）画在物面的拼贴部位，作为基准线。凡直线及弧线形图案均按几何作图方法进行绘制，自然曲线图案则采用复印的方法绘制。

（2）粘贴薄木图案。有明贴和嵌贴两种方法。明贴法：将薄木图案的一面用湿布润湿，再将白乳胶涂在薄木图案的另一面，以使两面湿胀平衡避免翘曲。待水分稍有挥发后，即将薄木图案放在要粘贴的位置上，用手掌压实，然后清理干净图案边沿的余胶，干后用0号木砂纸磨光边沿棱角。

嵌贴法：先将选好的薄木材料的一面用白乳胶复贴上一张牛皮纸，再将设计好的图案复印在纸面上，然后用刻刀进行刻制，即成所需的图案薄木。再把图案薄木纸面向上摆在需要嵌贴的位置上，用铅笔勾画出轮廓细线后，用刻刀按轮廓线刻槽，用刀尖挑去嵌槽内的木片，经过清理后，便成为一个图案嵌槽。在图案嵌槽内施胶后，再把图案薄木放在嵌槽内进行吻合，刮实修整后，清除挤出的余胶即可。

（3）砂磨。用0号木砂纸细心地打磨薄木图案一遍，对砂磨后达不到所要求的光洁度的部位可涂上一遍稀释的清漆，待其干燥后，再用砂纸轻磨一下即可。

（4）涂饰。以本色或浅色为主，可用聚酯清漆填刮木材管孔后，再涂醇酸清漆罩面2～3遍。若是高档装饰，则可涂两遍丙烯酸或聚氨酯清漆，干燥后打水砂纸和抛光。

3. 粘塑料贴花

在家具涂饰最后一遍漆后，用手指肚触漆膜，拿开手指时，发出低沉的“砰”声，此时约有七八成干，即粘手但不上手时，把塑料贴花粘在合适的部位。然后用橡皮擦刮贴花，驱除其下的空气泡，使图案与下面的漆膜粘实，然后再细心地揭去贴花上的塑料薄膜，图案即移贴在漆膜之上。为使其更加牢固，可再涂一遍较稀的清漆罩面。

5.5 古建筑涂饰

5.5.1 地仗

油漆彩画多数应用于木结构，不仅为了美化装饰，更重要的也是为了防霉、防腐。应用范围很广，如内外檐的梁、枋、桁、檩、椽、斗拱、楹柱、门窗、藻井等木结构的表面。由于木材受潮引起胀缩变形，传统上要进行披麻刮灰的基层处理，称作地仗处理，既可保护木结构少受温度和湿度的影响，又能直到缓解胀缩的作用。

1. 斩砍见木

用小斧子将木材表面砍出斧痕，斧痕深度为1~1.5mm，间距约为7mm。在维修旧活中，应先将木材面“砍净挠白”，然后再砍出斧痕，这样可使油灰与木材表面粘结牢固。所谓“砍净挠白”就是先将木材面上的旧地仗砍掉，直至见木纹，然后再用挠子将旧地仗彻底挠净。砍挠时都应横着木纹，不得顺着或斜着木纹，不得损伤木骨质。如遇木材面有翘楂，则应用钉子钉牢或切除，如木材面局部有腐朽，应剜修，不得马虎留下隐患。

2. 撕缝

对木材面上较深的洞缝应将其挖净见新，称撕缝。撕缝的方法是用铲刀尖顺缝隙两边将其扩大，撕成V字形，再将缝里的树脂、油迹、灰尘、脏污处清理干净。对于较大的缝洞，应下竹钉、竹片，或以同类干燥的木条嵌牢固，即“撕缝”。

3. 下竹钉

下竹钉和竹片是古建油漆活中，木基层处理木缝的传统做法。当木材受潮或过于干燥时，木缝会膨胀或收缩，使捉缝灰挤出凸起或离缝脱落，影响油漆工程的质量。为此，应在木缝内下竹钉和竹片，阻止其膨胀和收缩。将竹钉削成如宝剑头的形状，长短宽窄、粗细应根据木缝的长短、宽窄而定，在厚薄上略比木缝厚些，这样竹钉和片击下后会牢固。下竹钉应按照从缝的两端同时向中部移动的顺序楔入，钉距在150mm左右。下击楔入时，用力要均匀，不可用力过猛，或可采取竹钉上按硬木条的措施，使受力均匀。两竹钉之间再下竹片，竹片楔入时要嵌实填平。

现在的做法常以同材质的木钉、木片条代替竹钉竹片，并在木楔入前，用聚醋酸乙烯乳液涂刷在木钉、木片表面和木缝内，以增加强度和粘结力。

4. 汁浆

木制件经上述三道工序，木表面和缝内难免有残留尘灰，为使木基层与上面灰层有良好的粘结力，在做油灰层前需上汁浆一道，也就是擦油浆或刷油浆一道。

油浆配合比为油浆:血料:水=1:1:20。油浆必须调制均匀，稠度适宜。刷油浆必须满刷，不得漏刷，包括细木缝也得用横推竖划刷的方法使油浆能推入细缝中。油浆膜的厚度应厚薄适中。

5.5.2 一麻五灰

“一麻五灰”操作工艺是在“地仗处理”的基础上对木质基层做涂漆前处理的一种

工艺。

1．操作要点

操作工艺流程：

木基层处理→汁浆→清理→捉缝灰→打磨→修整清理→扫荡灰→打磨→清理→使麻→打磨→清理→压麻灰→打磨→清理→中灰→打磨→清理→细灰→磨细钻生→打磨→清理

一麻五灰操作工序见表5－14。

表5－14　一麻五灰操作工序

步骤	要　　点
木基层处理	木基层处理参照地仗处理
汁浆、清理	与地仗处理中汁浆工序相同
捉缝灰	以油灰填嵌木缝。该油灰亦称捉缝灰 木基层通过处理和汁浆待干后，将表面清理干净，用油灰刀或钢皮刮批将捉缝灰向木缝内填嵌，横推竖划，使缝内灰头填实饱满。操作时要注意不能出现缝内空仅缝口蒙住灰的“蒙头灰”现象
扫荡灰	扫荡灰又称通灰，它批刮在捉缝灰的上面，是使麻的基础，必须刮平刮直。操作时需由三人合作，一人在前面用灰板刮涂通灰，亦为插灰；第二个人在后面用板子将灰刮平刮直、刮圆，这道工序也称过板子，第三个人在最后用铁板打找补灰，将表面、阴角、接头处等找补顺平，修整好。待干后用金刚石或缸瓦片打磨，磨去飞刺浮粒，再打扫清理干净，并用水布掸净，待使麻
使麻	在木件上铺裹麻丝，即称使麻。根据工程情况，有些木件需使麻二次或使一麻一布。在南方也有使夏布的，使麻和使布的工序基本相同。使麻分以下几道工序： （1）刷开头浆，也即刷浆。用糊刷蘸油满血料浆涂刷于扫荡灰上，其厚度不宜过厚，以能浸透麻丝为度。油满∶血料＝1∶（1.5～2） （2）粘麻。刷完开头浆后，立即将梳理好的麻丝粘贴上去。粘贴时，麻丝应与木纹垂直。在木料拼接处和阴阳角处，如两处木纹不同，麻丝应分别与两处的木纹垂直。麻丝铺的厚度要均匀一致，表面要尽量贴得平整 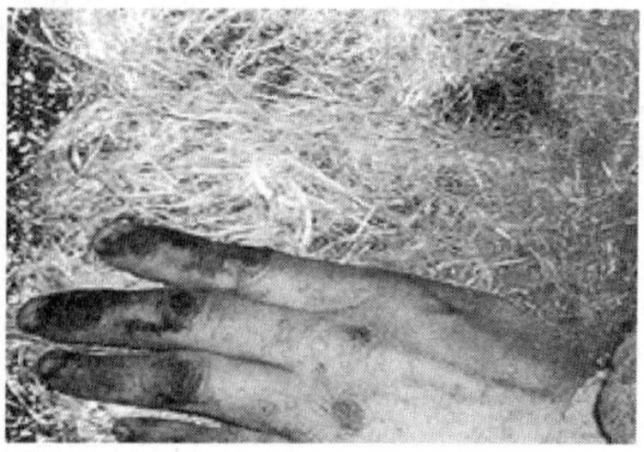

续表 5-14

步骤	要　点
使麻	(3) 轧麻。即将粘贴好的麻压实、压牢。具体做法是：用木制或竹制压子也可用鹅卵石先从阴角（线口）处着手，逐次轧压 3~4 遍，不得漏。将麻压得越结实越好，使浆尽量轧压出来，并将多余的浆揩掉。还应注意轧压时严防鞅角起翘，不得在干后出现崩鞍即断裂现象 (4) 潲生。将油满和血料按 1∶1 的比例混合调匀，用糊刷涂于已压实的麻上，以不露干麻为度，不宜过厚 (5) 水压。为防止粘铺上的麻层内有部分干麻存在，而干固后出现空鼓。趁麻丝潮湿时随即将部分麻丝翻松，然后随即刷油满血料浆，随刷随轧，再行轧实，并将余浆轧出，以防干后发生鼓胀。在轧实的过程中，如局部麻已干燥，则将潲生用料略加水稀释后，在麻上补浆，保持统一湿润，再全面轧实 (6) 整理。水压后，应详细检查，对查出的鞅角崩起、棱线浮起、麻筋松动等质量缺陷，均要修正好，对于窝浆则应挤出，有干麻时要补浆轧实
压麻灰	压麻灰前，需待麻干燥后，用金刚石或缸瓦片磨至麻茸浮起，但不得将麻丝磨断。清理后，用皮子将压麻灰涂于麻上，先薄刮涂一遍，往复批刮压实，使灰头与麻很好密实结合，然后再复灰一遍，用板子顺麻丝横推裹衬，做到平、直、圆。线条粗细要均匀、平直。当采用两道麻或一麻一布时，此时不扎线，要待第二次上压麻灰或压布灰时再行扎线
中灰、打磨、清理	压麻灰干后，面上要精心细磨，用金刚石或缸瓦片磨之，磨至平直、圆滑、清扫后，用铁板满刮中灰一遍，不宜过厚。如有线脚，应以中灰扎线，进一步将线条扎平直
细灰	中灰层干后，用同样方法打磨、清理后，再洒汁浆一遍，用铁板将鞅角、边框、上下围、框口线等地方仔细找齐。干燥后通刮细灰一遍，对于平面用铁板，对大面积用板子，圆面用皮子，厚度不超过 2mm。批刮接头要平整，有线脚者再以细灰扎线

续表 5－14

步骤	要　点
磨细钻生	磨细，即要求精心细磨；钻生，就是浸生桐油，做法是在细灰层干后，用细金刚石或停泥砖精心细磨至断斑，即磨去细灰表面层，要求平者要平，直者要直，圆者要圆。随即用丝头蘸生桐油，随磨随钻，同时要修理线脚及找补生桐油。对于柱子或一个木件要求一次磨完、钻完。油必须钻透，使油渗透细灰层，达到加固油灰层目的。如油渗入较快切勿中途间断，而要继续钻透为止。干后应呈黑褐色，不得出现“鸡爪纹”，即表面小龟裂。当表面有浮油应及时揩净，以防干后留有油迹，称为“挂甲”。如钻生油过多，会使生油从细灰层内渗出，称为“顶生”，这些都将影响油漆质量，必须特别注意 待钻生油全部干透后，用细砂纸精心细磨表面，不可漏磨，然后清理干净

2. 注意事项

(1) 打磨、清理：在各层油灰干燥后，要将表面磨平整，捉缝灰、扫荡灰主要是磨去飞翅及浮籽；麻层面应磨至“断斑”，使麻茸浮起，但不得磨断麻丝；压麻灰、中灰主要磨平板迹的接头，最后两道细灰则要求精心细磨。每打磨后都要用扫帚或笤帚扫去浮灰，再用水布掸净。

(2) 在使麻之前，必须把木基层表面的缺陷全部修补好，避免在麻层以上因修补缺陷而使油灰过厚，造成面层出现鸡爪和裂纹的质量问题。

(3) 为防止打磨时磨掉麻丝，要注意油满不能发酵，并避免开头浆薄而澥生大。

(4) 刮灰操作时都应采用由左向右、自上而下的操作顺序。柱子刮细灰，应先刮中段（自膝盖以上至扬手处），后刮上下，由左向右操作，刮口茬应在阴面，磨细灰时，应由鞅角柱根开始，自下而上打磨，以利钻生。

(5) 磨各种线脚时，均应特别细心，不得磨去棱角走了样，并要保持横平竖直、棱角洁净、线条分明。

(6) 使麻时，遇柱顶、八字墙和地面，不可将麻粘于其上，需离开 3～5mm，以防麻丝与之接触吸潮而腐烂，影响耐久性。

(7) 博风与博脊交接处，应先钉好铁皮或油毡防水条，防止漏水，然后再使麻。

(8) 在柱子上使麻或布时，要自上而下斜向绕缠。

(9) 夏布使用前应经过煮烧，煮烧时，在水中放入一定比例的纯石碱和白灰膏，煮 3h 后，过清水、晒干，然后剪去夏布两边的筋，最后平折成匹待用。使布前应将布略喷水潮湿还软。

(10) 在捉灰前，应先做好交接处的墙面、地面的产品保护，可贴上纸或刷上泥浆，然后再做地仗。

5.5.3 单披灰

单披灰即不使麻、布，只披灰成活。在旧建筑油漆修缮中，有些木件可以单披灰，也同样能达到装饰、保护的目的。现代仿古建筑中大量以钢筋混凝土代替木结构，只需用单披灰可不使用麻、布。

单披灰由于使用部件不一，有四道灰、三道灰、找补二道灰、菱花二道灰、花活二道半灰以及现代仿古建筑混凝土面或抹灰面上作地仗的二道灰六种工艺。

1. 四道灰

四道灰常用于一般建筑物的下架柱子和上梁连檐、瓦口、椽头、博风挂檐等。

操作工艺流程：

木基层处理→清理油浆面→捉缝灰→打磨→清理→修整→扫荡灰→打磨→清理→中灰→打磨→清理→修整→扫荡灰→打磨→清理→中灰→打磨→清理→细灰→磨细钻生→打磨→清扫

操作要点及注意事项与一麻五灰相同。

2. 三道灰

三道灰主要用于不受风吹雨淋的部位，如室内檩枋、室外桃檐桁、椽望、斗拱等处。

操作工艺流程：

木基层处理→清理油浆面→捉缝灰→打磨→清理→修整→清理→中灰→打磨→清理→细灰→磨细钻生→打磨→清理

梁枋三道灰，调料应加入小籽灰，捉椽鞅时，以铁板填灰刮直，鞅内油灰饱满。

3. 找补二道灰

用于旧活个别部位损坏时的局部补修。

操作工艺流程：

将损坏部位的灰皮旧地仗砍白→汁浆→清理油浆面→中灰→打磨→清理→细灰→磨细钻生

各操作顺序的做法与一麻五灰相同，但特别要注意局部修补的部位与未修补保留的部位找平接好槎，不要修补得高低不平、颜色不一。

4. 菱花二道灰

用于旧活菱花补修。

操作工艺流程：

将旧地仗砍去并洗挠干净→汁浆→清理→中灰→精心细磨→清理→细灰→磨细钻生→打磨→清理

洗挠时尽量少用水，不得挠起木毛影响质量。做细灰时平面用铁板，孔内应衬细灰。

5. 花活二道半灰

用于修理旧活，如裙板雕刻花活的油漆修复。

操作工艺流程：

将旧地仗砍去洗挠干净→汁浆→清理→捉缝灰→打磨→清理→中灰→打磨→清理→修补花纹→打磨→清理→满刮细灰→花活处满肘油灰→磨细钻生

（1）洗挠时要特别细心，不能将原花纹挠走样。

（2）修补花纹是以中灰或细灰将雕刻花活的损伤部分修补完好，干后细磨，再洒汁浆一遍。

(3) 肘细灰即用细灰加血料调成糊状，用刷子刷于底层灰上。

(4) 各道打磨都应精心细磨，以防损伤花纹。

6. 二道灰

用于现代建筑混凝土面和抹灰面上的旧式油漆活。

操作工艺流程：

基层处理→操底油→满刮中灰一道→打磨→清理→满刮细灰一道→磨细钻生

(1) 基层处理时用油漆刀将表面浮灰、脏污铲平、铲净，并清理干净。基层混凝土和抹灰层必须干透，以免灰层起壳影响质量。混凝土和抹灰面上或构件棱角有缺陷，必须用水泥砂浆修补合格。不需使麻使布。

(2) 操底油即用稀释光油，可用200号溶剂汽油即光油稀释至适当稠度。

5.5.4 三道油

三道油也是我国古建筑油漆的一种工艺，除南方有一些大木架上常用黑色退光漆的梁、柱、枋外，其他的都可以做三道油，它光亮饱满，久不变色，如图5-14所示。

图5-14 古建筑油漆件上的三道油

1. 操作工艺要点

操作工艺流程：

地仗处理→清理→刮浆灰→打磨→清理→满刮油腻子→打磨→清理→垫头道光油→炝青粉→打磨→清理→上二道油→炝青粉→打磨→清理→上三道油→炝青粉→打磨→清理→罩清漆（光油）

三道油操作工序见表5-15。

表5-15 三道油操作工序

步骤	要 点
刮浆灰	以细灰面加血料调成糊状，用铁板满刮一遍
满刮油腻子	以血料∶水∶土粉=3∶1∶6调配成细腻子，用铁板满刮一道，往复刮压密实，要随时清理，以防接头重叠不平

续表 5－15

步骤	要　点
垫头道光油	除用银米油垫头道光油采用樟丹光油外，其他色油垫头道光油皆采用本色光油。以丝头蘸上配好的色油，擦于操作面上，再用油栓横蹬竖顺，使油膜均匀一致。油不得流坠，油路要直，鞅角要擦到
二道油、三道油	二道油、三道油均采用所要求颜色的光油，也即本色光油；罩面用无色光油，即清油。操作方法同垫头道光油
炝青粉	用青粉炝于干燥后的油膜上，目的是为了避免打磨时在油膜上留下划痕
打磨	全部用砂纸细磨

2. 注意事项

(1) 操作时，要把作业的架板及地面环境打扫干净并洒上净水，防止灰尘扬起污染油膜。

(2) 罩清油时，宜在下午早些时间收工，以防入夜不干而失光，也不宜在雾天操作，以防油层受雾珠侵袭而干燥后失光。

(3) 操作时，有时会出现“发笑”现象的质量问题，防治方法是在底层油上用酒精或肥皂水满擦一遍。

5.5.5 漆皮饰面

漆皮饰面即大漆饰面，是古建筑油漆中一种重要的做法。在重要的宫殿、庙宇和南方民居使用较多，工序比较复杂，施工环境的湿度和温度要求较高，操作地点要搭窨棚，才能保证漆膜的干燥固化。

1. 本色罩漆

在完成地仗基础上可以进行本色罩漆工艺。

(1) 刮腻子二道。以铁板或皮子，满刮于木活上，干后刮第二遍。

(2) 打磨。在腻子干后，进行打磨，至光滑为止。

(3) 上色。在打磨光滑后，用刷子蘸颜料水满刷均匀。

(4) 罩漆。用扁刷刷生漆或熟漆一道，入窨（用湿布或湿席做棚将漆活围起，增加环境湿度，相对湿度在 70% ~85% 为宜）。

(5) 打磨。顺木纹打磨，将疙瘩磨去，并打扫干净。

(6) 罩二、三道漆。同罩漆，但三道漆即为交活漆，不再进行打磨。

2. 混色大漆（熟漆）

混色大漆的施工工艺与本色罩漆基本相同。在完成地仗基础的建筑构件上可进行混色大漆的施涂。混色大漆目前已不需要自行配制，市场上的产品根据颜色不同，分别生产有黑漆、硬紫漆（赛霞漆）银硃漆（朱光漆等），可直接进行涂饰。

(1) 浆漆灰。先用铁板贴鞅找棱，待 2h 后，再用同样材料以铁板或皮子满刮克骨中灰一道，要薄，要匀。

（2）打磨。浆漆灰干后，用细砂布磨光，湿布掸净。

（3）漆腻子。以1∶1.5（漆：团粉）调成漆腻子。操作方法同浆漆灰。

（4）打磨。漆腻子干后，用细砂纸打磨光滑，湿布掸净。

（5）垫光漆。用油栓蘸漆刷于漆腻子表面，要横蹬、斜蹬，竖顺栓路，要直、要匀，鞅角要到，剔的要净，以防串鞅。漆好后入窨（即湿度70% ~80%养护），次日干后出窨（窨的做法同本色罩漆工艺的罩漆工序）。

（6）打磨　用羊肝石蘸水，或水砂纸打磨光滑。

（7）刷漆（二道）　同垫光漆，每刷一道漆要入窨一次。每道漆之前均应打磨。

5.5.6　其他古建筑油漆工艺

1. 两柱香、云盘线

两柱香和云盘线都是古建筑中做在木制件上的一种装饰线条，截面呈半圆凸形。

（1）两柱香。用一专用工具，在木件作单披灰的扫荡灰后，即将灰腻子挤成两根挺直的凸线，该灰腻子中可掺些胶水，并有一定的稠度，便于挤成形，挤灰的工具可自制，其样子如图5-15所示。

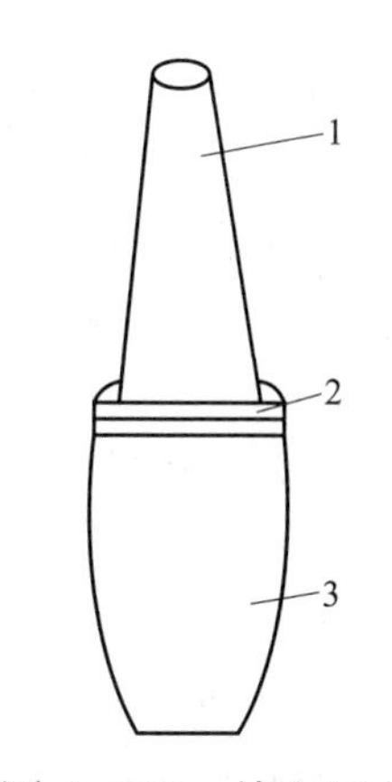

图5-15　挤灰工具

1—白铁皮嘴；2—螺口连接件；3—橡皮套

根据两柱香设计的粗细不同，白铁皮的嘴口直径大小不一，操作时，挤灰用力的程度要掌握好，操作要熟练，也可以用靠直尺使两柱香的线条挺直、均匀。

（2）云盘线。操作方法、用料等均与两柱香同，只是要挤成云朵形的凸线。

2. 刻、堆字匾、额、楹联，扫青、扫绿、扫蒙金石

古代建筑中，在厅堂的梁柱结构上，多有木制件匾、额、楹联固定吊挂在其上，横者为匾、竖者为额，厅堂前部柱子上和门两侧的对联称为楹联。在这些匾、额、楹联上都写有名人的词句作品。在木制件上先做好地仗，再在其底上做扫蒙金石，词字做扫青、扫绿或底扫青扫绿，词字贴金，或其他多样做法。

（1）刻字匾、额、楹联做法。地仗做法及施至中灰层（包括中灰层）与一般油漆地仗相同。中灰面层经打磨清理后，上面衬细灰一道（名为渗灰），其厚度根据字体的深浅而定。细灰衬好后，即用糊刷蘸水，轻轻刷出痕迹，干后再上一道细灰，待干后，磨细钻生。当生油干燥后，将复写在纸上的字样，按照位置贴在上面，照字样仔细地用木刻刀刻出字迹，刻好后，稍微喷水在剩下的残纸上，使纸湿润松软，闷透后将其去掉，并清理干净。然后进一步修整所刻字的笔迹，并在字体上找补生油一道。生油干后，刮浆灰一道，再满刮细腻子一道，用料和操作工艺顺序与三道油活的相应作法相同。等腻子干后，打磨清理，而后即可垫头道光油，用料为本色油，干后应炝青粉、打磨，具体做法与三道油活相同。干后可以进行扫青、扫绿或扫蒙金石。

（2）扫青或扫绿。一般的做法是先做字，后做地。在字迹上刷一道较稠的绿色油，操作时要均匀饱满，不得遗漏，动作要迅速，以免字迹前后垫油的干燥速度相差较大影响质量。刷完后，随即将绿色颜料（洋绿）或青颜料，小颗粒佛青，用筛子均匀过筛于字迹油面上。若是扫青应立即在筛铺完后放在阳光下晒干，若扫绿放在室内阴凉处阴干。晒干或阴干后（约需 24h），用排笔掸扫去浮色，字迹呈现青绿色绒感。字迹完成后，接着可做地，方法同字迹的做法。但应注意在做地前，应将做好的字用纸蒙住，以免污染字体。

（3）扫蒙金石。蒙金石是一种煤琳，颗粒粗细可根据需要而定，用 25 ~ 50 孔/cm^2 筛子过筛。扫蒙金石的操作方法与扫青、扫绿相同，多作在匾、额和楹联的底板上。应特别细心，将已扫好的字体蒙住，不要被污染。待干燥后，将未粘牢的蒙金石颗粒倒出掸净即成活。

（4）灰堆字匾、额、楹联做法。灰堆字是书法文学工艺品之一，由专业者进行制作，也可由具有一定技艺的油漆施工人员去完成。古建筑匾、额、楹联上的字体，常用灰堆制成，堆字的方法一般有两种：一种是在地仗做好后，将字样贴于其上，用木刻刀将字体刻出，闷掉残纸后，在字样上敲上小钉，刷浆液，再缠以麻线，按一麻五灰工艺，逐层将字堆出。另一种方法是在闷掉残纸后，再在字体上刻画不规则的划痕，刷上清油一道，再以灰头逐层堆出，下面介绍后一种堆字法的操作工艺。

操作工艺流程：

地仗处理→贴字纸样→刻出字体→闷去残纸→刻画条痕刷清油一遍→堆粗灰→刮浆灰→砂磨清理

（1）灰头的调配。灰堆字用灰头的调配与一麻五灰工艺相同，在此不重述。灰头分粗、中、细灰和浆灰，堆大字时，粗灰起骨架作用，中灰起填充作用，细灰起填补砂眼及平整作用，浆灰起光洁作用。堆小字时，可用中灰代替粗灰做骨架。

（2）堆粗灰。也即堆骨架，将中灰腻子用剔脚刀或剔脚筷进行粗堆，将字形先堆出来，一般堆内里混字形为多，即字形中间高两边低，略带平行，断面也似半圆形状，字的高度根据字体大小而不一，字体大则高度高，每次可堆 3 ~ 3.5mm 高。

（3）堆细灰。待粗灰骨架干燥后，用 1 号铁砂纸将灰面细心地轻轻砂磨，在凹角处等不易砂磨到位的部位，用剔脚筷包铁砂纸进行砂磨，但要注意，不能将堆出的笔锋磨平或磨掉。除尘清理后，接着用细灰再堆一遍至规定的字体规格，并使字体表面平整无砂眼。

（4）刮浆灰。在细灰的基础上再刮浆一道使字体表面光洁。

（5）砂磨。浆完全干后，用 0 号铁砂纸进行精细的砂磨。砂磨时，要对照原字样，边磨边修整，也可用脚刀修整多余的灰头，如感到笔画消瘦，少灰头的地方，再以细灰、浆灰填补直修至字体的笔画线条匀称、流畅、饱满完整为止。灰堆字完成后，可接着扫青、扫绿或贴金。

3. 贴金、扫金

金箔是我国江、浙两省特有的手工艺产品，驰名中外。金箔除用于古建筑装饰外，还用于工艺美术制品。近年来，随着国民经济的发展，现代建筑的装饰水平不断提高，不少高级民用建筑也用上了金箔装饰。

（1）材料。金箔有 98 与 74 之分，98 者又名库金，74 者又名大赤金。它是由金银制成，是珍贵的贴金材料。金箔的规格有：100mm × 100mm、50mm × 50mm、93.3mm ×

93.3mm 和 83.3mm ×83.3mm 等多种，每 10 张一贴，每贴为一把，每 10 把为一具，每具为 1000 张。为便于操作和不受潮，将竹编纸一折为二，每张金箔便放夹在其中。库金质量最好，色泽经久不变，适用于外檐彩画用金。大赤金质量较次，耐候性稍差，经风吹日晒易于变色。目前市售的贴金材料是铜箔黄方或铝箔白方，是以铜和铝材压制成像竹衣一样的薄膜，涂装在金脚上，可与真金箔媲美。

（2）贴金的操作方法。贴金有两种方法：一种是古建筑贴法；另一种是民间传统贴法。

1）古建筑贴金方法：

①打金胶油：金胶油是专作贴金底油之用，金胶油是由光油加入适量调和漆或浓光油加酌量“糊粉”配成。将竹筷子削成筷子笔作工具，蘸金胶油涂布于贴金部位，涂布宽窄要整齐，厚薄要均匀，不得流挂和皱皮。彩画贴金宜涂两道金胶油，框线、云盘线、三花寿带、挂落、环套等贴金，均涂一道金胶油。

②贴金：当金胶油将干未干时，将金箔撕成需要尺寸，用竹片制成的金夹子，夹起金箔，轻轻贴于金胶油上，再以棉花揉压平伏，操作熟练者，不用金夹子，而可直接用手敏捷地贴金操作。如遇花活，可用“金肘子”肘金，即用软羊毛制成的小刷子，在线脚凹陷处，仔细地将金箔粘贴密实。

③扣油：金箔贴后，以油枪扣原色油一道（金上不着油，称为扣油。如金线不直时，可用色油找直，称为“齐金”）。

④罩清油：扣油干后，满刷一遍清油，本道工序罩不罩清油，以设计要求为准。

2）传统贴金方法：

①将要贴金的部位先用漆灰嵌补密实、平整，砂磨光滑，出净灰尘，用细嫩豆腐或生血料加色涂刷一遍，再用旧棉絮收净。

②做金脚：选用优质广漆，漆头要重一些，配合比约为生漆：坯油 =1∶0.6。用特制小漆刷（称金脚帚或用画花笔）蘸取漆，仔细地将贴金部位描涂广漆，使漆膜丰满饱和，但要防止花纹或线脚低凹处涂漆过多而起皱皮。

③贴金：在最后一遍金脚做好后，在其将干未干时，将金箔精心敷贴于金脚上，做法与古建筑贴金相同。

④盖金：贴金干后，在上面涂刷广漆一道，称为“盖金”。最好选用漆色金黄的黄皮漆，或严州漆，其色浅，漆膜丰满，底板好。盖金用的漆刷可选用毛细而软的小号漆刷，也可用头发扎制。

（3）扫金的操作方法：

1）刷金胶油与贴金刷金胶油相同。

2）扫金：先准备金筒子，它是特别工具，可用毛竹制作，将金箔放入金筒子，搓揉成金粉，然后用羊毛将金粉轻轻扫于金胶油表面，厚薄要扫得一致，再用棉花揉压，使金粉与金胶油粘贴牢固，将多余浮金扫净回收。

（4）贴金、扫金操作注意事项：

1）配金脚广漆：由于生漆干燥是一个复杂的过程，且受温度和湿度的影响，因此广漆的调配最好根据当时当地的实际情况，先做样板，取得生漆和坯油的最佳比例，便于事先掌握干燥情况，以利保证贴金的质量。

2）金胶油和金脚的干燥程度：如何把握住金胶油和金脚将干未干的程度是贴金成败的关键，太干过老贴不牢，未干太黏则表干内不干，还会产生高低不平和金箔“熟”掉了无光泽的质量问题，一般金脚要干到九成，可用毛纸试粘，如果纸粘不住，但手贴上去还有黏感，即可贴金了。

3）贴或扫金防风措施：由于金箔十分轻，在贴前一定要采取防风措施，关上门窗，围上帐子或尼龙布，在操作时甚至不能大口呼气、咳嗽和对着金箔说话。

4）贴金对缝：贴金对缝要严，尽量少搭，以免浪费。

5）贴金的顺序：一般的贴金应从左到右、自上而下地进行，斗拱金线贴金应由外向里贴。这里对为什么要自下而上贴金的原因说明一下：其一是因金箔在粘贴过程中，难免有碎片屑掉下来，如果是自上而下时，飘散跌落下来的碎片金会自行粘在下面的金脚上，这样就会影响下面金箔粘贴的质量。其二是便于操作。有一种操作方法不用金夹子，将夹金箔的纸，一面折起一半，露出金箔，用手托住夹纸的另一面，好露出部分金箔的下边对准需贴金部位粘贴，同时轻轻将未折起的一半纸向上拉直，使金箔全部露出而贴于金脚上。金脚搭接应自上搭下，右搭左，扫去搭接金箔时，扫的方向也必须是自上而下扫，从右向左扫，以利不露贴缝。

6）贴金的环境要求：为保证质量，从做金脚时开始，要创造一个适当的环境。刷广漆不宜直接见阳光，可暗一点，如环境太干，可在地上泼一点热水，增加湿度，温度在20～30℃较适宜，在霉期前后贴金、扫金最为理想。

5.6 裱糊和软包工艺

5.6.1 裱糊材料

1. 壁纸

（1）壁纸的种类。

壁纸的种类、规格、图案、颜色和燃烧性能等级必须符合设计要求及国家现行标准的有关规定。进场材料应检查产品合格证书、性能检测报告，并做好进场验收记录。根据壁纸表面材料的不同而分为以下几类：

1）纺织物壁纸。它是由丝、羊毛、棉、麻等纤维织成的壁纸，装饰效果高雅，给人以柔和舒适的感觉。可以制成各种色泽花式的粗细纱织物，无毒、吸声、透气，有一定的调湿、防霉功效。但要求有较好的保护环境，因为饰面的耐污染及可擦洗性差，易受机械损伤。这种壁纸是近年来国际流行的高级墙面装饰材料之一，质感丰富，有贴近自然之感。

2）金属箔壁纸。以铝箔为面、纸为基底壁纸，面层可以印花、压花，表面具有不锈钢、黄铜等金属质感与光泽，寿命长、不易老化、耐擦洗、耐污染，适用于高级室内装饰。缺点是易受机械破坏和折皱。

3）天然材料面壁纸。它是用草、麻、木材、树叶、草席制壁纸，具有自然风格，生活气息较为浓厚，但不易擦洗，不耐磨，价格较贵，适用于高档装饰。

4）纤维织物壁纸。主要是用棉、麻、丝绸及各类化纤做材料，叠压在纸基上或直接粘贴，需裱糊在衬纸上。棉、麻等吸潮膨胀材料应裱糊在防潮衬纸上，可使环境具有富丽感或乡土气息，但易被损坏、污染、不能用水刷洗，只能用吸尘器或喷撒干洗粉的方法清理，主要用于高级起居室、卧室或餐厅。

5）塑料壁纸。塑料壁纸一般分为三类，即普通壁纸、发泡壁纸、特种壁纸。塑料壁纸具有一定的伸缩性和耐裂强度，可以允许基层有一定程度的裂缝，花色图案丰富，而且具有凹凸感，很富有艺术性。其施工简单，易于粘贴，易于更换；表面不吸水，可以用布擦洗。

6）复合纸质壁纸。用双层纸（表纸和底纸）通过施胶、层压复合到一起后，再经印刷、压花、涂布等工艺印制而成。其色彩丰富、层次清晰、花纹深、花型持久，图案具有强烈的立体浮雕效果，价格便宜，施工简便。

（2）壁纸的选用。

壁纸的选择要从环境、场合、地区、民族风俗习惯和个人性格等各方面综合考虑，往往同一种壁纸使用在两个不同的场合，会产生两种完全不同的效果。有些选用的原则，并不是绝对的，最重要的是具体情况具体分析。

1）按使用部位选择。根据使用部位的耐磨损要求，选择适合耐磨方面要求的壁纸。比如公共建筑的走廊墙面，由于人流比较大且容易集中，应选用耐磨性能好的布基壁纸，或纺织壁纸。

2）按特殊要求选择。有特殊要求的部位应选择有特殊功能的壁纸。同样是防火要求，民用建筑与公共建筑在选用防火壁纸方面，往往会有所差别。有防水要求的部位裱糊壁纸，应选用具有防火性能的壁纸。

3）按图案效果选择。对图案的选择，应注意大面积裱糊后的视觉效果。有时选看样本时很好，但贴满大面积墙面后，却不尽如人意。可是，也有与此相反的情况，看小样时不甚满意，可一经大面积装修后却能获得理想的装饰效果。在选择壁纸时，要研究微观与宏观的关系，需有视小如大，又需视大如小，即局部与整体的关系。一般来说，大面积大厅、会客室、会议室、陈列室、餐厅等场所，选用大型图案结构壁纸，用“以大见大”的手法，充分体现室内宽敞的视觉效果。小面积的房间，选用小型图案结构壁纸，用“以小见小”的装饰手法，使图案色彩因远近而产生明暗不同的变化，从而构成室内空间通视、视野开阔的效果。若有风景、原野、森林、草坪之类的彩色壁纸选贴，更能加深空间效果。

4）按色彩效果选择。装饰色彩是有个性的，不同的颜色会对人产生不同的心理效果，这种心理影响与潜在性，来自人们对色彩感情的联想作用。装饰、装潢学是美学，也是心理生理学，壁纸装饰后的美与不美，视觉心理感受如何，全在合理地选择与室内整体设计的配合，应从家具、顶棚、门窗、地板、地毯等方面取得协调统一。忽视整体配合，造成室内色彩刺目、摆设杂乱，导致所谓的“视觉污染”，会影响情绪，有损健康。

（3）常见壁纸的特性。

1）PVC（聚氯乙烯）塑料壁纸。纸基，聚氯乙烯树脂罩面，是目前国内使用最普遍的壁纸，可经常擦洗，无毒，防霉，遇水、胶后膨胀，干后收缩，横向膨胀率为0.5%~1.2%，收缩率为0.2%~0.8%。其具有一定透气性，对墙面干燥程度要求不十分严，裁剪裱糊对花比较容易，拼缝采用对接拼缝。粘结可使用108胶、乳胶或者普通糨糊。为防止出现皱折或气泡，壁纸上墙前应浸泡2~3min或刷胶后对叠放置十几分钟。

2）乙烯基壁纸。进口壁纸大多属于这一类，有布衬、纸衬、纤维编织或纯乙烯基几种，柔软、防潮、耐磨、可经常刷洗，特别适宜厨房、卫生间及其他需经常擦洗、易磨损的环境。

3）浮雕型壁纸。浮雕型壁纸有模压凸起的图案，具有明显的立体感。其施工方法与同材料的平面壁纸粘贴方法相同，但为了防止拼缝处的图案被轧平产生凹痕，各幅间的拼缝不能用压辊滚压，只能用海绵或毛巾按压。

4）高发泡型壁纸。由发泡剂产生凸起的图案，具有立体感，其他施工方法与同种材料的平面壁纸粘贴方法相同，为了防止拼缝处的图案被轧平产生凹痕，各幅间的拼缝不能用压辊滚压，只能用海绵或毛巾按压。

5）带胶型壁纸。壁纸背面已预涂好胶粘剂，粘贴前不需再使用胶粘剂，施工方便。裱糊前将裁剪好的壁纸背朝外卷好，放在水中浸泡，然后直接粘贴。

6）饰缘型壁纸。一种窄条型壁纸，专门粘贴在顶棚上部或门窗周围起点缀作用。其种类很多，以配合不同类型的壁纸。饰缘壁纸一般按长度出售，不考虑宽度，裱糊方法与普通壁纸相同。

7）无边壁纸。无边壁纸是指壁纸边缘的白边或多余部已在工厂裁切修整完毕。其边缘比手工裁切要整齐，拼缝效果也好，多数壁纸都属此类。

8）耐污染型壁纸。表面涂有乙烯基或其他塑料材料等非渗透涂层，表面易于擦洗，适用于卫生间、厨房及儿童游艺室等需经常清洗的部位，对墙体的干燥程度要求很严。

9）阻燃型壁纸。基层用具有耐火性能的 $>100g/m^2$ 石棉纸，表面聚氯乙烯内掺入阻燃剂，防火性能大大提高。

10）防潮壁纸。基层用玻璃纤维毡，面层同PVC壁纸，防水、防霉性能均较好。

11）防静电壁纸。在面层内加电阻较大的附加剂，提高防静电能力。

12）弹性壁布。基层以EVA作衬底，面料复合有高、中、低档材料，质轻、柔软、弹性高、手感好、不变形、隔声、保温、防潮、无毒、无味、典雅豪华。

2. 壁布

（1）壁布的种类。壁布也称墙布，其应用正在普及和发展。壁布的品种有玻璃纤维壁布、装饰壁布、无纺壁布、化纤壁布、锦缎壁布等。

1）玻璃纤维壁布。以中碱玻璃纤维为基材，表面涂耐磨树脂，其色彩鲜艳，花色繁多，有布纹质感；防火、耐潮湿、不易褪色、不易老化；施工简单，粘贴方便，可用普通洗涤剂擦洗，但对基层的遮盖能力差，壁布涂层磨损后会散出少量纤维，适用于旅馆、会议室、餐厅、居室等内墙装饰。

2）装饰壁布。以纯棉平布经过处理、压花、涂层制作而成，强度高，花型色泽美观大方，静电小，无光，吸声，无毒，无味，不污染环境，美观大方，适用于宾馆、高级民用建筑。

3）无纺壁布。采用棉、麻等天然纤维或涤纶、腈纶等合成纤维经无纺成型、上树脂、印花而制成的一种新型壁布。其图案雅致，色彩鲜艳，表面光洁，有羊毛质感，材料挺括，有弹性，能擦洗，不易褪色，纤维不易老化、散失，对皮肤无刺激作用，有一定的透气性和耐潮湿性；施工方便。价格比较贵，适用于高级室内装饰。

4）化纤壁布。以化纤布为基材，经一定处理后印花制成，无毒、无味、防潮、耐磨、不分层，适用于普通公用及民用建筑内墙装饰。

5）锦缎壁布。丝织物的一种，花纹、图案绚丽多彩，典雅高贵，造价昂贵，不能擦洗，易长霉，只适用于高级室内装饰。

（2）壁布（纸）的核算。壁布（纸）材料核算通常是以 $1m^2$ 为单位。因为壁布（纸）的宽度规格较多，各种规格的壁布（纸）每卷长度也不一样，所以，难以用长度单位来计算。但各种规格的壁布进行饰面时，其面积可以计算出来，如宽 0.9m、长 10m 一卷的壁布，其面积是 $9m^2$；宽 0.53m、长 10m 一卷的壁布，其面积是 $5.3m^2$。计算时，只要算出装饰面的总面积，再除以每卷壁布的面积，便可求出所需壁布的卷数了。壁布装饰面总面积的计算，应按顶面、墙面及柱面的展开面积来合计。墙面上门窗洞口的面积小于 $3m^2$，可以不扣除其面积；如果门窗洞口的面积大于 $3m^2$，就需要扣除其面积后再计算。计算出总面积后还应加上 12% 左右的损耗量，才是所需的实际数量。将壁布面积的总数除以所选定壁布规格的每卷面积，就得出该规格壁布的卷数。

（3）壁布的工料分析。

1）工料分析。裱糊工程的工料分析见表 5－16，表中数值取各种材料、工艺的平均用量。

表 5－16 裱糊工程工料分析表

材料名称	单位	数量
综合工日	工日	25
壁纸（布）	m^2	115
羧甲基纤维素	kg	3.5
聚酯酸乙烯乳胶	kg	5
滑石粉	kg	25
酚醛清漆	kg	7
松香水	kg	3.5
砂布	张	0.2

2）用料参考。裱糊工程用料消耗可参见表5－17。

表5－17　壁纸消耗材料参考表

名　称	单位	数量	备　注
塑料壁纸	kg	1.10	按每10m² 计算
羧甲基纤维素	kg	0.012	按每10m² 计算

3. 胶粘剂

壁纸胶粘剂应具有一定的粘结强度、耐水、防潮、防霉及耐久性等特点。胶粘剂应依据基层状况和壁纸性质选用。

（1）自配胶粘剂。各类壁纸适用的胶粘剂配方，见表5－18。

表5－18　胶粘剂配方

壁纸种类	胶粘剂配方
PVC塑料壁纸	1）108胶:羧甲基纤维素（2.5%浓度）:水＝10:3:5 2）108胶:聚醋酸乙烯乳液:水＝10:2:5 3）聚醋酸乙烯乳液:羧甲基纤维素（2.5%）:水＝10:2～3:适量
无纺贴墙布	1）聚醋酸乙烯乳液:化学糨糊:水＝5:4:1 2）聚醋酸乙烯乳液:羧甲基纤维素（2.5%）:水＝5:4:1
玻璃纤维墙布	聚醋酸乙烯乳液:羧甲基纤维素（2.5%）＝6:4
复合壁纸	1）108胶:羧甲基纤维素（4%）＝6:4（墙面用） 2）108胶:羧甲基纤维素（4%）＝7:3（顶棚用）
纺织贴墙布	108胶:羧甲基纤维素（4%）:聚醋酸乙烯乳液:水＝10:3:1:适量

注：1. 不同浓度的羧甲基纤维素的制备是按浓度称取干料，用酒精润湿后倒入水中强烈搅拌溶解，再用60目筛过滤。

2. 因各厂出品108胶浓度有差异，应先行试配试贴。

（2）成品胶粘剂。成品胶粘剂成分及特点见表5－19。

表5－19　成品胶粘剂成分及特点

名称	成　分	特　点
淀粉糨糊	谷类、薯类的淀粉，有粉剂和浆剂两种	使用期限长、粘结性能好，但痕迹明显，易霉变，沾污纸面。当天调制，当天用完
糊精	黄色玉米粉胶，有粉剂和浆剂两种	粘结强度高，可当其他糨糊的强化剂，适宜浮雕墙纸使用

续表 5 -19

名称	成　　分	特　　点
纤维素糨糊	从棉花、木浆中提取的纤维素与乙醚的化合物	与纸有良好的亲和性，不易留痕沾污纸面，不易发霉，不宜用于粘贴乙烯基壁纸
淀粉乙醚糨糊	淀粉乙醚与经过碱性处理的纤维素混制而成	搅拌容易，使用便捷。适宜用于除乙烯基外的各类壁纸
聚醋酸乙烯酯胶粘剂（PVA）	—	可调配成各种稠度，对乙烯基纤维和厚的泡沫聚氯乙烯有较强的粘结力
塑胶胶粘剂	甲基纤维素、白糊精和聚醋酸乙烯酯的混合物	对非吸收面具有较强的粘结力
压接胶粘剂	以橡胶和氯丁二烯橡胶为原料	高强度，涂刷在粘贴面和被贴面上，两者一接触即可粘结
壁纸粉	与各类壁纸配套使用	使用时，按产品说明加水调制

5.6.2 裱糊工艺

1. 一般壁纸的施工工艺

随着建筑装饰工程的不断发展，壁纸已成为广泛使用的建筑装饰材料。壁纸的品种繁多，一般可分为纸面纸基壁纸、天然织物面壁纸、塑料壁纸三大类型。特别是塑料壁纸的问世，开辟了室内壁纸装饰的新天地。它经济美观，耐用可清洗，施工操作也比较方便，已步入民用住宅的室内装饰领域。

贴壁纸的工具及辅料：滚筒、刮板、美工刀、卷尺、水桶；胶粉、浆、基膜，如图5 -16 所示。

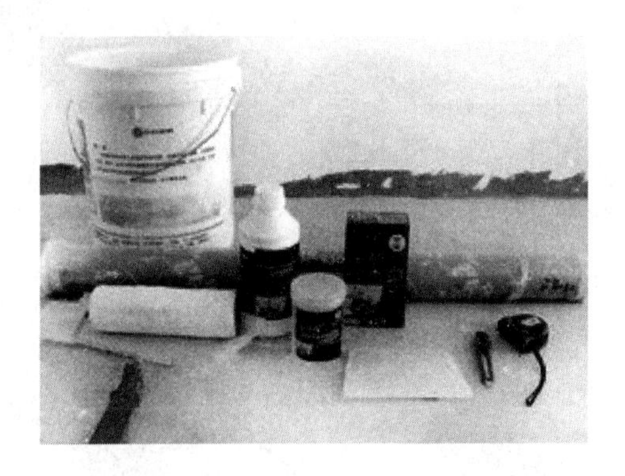

图 5 -16　贴壁纸的工具及辅料

（1）操作步骤。一般壁纸的操作步骤见表5－20。

表5－20　一般壁纸的操作步骤

操作步骤	图　示
将基膜倒入水桶中，加入同样一瓶基膜的水，可多加点	
将基膜搅拌均匀	
将搅拌好的基膜均匀地刷在墙上	
刷墙时注意电源，最好先把电源口用胶带贴好	

续表 5 - 20

操作步骤	图　　示
倒入胶粉	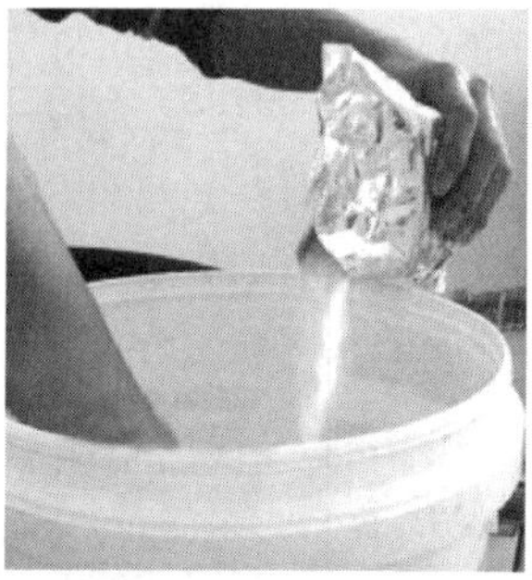
将壁纸胶粉搅拌均匀	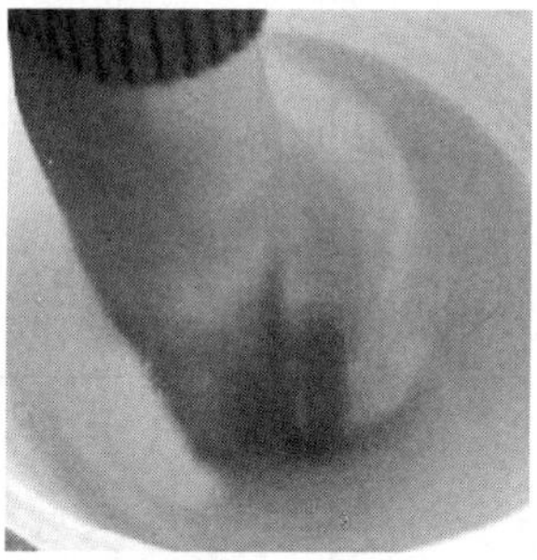
加入壁纸专用透明胶浆并搅拌均匀	 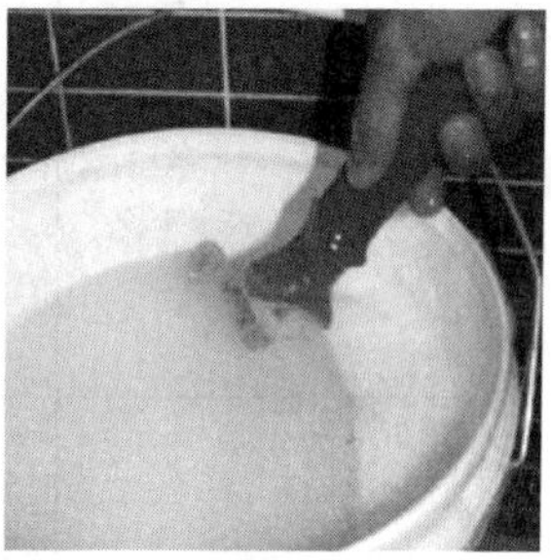
测量墙面的高度、宽度计算需要用多少卷数	

续表 5－20

操作步骤	图　示
将壁纸铺开（地面要铺上废纸），用卷尺量出墙高尺寸的壁纸要多出 50mm	
用美工刀裁出第一幅壁纸	
将第二幅摊开和第一幅花型对上，裁出一样的尺寸	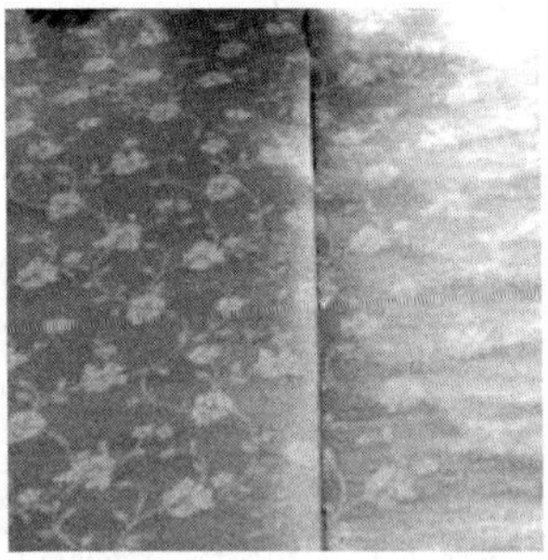
依此类推，算出墙宽所需要的条数（花型要对上，并按编号记住顺序）	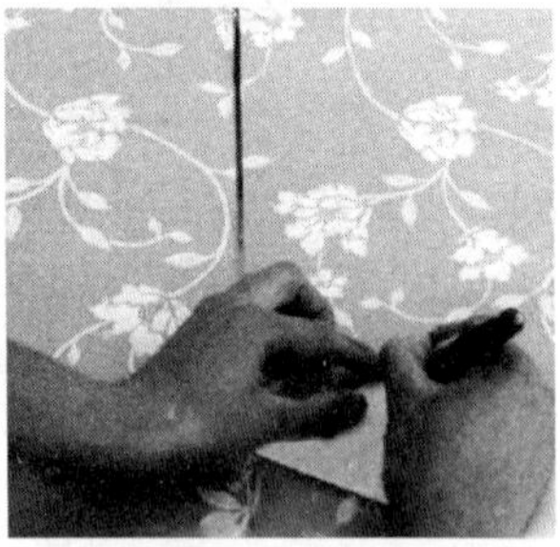
将裁好的壁纸按顺序背朝上重叠均匀地刷上搅拌好的胶水，注意边角刷到位	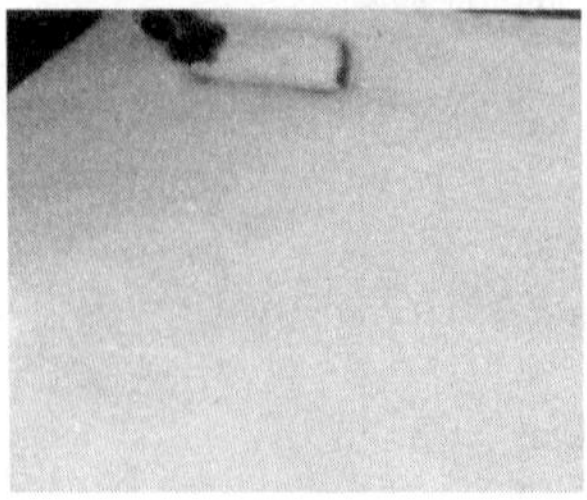

续表 5－20

操作步骤	图　示
将刷好胶水的壁纸，背对背折起，让胶水充分均匀	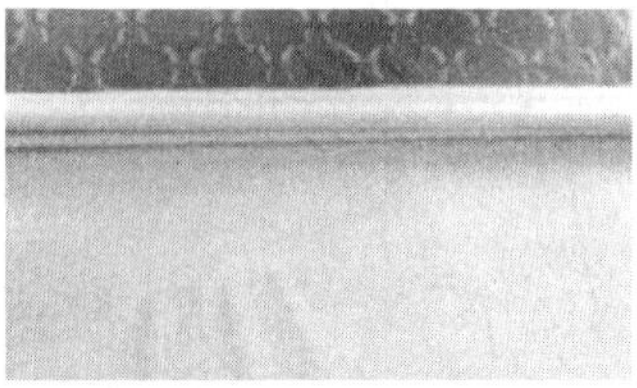
按顺序全部折起	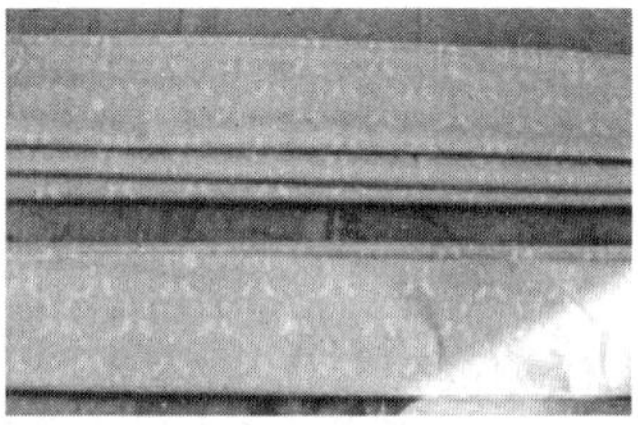
将刷好胶的壁纸拉开，按顺序第一幅先贴，从边角贴起，注意上面要多出一点	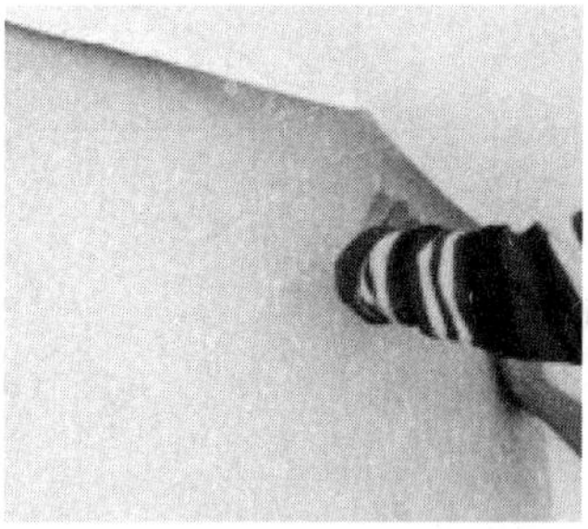
用刮板将壁纸压牢，刮出多余的胶，然后用湿布刮干	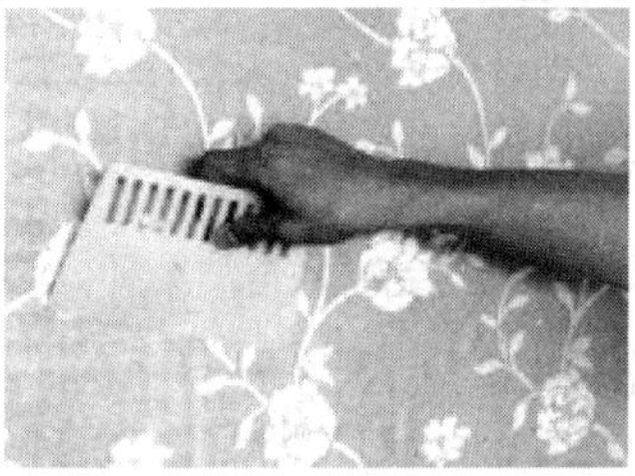
电源开关处要先开十字开口，用刮板压住，裁掉多余部分	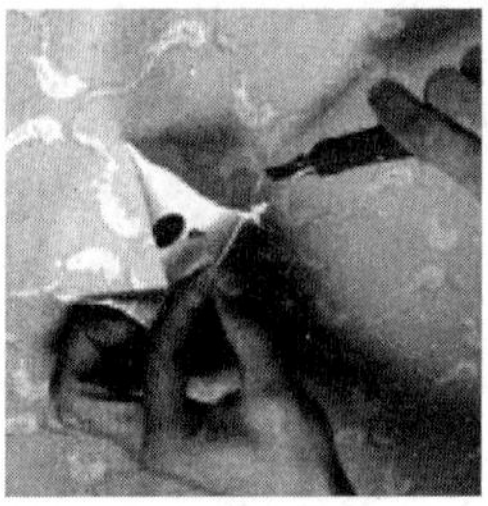 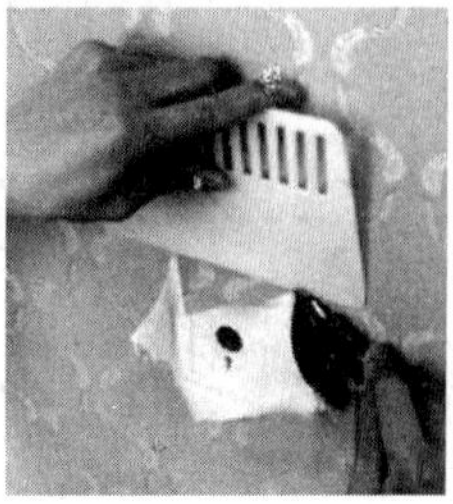

续表 5-20

操作步骤	图 示
将两幅花型对上，要特别注意阴角线	
对好花型后，用刮板按住裁掉上面多余的部分	
裁好后，用湿布擦去壁纸表面多余的胶水，贴壁纸就算成功完成了	

（2）注意事项。

1）有时同一品种的壁纸本身也会存在一定的色差，这是因为壁纸的品种型号虽然相同，但生产的批量和日期有所不同。因此，要求在采购壁纸和裱糊前尽量挑选同一生产批量代号或对同一品种的壁纸颜色进行挑选，如有差异应予分类，并安排裱糊在不同的地方或房间里。

2）壁纸裱糊后，若发现有空鼓、起泡可以用针刺放气，再用注射针挤进胶粘剂，也可以用刀切开泡面，加涂胶粘剂，然后用刮板抹压刮实。

3）为防止使用中碰撞，阳角处不能拼缝，否则壁纸的拼缝容易脱开。包角要压实，不能有空鼓。应注意花纹图案与阳角的关系，必须上下一致不歪斜，有时宁可多拼一条拼缝，也要把阳角包好。

4）阴角必须先从拼缝的一面开始贴，抹平压实后再贴另一面，这样才能保证壁纸裱糊得平服。

5）壁纸裱糊时空气相对湿度不应高于 85%，湿度不应有剧烈变化。裱糊后，要及时检查，不得有起泡、空鼓、翘边和皱折，并要求整个墙面洁净、平顺、表面颜色一致，对缝处不得有离缝或搭缝，图案和对花应整齐对称及吻合、阴阳处应转角垂直、棱角分明、色泽均匀。

6）裱贴壁纸时，应对墙面上的电器、开关、灯具等位置妥善处理。

7）为避免损坏和污染壁纸，壁纸裱糊应尽量作为最后一道施工工序。裱糊后应及时做好落手清，同时要注意做好产品保护工作。例如，防止人为损坏和污染，尽量封闭通行；白天打开门窗，加强通风；夜晚关闭门窗防止潮湿侵袭。同时要加强管理，遇下雨天应立即关窗，以防壁纸受潮发霉。

2．异形顶棚、墙面壁纸裱糊施工工艺

异形顶棚及墙面，是指除壁纸裱糊面为平面，以及整个平面为矩形以外的各种形状的物面，如多边形、拱形、菱形、圆形、扇形、椭圆形等物面。另外还有高低跨折线形以及凹、凸、曲面等形状的物面。

（1）操作工艺要点。

操作工艺流程：

施工准备→基层处理→嵌批腻子→施涂底胶（或底油）→弹线→剪裁→拼缝及对花→裱糊→修整

异形顶棚、墙面壁纸裱糊的操作工艺见表5－21。

表5－21 异形顶棚、墙面壁纸裱糊的操作工艺

步骤	要　点
施工准备	（1）材料准备： 1）腻子：用于嵌批裱糊基层的腻子应与基层材料配套使用，并要求腻子具有一定强度。一般常用的腻子有桐油石膏腻子、胶油腻子、胶粉腻子。 2）底胶、底油：其种类较多，使用时也应与腻子和胶粘剂配套选用。常用的底胶是采用稀释后的108胶，其重量配合比约为108胶∶水＝1∶1；底油采用熟桐油中加入松香水，其配合比为：熟桐油∶松香水＝1∶（2～2.5）；还可采用油基清漆中加入松香水，其配合比为：油基清漆∶松香水＝1∶（1～2）。 3）胶粘剂：应根据壁纸和墙布的品种并与基层配套选用。选用的胶粘剂应具有防毒、耐久等性能，若有防火和防水要求的，则应选用具有耐高温、不起层性能的胶粘剂和有耐水性能的胶粘剂。一般常用的胶粘剂采用108胶加纤维素和水，其重量配合比约为：108胶∶纤维素∶水＝10∶1∶15；或采用白胶加纤维素和水，其重量配合比约为：白胶∶纤维素∶水＝5∶1∶15。 4）壁纸、墙布：应根据使用功能和装饰要求选用，并应符合设计要求，其质量应符合现行国家标准和规定，进场的壁纸应附有产品合格证。 （2）工具准备。工作台、活动裁纸刀、钢直尺、羊毛滚筒、排笔、有机硅刮板（或绝缘板、钢皮批板、长刃剪刀、平刀和锯齿形轮刀、钢卷尺、粉线袋、油漆刷、白色毛巾、盛胶容器、双梯、脚手板等）。

续表 5－21

步骤	要　点
施工准备	（3）裁剪和裱糊方案的制定。各种异形顶棚、墙面壁纸裱糊施工前，应根据实际情况，制定出最佳的裱糊施工方案。 1）设计上是否有特殊要求：如壁纸的种类、型号、颜色，裱糊时是否需对花纹图案等。 2）分解、简化和缩小异形范围。由于壁纸的幅宽一般为 530～1200mm，长度为 10～50m，壁纸本身呈矩形。对一般无对花纹图案特殊要求的壁纸裱糊，如能通过将各种异形分解或简化成若干个矩形和小面积的异形，即通过简化后缩小异形的裱糊范围，达到由难转化为容易的目的，这样就能达到既减少了壁纸的裁剪和拼缝工作量、降低裱糊操作难度，又提高裱糊质量与工效的目的。 3）根据壁纸图案和异形形体，明确采取何种裁剪、对缝使壁纸图案对称，并减少拼缝或将拼缝置于阴角或不明显处。 4）节约人工和材料，同时又能考虑到裱糊的可操作性
基层处理	（1）混凝土和抹灰面。基层应符合质量评定验收要求。基层含水率不大于 8%，阴阳角顺直，墙面平整、不起壳。对基层表面上粘有砂浆尘土等要用铲刀刮除；同时，还应将基层表面的油污等清理干净。抹灰面内如有小颗未化透的石灰头要用铲刀挖去，防止以后受潮膨胀鼓出面层，影响裱糊质量，并用腻子嵌补洞眼。如有裂缝，要用铲刀将裂缝铲大后再嵌补。如有空鼓、起壳现象需由抹灰工返工修整。基层面清理干净后，用 1 号或 $1\frac{1}{2}$号木砂纸打磨平整。 （2）木材面。 1）清理基层、填补缝隙及钉眼、打磨：将木材面上的螺丝和钉帽钉入并凹入板面 0.5～1mm，在钉眼处用油画笔点涂一遍红丹防锈漆，干燥后再点刷一遍白漆，以防铁锈污染壁纸造成透底，并用桐油石膏腻子把接缝和洞眼嵌平。腻子干燥后，对高出平面的腻子用 1 号木砂纸打磨平整。 2）接缝处理：为了防止面板接缝开裂，常在接缝处粘贴一层 50mm 宽的穿孔胶带纸、网格玻纤布带、白色涤棉布带、背带胶纸带。其粘贴操作方法（除背带胶纸带外）事先在木材面接缝处用旧短毛油漆刷涂刷纯白胶乳液，纸（布）带粘贴后用批板刮平压实。 （3）石膏板面。纸面石膏板有防潮和不防潮两种，都可用在顶棚和隔墙上。为了防止受潮后变形，不防潮的纸面石膏板在安装前，对石膏板的四条边应用石膏油腻子嵌批平整，干后再施涂一遍平光漆（称为包边），石膏板面安装后的基层钉眼和接缝处理同木材面基层处理。但如果石膏板是离缝安装，在接缝处需粘贴二层纸（布）带，而且面层的纸（布）带应宽于底层。无纸石膏板的基层处理同木材面层基层处理。 （4）水泥压力板面。其基层钉眼、拼缝处理与木材面基层处理相同

续表 5－21

步骤	要　　点
嵌批腻子	（1）抹灰面。对较大的洞、缝缺陷，可先嵌补水石膏腻子。要求在石膏尚未完全膨胀前嵌入洞、缝内，并基本嵌平。阴阳角不顺直的，用腻子加以修直。待嵌补的腻子干后，再满批胶粉腻子 1～2 遍，满批时遇低处应填补，遇高处应刮净，做到无批板印痕、无裂缝、无砂眼、无麻点。待干后用 1 号砂纸打磨光洁和平整。 （2）木材面。待接缝处粘贴的纸（布）带干燥后，满批桐油石膏腻子数遍，嵌批后应平整，无明显的纸（布）带痕迹。 （3）石膏板面。应嵌批桐油石膏腻子或胶油腻子，其操作方法与上相同。 （4）水泥压力板面。应嵌批胶油或胶粉腻子，其操作方法与上相同
施涂底胶（或底油）	施涂底胶或底油，宜薄不宜厚，应涂刷均匀、无漏涂。 （1）混凝土抹灰面。在裱糊前必须在腻子层上，施涂一遍重量配合比约为 108 胶∶水＝1∶1 的底胶，或熟桐油（油基清漆）∶松香水＝1∶（2～2.5）的底油作为封闭处理层。这样可以防止混凝土、抹灰面渗吸水分而造成壁纸脱胶、起鼓、泛白等质量问题。 （2）木材面。待腻子干燥后，经打磨用油漆刷涂刷一遍铅油，其作用是：一不吸水，二颜色一致，壁纸裱糊后不透底。 （3）石膏板面。纸面石膏板经处理后用油漆刷施涂一遍铅油，然后再施涂一遍平光漆。平光漆的重量配合比为：调和漆∶铅油＝1∶1.5。非纸面石膏板经处理后应施涂一遍平光漆或乳胶漆。 （4）水泥压力板面。待腻子干燥后，经打磨施涂一遍铅油
弹线	弹线即弹裱糊壁纸的操作控制线。为了使裱糊后的壁纸、墙布花纹图案纵横连贯，不歪斜，应根据异形顶棚及墙面的实际情况和已制定的裱糊施工方案，将壁纸裱糊操作控制线弹准。在建筑设计和施工中的异形物面各种各样，这里仅介绍比较常用的环形、圆拱形、船形顶棚壁纸裱糊的弹线方法。 （1）环形顶棚。有多边形环和圆环。圆环弹线时应根据圆环的大小和壁纸裱糊要求，采取相应的弹线方法。 1）圆环放射形裱糊弹线法：先找到圆心 O（可采用投影等方法），量取外圆半径 $r_{外}$，算出外圆周长为 l 即可根据外圆周长算出整个圆环所需壁纸的幅数。设壁纸的幅宽为 b，幅数为 x，则 $x=\frac{1}{b}$，若有余数，则应再加一幅。即将外圆周长 l 分成 x 等分，有余数时为 $x+1$。然后量画出等分点，并使每点与圆心 O 连接，用浅色粉线弹出等分线，即为每幅壁纸的裱糊控制线。

续表 5-21

<table>
<tr><th>步骤</th><th>要点</th></tr>
<tr><td>弹线</td><td> 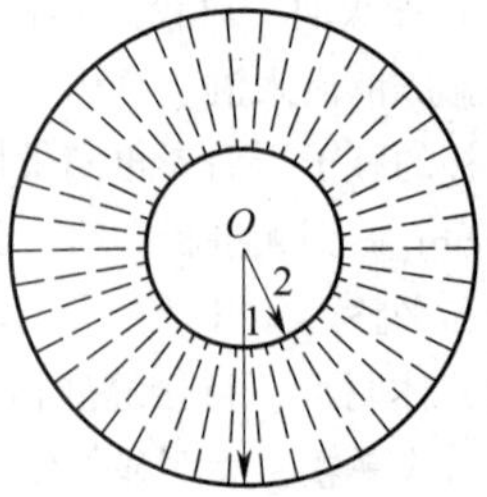1—外圆半径 $r_{外}$；2—内圆半径 $r_{内}$
这种方法使壁纸裱糊后成放射状。适用于直径较小的环形。
2）分解、简化圆形弹线法：主要是利用环形建筑物中的柱、梁等结构，将圆环形分解成几个大开间，最好能分成偶数，以便对称裱糊。弹线时找圆心、量半径、算周长与放射形圆环形弹线方法相同。将圆周分成若干等分，画出等分点，弹出等分线，使之成为若干个扇形。 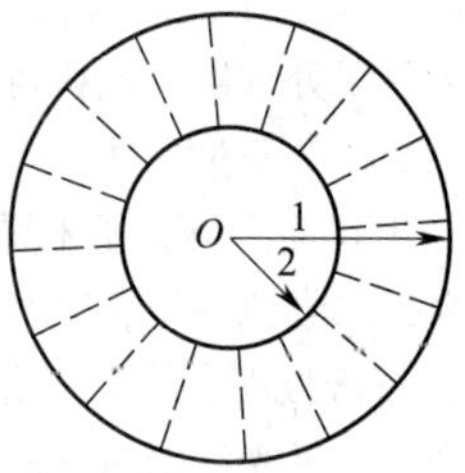
1—外圆半径 $r_{外}$；2—内圆半径 $r_{内}$
其优点是减少了壁纸的裁割和对缝，从而既节约壁纸，又提高了工效。其他多边环形也可采用此弹线法。
（2）圆拱形（双曲线除外）顶棚。纵横向两边之中各取两点，弹出十字形中心线。 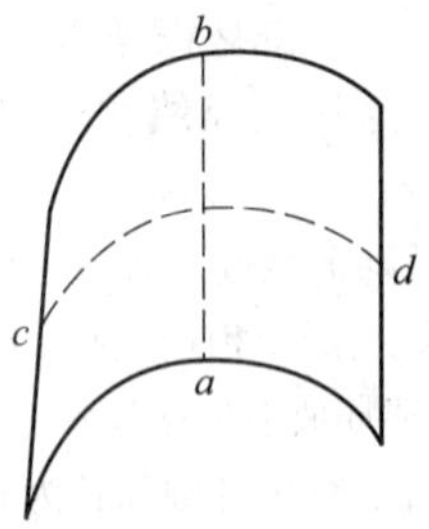
（3）船形顶棚。许多会场及影剧院的顶棚设计成高低跨度的折线形，顶棚下还装饰吊挂着许多立体船形物，使顶棚更呈现出凹凸立体感，也有利于音响，对船形物面的壁纸裱糊，是以船形两头四角为顶点、弹出两条平行线。</td></tr>
</table>

续表 5－21

<table>
<tr><th>步骤</th><th>要　点</th></tr>
<tr><td>弹线</td><td> 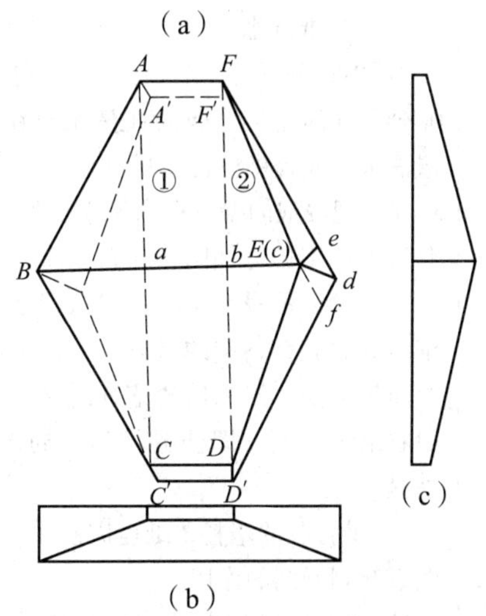(a)
A F A′ F′ ① ② B a b E(c) e d f C D C′ D′
(c)
(b)
(a) 表示船形轴测图；(b) 表示船形横向侧视图；(c) 表示船形竖向侧视图；
①、②—船面裱糊控制线</td></tr>
<tr><td>剪裁</td><td>顶棚裱糊壁纸或墙布比墙面裱糊劳动强度大，因此，有些作业应尽量在地面完成。
(1) 剪裁。按壁纸、墙布的品种、图案、颜色、规格进行选配分类，编号后平放待用。
1) 有边壁纸将其放在工作台上，裁去白边，以便对口拼缝。
2) 测量顶棚长度，决定壁纸幅长。壁纸的幅长应比实际尺寸长 30～50mm。需对花的壁纸还需比实际尺寸多一组花纹图案，以便对花及修整。遇有高低折面的顶棚，其阳角部位的折面应同时量尺寸，以便壁纸包转连续裱糊（圆形除外），从而保证质量。
3) 顶棚的灯具部位以及墙面的电源插座和开关，壁纸裱糊后需作星形裁切。 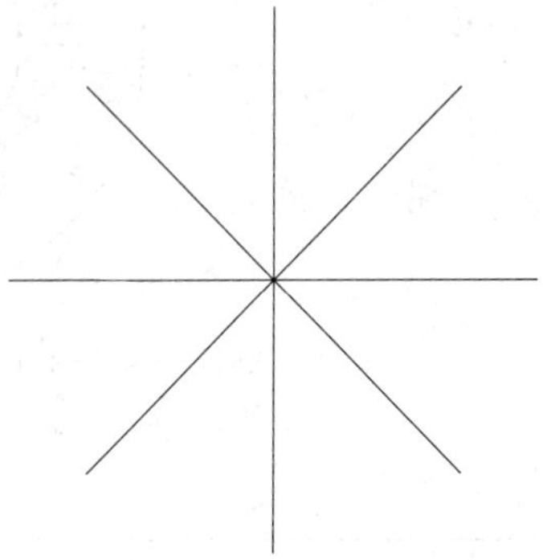</td></tr>
</table>

续表 5 - 21

步骤	要　点
剪裁	(2) 壁纸浸水。 1) PVC 壁纸有胀缩特性，横向膨胀率为 0.5% ~1.2%，收缩率为 0.2% ~0.8%。裱糊前应按顺序把壁纸放在工作台上，用排笔在壁纸背面均匀地刷一遍清水，或者将整卷壁纸散开，让其略松，放入干净的水槽或水桶中浸泡 2 ~5min，把浸泡的壁纸在水槽中反卷成筒。在反卷过程中检查壁纸是否有漏泡，漏泡处可用排笔补刷，反卷成筒后，竖立放置，让壁纸背面的水分沥出略晾干。若壁纸不浸水预胀，就立即上顶棚、墙面裱糊，虽然也能粘贴上，但因壁纸吸收胶粘剂中的水分，导致干燥太快，裱糊后会出现空鼓、起泡、皱折等质量缺陷。浸水后的壁纸已充分胀开，裱糊后，随着水分的蒸发，壁纸开始收缩、绷紧，即使裱糊后，局部有少量小气泡，干燥后也会自行收缩得平服。 2) 带背胶的塑料壁纸也需浸水，浸水后壁纸背面的胶层即发挥作用，且对壁纸起到湿润的作用。 3) 复合壁纸及墙布不能浸水，可直接上墙或顶棚裱糊
拼缝及对花	拼缝及对花的方法与一般壁纸施工工艺中的拼缝和对花相同
裱糊	应根据已制定的裱糊方案和选定的壁纸品种进行裱糊操作。在一般情况下，顶棚裱糊需两人搭档，共同操作。下面介绍几种常见异形顶棚的壁纸裱糊方法： (1) 圆环形顶棚。应选用宽幅或窄幅不规则的散花图案的壁纸。其中圆环放射形裱糊弹线方法的裱糊顺序见下图。 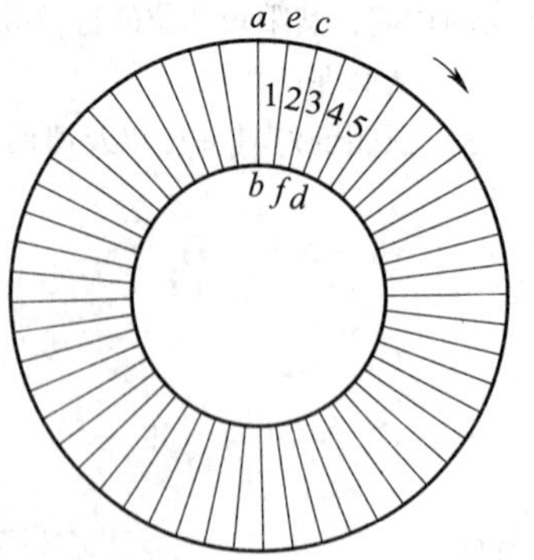 a e c 1 2 3 4 5 b f d *ab*—裱糊第一幅壁纸的控制线；*cd*—裱糊第二幅壁纸的控制线； *ef*—壁纸搭口拼缝裁切线

续表 5－21

步骤	要　　点
裱糊	环形外圆周上的每一等分长度约等于（略小于）壁纸门幅宽度。如果选用530mm 幅宽的 PVC 壁纸裱糊时，一人涂刷胶粘剂，涂刷方向是从环形外圆边线（称为起边）沿控制线 *ab* 刷向环形内圆边线（称为终边）。另一人把已经剪裁、浸水和卷成筒的壁纸拿在手中，先展开约 300mm，一只手托住整卷壁纸，另一只手将已展开的壁纸粘贴到起边位置（起边处的壁纸一般应超过15mm，以便修整），并使壁纸的一边紧靠控制线，然而再展开壁纸约 500mm，观察壁纸边线是否已对准控制线，如发现不直，应立即揭起重新裱糊。因为第一幅壁纸裱糊不直，将影响后幅壁纸的对缝。待壁纸对准控制线贴直后，再沿着控制线慢慢地展开壁纸贴至终点，同时应用有机硅刮板在已裱糊的壁纸表面刮压，刮出气泡和多余的胶粘剂，使壁纸达到平整、服帖、无皱痕。最后用白毛巾或白色软布揩净壁纸表面的胶渍，并将起边和终边多余的壁纸裁切整齐。 第二幅壁纸应按顺时针方向裱糊：涂刷胶粘剂时不能沾到前幅已贴好的壁纸面上，并要求离线 500mm，裱糊第二幅应以 *cd* 为控制线，操作方法与第一幅相同。两壁纸搭接处 *ef* 即为搭口拼缝裁切控制线。待抹压平整后，在两幅壁纸相重叠面上，用 1m 钢直尺对准 *ef* 线（可稍将壁纸边缘揭起，看清底线位置），一刀切透两层壁纸。一般裁至 0. 9m 处停刀，此时刀不离裁切线，钢直尺向前推一段距离后再裁，直至终点。裁切后，先将上层多余壁纸拿掉，并将上层壁纸稍揭起，再揭去下层多余壁纸。 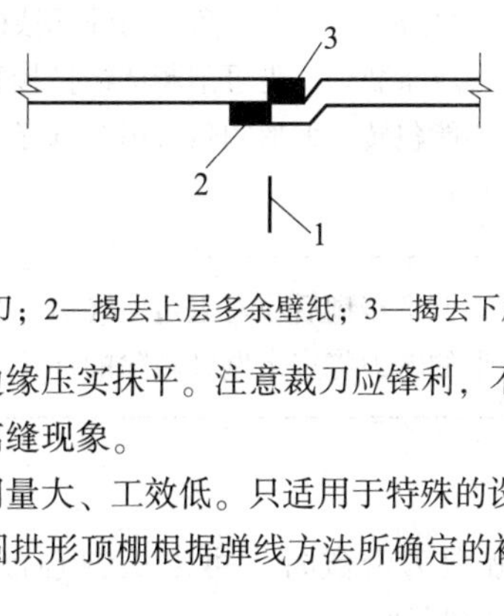 3 2 1 1—壁纸裁刀；2—揭去上层多余壁纸；3—揭去下层多余壁纸 然后将两幅壁纸的边缘压实抹平。注意裁刀应锋利，不能重切割，以避免因重切不准造成误差或离缝现象。 此裱糊方法壁纸耗用量大、工效低。只适用于特殊的设计装饰要求。 （2）圆拱形顶棚。圆拱形顶棚根据弹线方法所确定的裱糊顺序见下图。

续表 5-21

步骤	要　点
裱糊	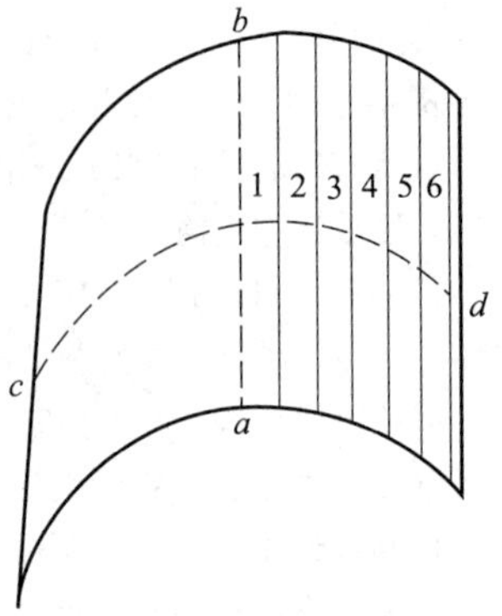 操作时，一人涂刷胶粘剂，一般涂刷 2 ~ 3m（刷得过多易干），两人共同展开墙布约 800mm，从起边对准控制线（*ab*）裱贴，对直后，两人同时推滚展开整卷墙布，并实行边展开、边对线，边粘贴和刮压直至终边，然后裁去多余墙布。操作时应注意，曲面刮压应沿曲线（*cd*）方向刮压。第二幅墙布裱糊时，应紧靠第一幅的边线，从起边至终边对花、拼缝。对口拼缝应严密而不搭槎，对花应端正而不走样。 （3）船形顶棚。按船形顶棚弹线示意图（详见本节弹线部分相应内容）所示根据裱糊的一般原则和装饰效果，要求在阳角线角处不拼接缝，壁纸应包转裱糊。这个船形物是由木骨架外包五夹板钉成。先裱糊控制线①②内的矩形 *ACDF* 部分，*ab* 段是线脚，要做折线包转出原线脚的形状，再将两端边包转到 *A′F′C′D′*，接着裱糊两边 *ABC*、*FDE* 三角形，但这二块墙纸必须包转二侧面的上下梯形 *DD′fE* 和 *FF′eE* 部分，*AB*、*BC*、*DE*、*FE* 均为包转脚线，最后补全两侧转角 *eEfd* 部分，*cd* 也是包转线脚，*FD*、*ce*、*cf*、*DD′*、*FF′*为半个船形壁纸的拼缝线，其中 *ce* 和 *cf* 可用搭口拼缝，其余用对口拼缝。要注意包转线一定要显示其棱角的挺直，拼缝线要不显缝线，*B* 和 *E* 为四个面交线的交叉点，裱糊时必须特别注意它的精确度，不要出现折叠和露底现象。 另外，对于阴阳角处的壁纸裱糊要注意阳角应该包转，阴角可用“－∧－”形压条装饰，也可割断壁纸搭接拼缝处理。弧形阳角只能用装饰条加以装饰，不能包转，弧形阴角可用装饰条，也可搭接拼缝，但接缝口处理一定要密实平整
修整	壁纸裱糊后应对起边、终边多余的壁纸进行修整。可用平刀裁去，或用锯齿形的轮刀将多余壁纸裁除的部位压出一串小孔后，再用剪刀剪去

（2）注意事项

1）顶棚壁纸的幅数为奇数时，可以从中心控制线向左或向右量出半幅壁纸的宽度来弹出裱糊首幅壁纸的控制线。

2）壁纸裱糊后，若发现空鼓、起泡等质量问题，可以用针刺放气，再用注射针注入胶粘剂；也可以用刀细心地顺花纹或条纹边沿切开泡面，涂上胶粘剂后，用刮板抹压刮实。

3）井字梁式的顶棚，顶棚与梁宜用两种颜色和图案的壁纸，顶棚与梁之间的阴角需用三角木条作压条收尾，梁与梁之间的阴角割断壁纸对角，梁与梁之间的阳角包转成形（壁纸用无规则散花图案才能包转）。

4）裱糊好的壁纸、墙布，压实后应挤出多余的胶粘剂并及时擦净，表面不得有气泡、斑污等。用白毛巾要及时洗干净。

3. 绸缎墙面裱糊工艺

绸缎墙比较豪华富丽，只用于高级宾馆的客房、贵宾接待室、宴会厅等少数场合。其操作工艺要求比较严格，与一般壁纸工艺并不完全相同。

操作工艺流程：

施工准备→绸缎加工→基层处理→裱糊绸缎

绸缎墙面裱糊工艺见表 5－22。

表 5－22 绸缎墙面裱糊工艺

步骤	要　点
施工准备	（1）基本材料：大白粉、石膏粉、油基清漆或熟桐油、200 号溶剂汽油或松香水、精白面粉或标准面粉、色细布、甲醛、绸缎、苯酚或明矾、108 胶、聚醋酸乙烯乳液。 （2）基本工具：铲刀、钢皮批板、腻子托板、配料桶、60 目筛子、帽篷漏斗、刷子、排笔、5～7 档双梯、工作台一张、3m 钢卷尺、钢直尺、线锤、剪刀、裁刀、硬质刮板、500W 电熨斗、胶质滚筒、毛巾、牛皮纸适量、粉线袋、水彩笔、粗绒毯、被单布、水桶、拌料桶。 （3）材料加工和配制：裱糊绸缎墙布需配制和加工的材料有：胶油腻子、清油、糨糊、胶粘剂。 1）胶油腻子：是用熟石膏粉∶老粉∶油基清漆∶108 胶∶清水＝3.2∶1.6∶1∶2.5∶5 调配而成。先把 108 胶加水搅拌，再加入熟石膏粉搅拌均匀（最好用电动搅拌器），当石膏粉受胀时加入大白粉及油基清漆，最后搅拌均匀。 2）清油：是用油基清漆∶松香水＝0.8∶1 调配制成，也可用熟桐油∶松香水＝1∶2.4 调配。配合比要正确，调制要均匀。 3）糨糊：是由面粉∶冷清水∶沸水∶明矾（苯酚）＝1∶1.4∶4.1∶0.01 制成。 4）胶粘剂：用 108 胶∶聚醋酸乙烯乳液＝10∶1 配制。黏度大时可掺加 5%～10% 清水稀释。这种胶粘剂防霉优于面粉糨糊胶粘剂
绸缎加工	（1）开幅：将绸缎比实用长度放长 30～50mm 剪下；如用需对花纹图案的规则绸缎时，必须放长一朵花型或一个图案的距离。然后计算出被贴墙面的用幅数量，单独一块墙面要考虑墙两边花纹图案对称，门窗多角处应计算准确后同时开幅（也可随贴随开）。

续表 5－22

步骤	要　点
绸缎加工	（2）缩水上浆：绸缎有一定的缩胀率，其幅宽方向为0.5%～1%，幅长收缩率为1%左右，所以必须缩水。将开幅裁好的绸缎浸漫于清水中5～10min，取出后晾干，待尚未干透时，放到铺有绒毯的工作台上，在绸缎背面上浆。用硬质刮板把糨糊涂刮在绸缎背面，要刮透刮匀，不可漏刮。目的是裱糊时易于操作。 （3）熨烫：熨烫有两种。 1）背面不褙色细布：待绸缎背面糨糊半干时，将绸缎面朝下平摊在工作台上，用一块潮布盖在绸缎背面，用500W电熨斗熨烫。熨烫工艺是关键，影响着粘贴绸缎的操作和质量。熨烫得平伏整齐能顺利贴好；如有起拱折纹或不整齐，应再次喷水熨烫修整；如不能修整，影响美观的不能裱糊上墙。 2）褙色细布：把绸缎和色细布按前种方法裁剪好，通过缩水，在未干透时，把色细布平铺在工作台上刮糨糊，待糨糊半干时，将绸缎背面往色细布上对齐粘贴，并垫上牛皮纸用滚筒压实，也可垫上潮布用熨斗烫平，待用。 （4）裁边：绸缎的两边，有一条约50mm的无花纹图案的纺织边条，为了粘贴时对齐花纹图案，在熨烫以后，将绸缎放在工作台上，用钢直尺压住边条，用锋利的裁纸刀沿着钢直尺边将边条裁去，小面积的可用剪刀仔细剪去，然后放妥待用
墙面基层处理	（1）基层清理：抹灰面必须干燥，且含碱量不超过pH值7～8方可施工。用铲刀将基层表面的杂质、积灰、石灰块等铲除干净，洞缝大而浮灰多的用“皮老虎”吹净。抹灰墙面沾上不干性油污如机油、牛油、柴油、柏油等，要用200号溶剂汽油擦洗干净。沾污严重的部位，擦干净后。刷1～2遍厚浓度的虫胶清漆封闭。 （2）刷清油：用稀薄的清油满刷墙面一遍，涂刷要均匀，洞缝刷足，不流挂。 （3）粗批腻子：在调配好的腻子中加适量石膏粉，把洞、缝、缺口嵌平，稍大的可用水石膏填补；大洞用钢皮批板，小洞裂缝用铲刀，对不垂直的阴阳角或大面积的凹坑用木刮尺找平找直，修整至符合要求。 （4）嵌批头遍腻子：待粗刮的腻子干后，用胶油腻子满刮一遍，局部低洼处随手将腻子修平。大面积批刮时，应不显批刮的痕迹，不留残余腻子，使墙面达到基本平整。 （5）嵌批第二遍腻子：头遍腻子干后，用$1\frac{1}{2}$号木砂纸粗打磨一遍，将浮灰掸净，嵌批第二遍腻子。嵌批第二遍腻子一般不再补腻子，除个别低凹处稍补外，大面积嵌批应尽量收净刮清。 （6）打磨：第二遍腻子干后，进行打磨。打磨时手势要上下直磨，用力均匀，打磨后的墙面平整光滑，不留打磨痕迹，有少量不平处，用牛角刮板补平，再用砂皮通磨光滑。 （7）刷底油：打磨除尘后，刷清油一遍或刷有色底油一遍。有色底油颜色要与绸缎墙布颜色接近，清油和底油宜稀，涂刷后墙面应不起光泽为佳

续表 5－22

步骤	要　　点
裱糊绸缎	（1）挂垂线：墙面底油干后，找出贴第一幅绸缎的位置，一般从房间的门背后阴角处开始。在第一幅幅宽的侧边用线锤挂好垂直线，用彩笔划出浅色的垂直线，作为裱糊绸缎垂直与否的标志。 （2）弹水平线：垂直线挂出后，再在被贴墙面上弹水平线，墙高为 3m 则在 1.3m 处弹出，水平线用铝合金水平尺校对，把四周墙面的水平线弹出，与垂直线成 90°，这样使粘贴后的绸缎花纹图案横平竖直。 （3）刷水胶：水胶即用 108 胶：水＝8：2 配成。在绸缎背面用排笔刷水胶一遍，要刷匀，不得漏刷，涂刷手势轻重一致，胶水宜少不宜多。刷好水胶的绸缎要放置 5～10min，使绸缎受潮胀开松软，上墙粘贴干燥后，自行绷紧平伏。 （4）刷胶粘剂：胶粘剂采用滚筒或 100mm 漆刷涂刷墙面，施涂应均匀，必须横刷直理。刷胶粘剂的面积不宜太大，与绸缎幅宽相同，刷一幅贴一幅，以免胶粘剂干燥后又要重刷。 （5）绸缎上墙：上墙一般两人上下配合操作，从左到右，一人站立于人字梯上，用双手将绸缎上端两角拎起对准垂直线从上向下往墙上粘贴，另一人立于地面，双手抓住绸缎中间两端侧面，按垂线对齐向下贴，整幅绸缎贴上后，用胶质滚筒来回压实，整理平整。贴第二幅时，由下面一人提起绸缎的中间，用左手向第一幅中间花型对齐，右手向水平线对齐，然后将绸缎由上而下将拼缝对齐，用滚筒压实浆平大面积，上下多余部分用裁刀裁去。以后的粘贴方法与前两幅同样操作，贴到阴角处绸缎要裁开，不能转弯包贴。贴最后一幅时也应在阴角处结束，这时花形图案，可能无法对齐，可将绸缎往前一幅绸缎上叠起 50mm，用钢直尺按在两幅叠起的部位用裁刀从上而下裁划，把多余的部分揭掉，用小刷子补刷胶粘剂，然后将两边绸缎合拢贴密。 绸缎墙布粘贴完后，应进行全面检查，有不到之处及时整理修好，整个墙面应横平竖直，光泽、色泽统一

4. 特殊壁纸的裱糊工艺

（1）壁画型壁纸的裱糊工艺。

1）选择壁画的规格：选择壁纸前先确定裱糊面积，以选择大小适宜的画面。裱糊前要了解画面的具体尺寸，以便确定画面的位置，使其位于墙面中心。

2）基层处理：裱糊这类壁纸的墙面应相当平整，否则会影响画面效果。当基层质量较差时也可先裱糊一层衬纸。

3）确定画面的左右位置：确定墙面需粘贴的幅数。用墙面宽度除以壁纸幅宽就是所需粘贴的幅数。当所需粘贴幅数为单数时，第一幅壁纸，即画面中心的那幅壁纸要粘贴在墙面中心。在距中心点半幅宽的位置用线锤弹出定位线，第一幅壁纸沿此线粘贴。当所需裱糊幅数为双数时，在墙面的中心弹一定位线，第一幅壁纸和第二幅壁纸要沿此线拼缝。

4）确定画面的上、下位置：找出画面上最高点的那幅壁纸，将它在墙面上上下移动确定理想的位置，并在这幅壁纸上做出顶棚和踢脚板位置的记号。打开第二幅壁纸与第一幅对好画面，并根据第一幅所做的记号，在第二幅壁纸上做出相应的记号，其他各幅也用同样方法做出记号。将各幅多余的壁纸修剪掉只留下 1.5cm 的余量。

5）裱糊程序：从墙面的中心向一边裱糊，将半面墙裱糊完再裱糊另外半面墙。修整各幅壁纸的上下端及位于墙角的末端壁纸。滚压接缝，并对整个画面检查一遍。

（2）模压浮雕图案壁纸的裱糊工艺。模压壁纸与普通壁纸不同，壁纸背面有的是凹陷型，正面的图案是突起的浮雕状图案。模压浮雕图案壁纸的裱糊工艺包括低浮雕图案壁纸的裱糊工艺和高浮雕图案壁纸的裱糊工艺两种。

1）低浮雕图案壁纸的裱糊工艺。首先进行基层处理。墙面与壁纸粘贴方向交叉地裱糊衬纸，并涂刷糨糊（在壁纸即将上墙前涂刷）。

壁纸上墙前应被糨糊充分浸泡变软，为此应同时先给两幅壁纸刷胶，然后给第三幅壁纸刷胶，再将第一幅壁纸上墙，以此循环。过分浸泡壁纸会膨胀过度变软、图形变形、不易裱糊，为此壁纸背面的凹陷处不要填涂糨糊。壁纸刷胶后的对叠要小心，不可出现折痕。

壁纸粘贴时不要用力拉扯，以免干燥后使拼缝暴露。壁纸定位时只可用壁纸刷轻轻拍打，拼缝采取对接拼缝。

2）高浮雕图案壁纸的裱糊工艺。

①裁剪：块状规格的高浮雕图案壁纸，为保证其良好的拼缝效果应先根据表面标记裁剪。

②刷胶：将稠糨糊涂抹在壁纸背面的平处使壁纸浸泡变软。要避免凹陷处被填涂糨糊。

③粘贴：为易于粘贴，在壁纸上墙前几分钟，可在裱糊了衬纸的表面再刷一层稀糨糊。当裱糊位置较低时，可用在壁纸背面凹陷处填充锯木、石膏和粘结剂的混合物的方法固定壁纸。当壁纸背面有较多的平面时，可在平面处涂抹 2～3 次稠糨糊至壁纸变软，然后用手指将壁纸用力压在涂糨糊（当糨糊开始变稠时）的墙面上。当壁纸背面无适宜的平面时可在稠糨糊中加入一半的生石膏粉，搅拌均匀，将这种粘结剂沿凹陷处抹一圈，在中央也可抹一两处，但不要将整个凹陷填满。然后用力按压壁纸，利用粘结力和凹陷处的吸附力，将壁纸固定住。最后将周围挤压出来的粘结剂清除掉，这种粘结剂的使用寿命为半小时左右。

（3）人造革、麻布的裱糊。人造革、麻布由于面料较厚、较硬，所以在用料和裱糊方法上与普通壁纸不同。

1）人造革的裱糊方法：要求基层平整，最好粘贴一层衬纸。粘贴前先涂一遍稠糨糊放置 20～30min 后，上墙前再涂一遍糨糊。涂糊完毕用包毡轧辊滚压，清除气泡。拼缝采取重叠裁切拼缝。

2）麻布裱糊方法：带衬麻布上墙前在麻布上涂抹一遍糨糊并浸泡一段时间；对不带衬麻布在墙面上涂抹两遍稠浆，将干麻布直接滚压墙上，各幅间如无压条，拼缝均采取重叠裁切拼缝。

3）PVC（聚氯乙烯）涂层人造革裱糊方法：其使用的胶粘剂必须使用强力胶粘剂，胶粘剂可涂在人造革上或将卷起的人造革慢慢打开铺在涂过胶粘剂的墙上，粘贴完毕用毡

辊或壁纸刷除去气泡。各幅间采取重叠裁切法拼缝。

（4）涂饰面上的裱糊。在涂有油漆和涂料的墙面上进行裱糊时，要先将涂饰面进行必要的处理。

1）基层较好时，基层表面是无光涂料时，应刷洗掉油迹、赃物后涂刷底胶然后裱糊。基层表面是有光或半光涂料时，可用洗涤剂或消光剂对表面进行消光处理后再裱糊。同时要及时将黏附到细木饰件上的消光剂擦掉。

2）基层较差的应刮除松裂的漆膜，对开裂部位进行修补。对不平整的基层即使裱糊普通壁纸也应先粘贴衬纸。

3）基层表面是水浆涂料涂层即用大白浆或可赛银涂料涂层的基层必须完全清除。

（5）壁纸面上的裱糊。对已贴过壁纸的墙面上，如无法将旧壁纸揭除时，才能在壁纸上进行裱糊。

裱糊层数，不宜超过三层，层数过多、过重及后续壁纸胶液对下面原有胶液的溶解都易引起脱落、开裂。

对普通壁纸应仔细检查粘贴状况，边缘开裂翘起的部位照原样贴好。大面积撕扯或褶皱部位应撕掉，撕扯的边缘用砂纸磨平，并用腻子将表面修补平整。原有裱糊层不可留有油迹或脏污。

对乙烯基壁纸要用砂纸、洗涤剂对光滑的表面进行消光处理，为下层壁纸的裱糊提供个粗糙面。

如在纸面壁纸上裱糊乙烯基壁纸时，乙烯基壁纸的强度比纸面壁纸大，将乙烯基壁纸粘贴在纸面壁纸上，干燥收缩时容易将纸面壁纸从墙上卷起，故必须要去除。

（6）操作注意事项：

1）选定绸缎品种时，尽量选择单色或无规则细花纹的产品，否则背面的纺织丝线的颜色会映透到正面来干扰了正面的花色，影响装饰效果。

2）做夹层用的色细布，颜色接近绸缎背面颜色，稍淡一些最佳。

3）弹垂线和水平线的铅笔颜色不应太浓，以贴好绸缎后看不见为准。

4）底层等空气潮湿处的抹灰面要刷一遍防霉封底漆。

5）木材面粘贴绸缎需刷一遍清底油。

6）阳角不拼缝要包紧压实不起皱。

7）操作时，应洗干净手及工作台、工具。

5.6.3 软包工艺

软包墙面属高级装修，面层一般采用纺织面料或皮革、内衬泡沫塑料、分块拼装于墙面。

1. 操作工艺

操作工艺流程：

基层清理→弹线分格→预埋木砖或钉木楔→基层防潮处理→制作软包单元与钉木墙筋→安装软包

软包墙面的操作工艺见表 5－23。

表 5－23　软包墙面的操作工艺

步骤	要　　点
基层准备	墙面干燥，涂刷冷底子油，铺贴油毡防潮
在墙上弹线分格	先根据施工图弹水平标高线，然后弹分档线。分档线即为墙筋安装线，横向间距一般为400mm，竖向间距为500mm。木砖或木橛的位置应符合分档尺寸，间距不大于400mm，位置不适用或间距过大者应补设 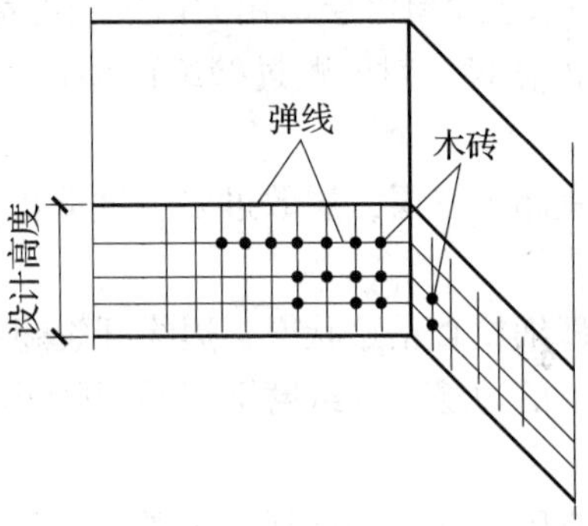
基层防潮处理	满刷清油或满铺油纸
安木龙骨	龙骨断面尺寸依墙板至墙面的设计要求而定，龙骨与墙板的接触面刨光，背面垫实，表面平整并作防腐处理。龙骨必须与每一块木砖钉牢。如果未埋木砖，也可用钢钉直接把龙骨钉入水泥浆面层固定。龙骨钉完后，检查表面的平整与立面垂直，阴阳角用方尺套方。调整龙骨表面偏差所垫的木垫板，必须与龙骨钉牢 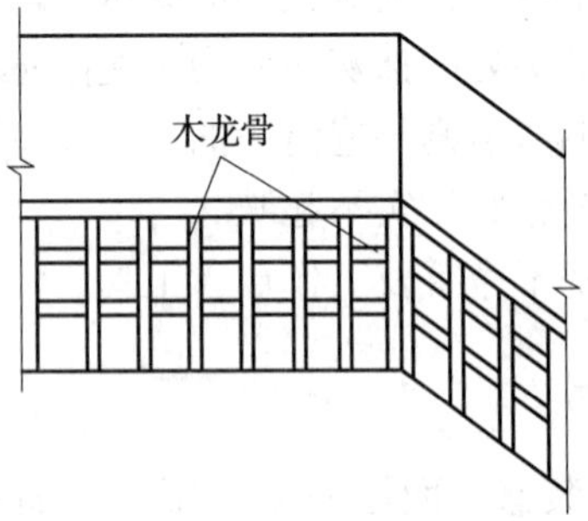
制作软包单元	一般软包是在木框胶合板上裱贴一层5～10mm厚的泡沫塑料，再将面料（人造革或织物）包贴于上，以其门幅为单元，分块拼装于墙面
安装软包单元	将软包单元按尺寸要求用压条与底面的木筋固定，板缝可采取平接或留凹槽、加压条三种形式

2. 施工要点

（1）软包墙面所用的填充材料、纺织面料、木龙骨、木基层板等，均应进行防火处理，并符合质量和环保要求。

（2）墙面防潮层可均匀刷一层清油或满铺油纸，不应用沥青油毡做防潮层。

（3）木龙骨宜采用凹槽榫工艺预制，可整体或分片安装，与墙体的连接应紧密牢固。

（4）软包单元的填充材料制作尺寸要准确。做软泡沫塑料块绸缎包面时，可先将泡沫塑料块按设计的尺寸每边小 5mm 裁好，将绸缎平整顺直地反铺于工作台面上，将裁好的泡沫塑料块平置于上、摆正位置，将绸缎四边折死包边宽为 20 ~ 25mm 与泡沫塑料块连接固定。棱角要方正。纺织面料剪裁与包边时应经纬顺直。花纹应吻合，无波浪起伏、翘边、褶皱。

（5）嵌固软包单元：将软包单元按尺寸要求用压条与底面的木筋固定。软包单元与压条线、贴脸线、踢脚板、电气盒等交接处应严密、顺直、无毛边。电气盒盖等开洞处，套割尺寸应准确。气钉孔要补腻子点油漆，铝合金螺母要加盖条装饰。

（6）注意成品保护，严禁乱摸、乱碰，必要时加膜保护。

6　施工质量要求及冬季施工

6.1　施工质量要求

6.1.1　涂饰工程质量要求

1. 水性涂料涂饰工程

（1）主控项目。

1）水性涂料涂饰工程所用涂料的品种、型号和性能应符合设计要求。

检验方法：检查产品合格证书、性能检测报告和进场验收记录。

2）水性涂料涂饰工程的颜色、图案应符合设计要求。

检验方法：观察。

3）水性涂料涂饰工程应涂饰均匀、黏结牢固，不得漏涂、透底、起皮和掉粉。

检验方法：观察、手摸检查。

4）水性涂料涂饰工程的基层处理应符合下列要求：

①新建筑物的混凝土或抹灰基层在涂饰涂料前应涂刷抗碱封闭底漆。

②旧墙面在涂饰涂料前应清除疏松的旧装修层，并涂刷界面剂。

③混凝土或抹灰基层涂刷溶剂型涂料时，含水率不得大于8%；涂刷乳液型涂料时，含水率不得大于10%。木材基层的含水率不得大于12%。

④基层腻子应平整、坚实、牢固，无粉化、起皮和裂缝；内墙腻子的黏结强度应符合《建筑室内用腻子》JG/T 298—2010的规定。

⑤厨房、卫生间墙面必须使用耐水腻子。

检验方法：观察、手摸检查、检查施工记录。

（2）一般项目。

1）薄涂料的涂饰质量和检验方法应符合表6－1的规定。

表6－1　薄涂料的涂饰质量和检验方法

项目	普通涂饰	高级涂饰	检验方法
颜色	均匀一致	均匀一致	观察
泛碱、咬色	允许少量轻微	不允许	
流坠、疙瘩	允许少量轻微	不允许	
砂眼、刷纹	允许少量轻微砂眼，刷纹通顺	无砂眼，无刷纹	
装饰线、分色线直线度允许偏差（mm）	2	1	拉5m拉线，不足5m拉通线，用钢直尺检查

2）厚涂料的涂饰质量和检验方法应符合表6－2的规定。

表6－2 厚涂料的涂饰质量和检验方法

项目	普通涂饰	高级涂饰	检验方法
颜色	均匀一致	均匀一致	观察
泛碱、咬色	允许少量轻微	不允许	
点状分布	—	疏密均匀	

3）复合涂料的涂饰质量和检验方法应符合表6－3的规定。

表6－3 复合涂料的涂饰质量和检验方法

项目	质量要求	检验方法
颜色	均匀一致	观察
泛碱、咬色	允许少量轻微	
喷点疏密程度	均匀，不允许连片	

4）涂层与其他装修材料和设备衔接处应吻合，界面应清晰。

检验方法：观察。

2. 溶剂型涂料涂饰工程

（1）主控项目。

1）溶剂型涂料涂饰工程所选用涂料的品种、型号和性能应符合设计要求。

检验方法：检查产品合格证书、性能检测报告和进场验收记录。

2）溶剂型涂料涂饰工程的颜色、光泽、图案应符合设计要求。

检验方法：观察。

3）溶剂型涂料涂饰工程应涂饰均匀、黏结牢固，不得漏涂、透底、起皮和反锈。

检验方法：观察、手摸检查。

4）溶剂型涂料涂饰工程的基层处理应符合下列要求：

①新建筑物的混凝土或抹灰基层在涂饰涂料前应涂刷抗碱封闭底漆。

②旧墙面在涂饰涂料前应清除疏松的旧装修层，并涂刷界面剂。

③混凝土或抹灰基层涂刷溶剂型涂料时，含水率不得大于8%；涂刷乳液型涂料时，含水率不得大于10%。木材基层的含水率不得大于12%。

④基层腻子应平整、坚实、牢固，无粉化、起皮和裂缝；内墙腻子的黏结强度应符合《建筑室内用腻子》JG/T 298—2010的规定。

⑤厨房、卫生间墙面必须使用耐水腻子。

检验方法：观察、手摸检查、检查施工记录。

（2）一般项目。

1）色漆的涂饰质量和检验方法应符合表6－4的规定。

表6－4　色漆的涂饰质量和检验方法

项目	普通涂饰	高级涂饰	检验方法
颜色	均匀一致	均匀一致	观察
光泽、光滑	光泽基本均匀 光滑无挡手感	光泽均匀一致 光滑	观察、手摸检查
刷纹	刷纹通顺	无刷纹	观察
裹棱、流坠、皱皮	明显处不允许	不允许	观察
装饰线、分色线直线度允许偏差（mm）	2	1	拉5m拉线，不足5m拉通线，用钢直尺检查

注：无光色漆不检查光泽。

2）清漆的涂饰质量和检验方法应符合表6－5的规定。

表6－5　清漆的涂饰质量和检验方法

项目	普通涂饰	高级涂饰	检验方法
颜色	基本一致	均匀一致	观察
木纹	棕眼刮平、木纹清楚	棕眼刮平、木纹清楚	观察
光泽、光滑	光泽基本均匀 光滑无挡手感	光泽均匀一致 光滑	观察、手摸检查
刷纹	无刷纹	无刷纹	观察
裹棱、流坠、皱皮	明显处不允许	不允许	观察

3）涂层与其他装修材料和设备衔接处应吻合，界面应清晰。

检验方法：观察。

3. 美术涂饰工程

（1）主控项目。

1）美术涂饰所用材料的品种、型号和性能应符合设计要求。

检验方法：观察，检查产品合格证书、性能检测报告和进场验收记录。

2）美术涂饰工程应涂饰均匀、黏结牢固，不得有漏涂、透底、起皮、掉粉和反锈。

检验方法：观察、手摸检查。

3）美术涂饰工程的基层处理应符合下列要求：

①新建筑物的混凝土或抹灰基层在涂饰涂料前应涂刷抗碱封闭底漆。

②旧墙面在涂饰涂料前应清除疏松的旧装修层，并涂刷界面剂。

③混凝土或抹灰基层涂刷溶剂型涂料时，含水率不得大于8%；涂刷乳液型涂料时，含水率不得大于10%。木材基层的含水率不得大于12%。

④基层腻子应平整、坚实、牢固，无粉化、起皮和裂缝；内墙腻子的黏结强度应符合《建筑室内用腻子》JG/T 298—2010 的规定。

⑤厨房、卫生间墙面必须使用耐水腻子。

检验方法：观察、手摸检查、检查施工记录。

4）美术涂饰的套色、花纹和图案应符合设计要求。

检验方法：观察。

（2）一般项目。

1）美术涂饰表面应洁净，不得有流坠现象。

检验方法：观察。

2）仿花纹涂饰的饰面应具有被模仿材料的纹理。

检验方法：观察。

3）套色涂饰的图案不得移位，纹理和轮廓应清晰。

检验方法：观察。

6.1.2 裱糊和软包工程质量要求

1. 裱糊工程

（1）主控项目。

1）壁纸、墙布的种类、规格、图案、颜色和燃烧性能等级必须符合设计要求及国家现行标准的有关规定。

检验方法：观察；检查产品合格证书、进场验收记录和性能检测报告。

2）裱糊工程基层处理质量应符合下列要求：

①新建筑物的混凝土或抹灰基层墙面在刮腻子前应涂刷抗碱封闭底漆。

②旧墙面在裱糊前应清除疏松的旧装修层，并涂刷界面剂。

③混凝土或抹灰基层含水率不得大于 8%；木材基层的含水率不得大于 12%。

④基层腻子应平整、坚实、牢固，无粉化、起皮和裂缝；腻子的粘结强度应符合《建筑室内用腻子》JG/T 298—2010N 型的规定。

⑤基层表面平整度、立面垂直度及阴阳角方正应达到高级抹灰的要求。

⑥基层表面颜色应一致。

⑦裱糊前应用封闭底胶涂刷基层。

检验方法：观察；手摸检查；检查施工记录。

3）裱糊后各幅拼接应横平竖直，拼接处花纹、图案应吻合，不离缝，不搭接，不显拼缝。

检验方法：观察；拼缝检查距离墙面 1.5m 处正视。

4）壁纸、墙布应粘贴牢固，不得有漏贴、补贴、脱层、空鼓和翘边。

检验方法：观察；手摸检查。

（2）一般项目。

1）裱糊后的壁纸、墙布表面应平整，色泽应一致，不得有波纹起伏、气泡、裂缝、皱折及斑渍，斜视时应无胶痕。

检验方法：观察；手摸检查。

2）复合压花壁纸的压痕及发泡壁纸的发泡层应无损坏。

检验方法：观察。

3）壁纸、墙布与各种装饰线、设备线盒应交接严密。

检验方法：观察。

4）壁纸、墙布边缘应平直整齐，不得有纸毛、飞刺。

检验方法：观察。

5）壁纸、墙布阴角处搭接应顺光，阳角处应无接缝。

检验方法：观察。

2. 软包工程

（1）主控项目。

1）软包面料、内衬材料及边框的材质、颜色、图案、燃烧性能等级和木材的含水率应符合设计要求及国家现行标准的有关规定。

检验方法：观察；检查产品合格证书、进场验收记录和性能检测报告。

2）软包工程的安装位置及构造做法应符合设计要求。

检验方法：观察；尺量检查；检查施工记录。

3）软包工程的龙骨、衬板、边框应安装牢固，无翘曲，拼缝应平直。

检验方法：观察；手扳检查。

4）单块软包面料不应有接缝，四周应绷压严密。

检验方法：观察；手摸检查。

（2）一般项目。

1）软包工程表面应平整、洁净，无凹凸不平及皱折；图案应清晰、无色差，整体应协调美观。

检验方法：观察。

2）软包边框应平整、顺直、接缝吻合。其表面涂饰质量应符合“6.1.1　涂饰工程质量要求”的有关规定。

检验方法：观察；手摸检查。

3）清漆涂饰木制边框的颜色、木纹应协调一致。

检验方法：观察。

4）软包工程安装的允许偏差和检验方法应符合表6－6的规定。

表6－6　软包工程安装的允许偏差和检验方法

项　　目	允许偏差（mm）	检验方法
垂直度	3	用1m垂直检测尺检查
边框宽度、高度	0；－2	用钢尺检查
对角线长度差	3	用钢尺检查
裁口、线条接缝高低差	1	用钢直尺和塞尺检查

6.2 油漆施工中常见的病疵及处理方法

油漆施工中常见的病疵及处理方法见表 6 –7。

表 6 –7 油漆施工中常见的病疵及处理方法

病疵现象	病疵原因	处理方法
析出	（1）硝基漆类使用过量的苯类溶剂稀释； （2）环氧酯漆类用汽油稀释	（1）添加酯类溶剂挽救； （2）用苯、甲苯、二甲苯或丁醇与二甲苯稀释
起粒（粗粒）	（1）施工环境不清洁，尘埃落于漆面； （2）涂漆工具不清洁，漆刷内含有灰尘颗粒、干燥碎漆皮等杂质，涂刷时杂质随漆带出； （3）漆皮混入漆内，造成漆膜呈现颗粒； （4）喷枪不清洁，用喷过油性漆的喷枪喷硝基漆时，溶剂将漆皮咬起成渣带入漆中	（1）施工前打扫场地，工件揩抹干净； （2）涂漆前检查刷子，如有杂质，用刮子铲除毛刷内脏污物； （3）细心用刮子去掉漆皮，并将漆过滤； （4）喷硝基漆最好用专用喷枪，如用油性漆喷枪喷硝基漆，事先要清洗干净
流挂	（1）刷漆时，漆刷蘸漆过多又末涂刷均匀，刷毛太软漆液又稠，涂不开，或刷毛短漆液又稀； （2）喷涂时漆液的黏度太低，喷枪的出漆嘴直径过大，气压过小，勉强喷涂，距离物面太近，喷枪运动速度过慢，油性漆、烘干漆干燥慢，喷涂太重叠； （3）浸涂时，黏度过大涂层厚会流挂，有沟、槽形的零件易于存漆也会溢流，甚至涂件下端形成珠状不易干透； （4）涂件表面凸凹不平，几何形状复杂； （5）施工环境湿度高，涂料干燥太慢	（1）漆刷蘸漆一次不要太多，漆液稀刷毛要软，漆液稠刷毛宜短，刷涂厚薄要适中，涂刷要均匀，最后收理好； （2）漆液黏度要适中，喷硝基漆喷嘴直径略大一点，气压为 4 ~ 5kg/cm^2，距离工件约 20cm，喷油性漆喷嘴直径略小一点，距离工件 200 ~ 300mm，油性漆或烘干漆不能过于重叠喷涂； （3）浸涂黏度以 18 ~ 20s 为宜，浸漆后用滤网放置 20min，再用离心设备及时除去涂件下端及沟槽处的余漆； （4）可以选用刷毛长、软硬适中的漆刷； （5）根据施工环境条件，先作涂膜干燥试验

续表 6－7

病疵现象	病疵原因	处理方法
慢干和返粘	（1）底漆未干透，过早涂上面漆，甚至面漆干燥也不正常，影响内层干燥，不但延长干燥时间，而且漆膜发黏； （2）被涂物面不清洁，物面或底漆上有蜡质、油脂、盐类、碱类等； （3）漆膜太厚，氧化作用限于表面，使内层长期没有干燥的机会，如厚的亚麻仁油制的漆涂在黑暗处要发黏数年之久； （4）木材潮湿，温度又低，涂漆时表面似乎正常，气温升高时就有返黏现象，因木材本身有木质素，还含油脂、树脂精油、单宁、色素、含氮化合物等，会与涂料作用； （5）因旧漆膜上附着大气污染物（硫化、氮化物），能正常干燥的涂料，涂在旧漆膜上干燥很慢，甚至不干。住宅厨房的门窗尤为突出。预涂底漆放置时间长有慢干现象； （6）天气太冷或空气不流通，使氧化速度降低，漆膜的干燥时间延长。如果干燥时间过长，必定导致返黏	（1）底漆要干透，才能涂面漆； （2）涂漆前将涂件表面处理干净，木材上松脂节疤，处理干净后用虫胶清漆封闭； （3）涂料黏度要适中，漆膜宜薄，底漆未干透不加面漆，第一层面漆未干透，不加第二层面漆，根据使用环境，选用相适应的涂料； （4）木材必须干燥，含水量最高不超过15%。必要时木材可进行低温烘干，有松脂的在涂漆前用虫胶清漆封闭，涂漆不宜过厚，涂漆多层时待每一层漆干透后再加漆； （5）旧漆膜应进行打磨及清洁处理，对大气污染的旧漆膜用石灰水清洗（50kg 水加消石灰 3～4kg），有污垢的部位还要用刷子刷一刷，油污太多时，可用汽油抹洗； （6）天气骤冷时，不要急于涂漆，应先在漆内加入适量催干剂并充分搅拌均匀待用，再做涂膜干燥试验，如不准确再行调整，待干燥可靠后再涂漆
针孔	（1）涂漆后在溶剂挥发到初期结膜阶段，由于溶剂的急剧挥发，特别受高温烘烤时，漆膜本身来不及补足空档，而形成一系列小穴即针孔； （2）溶剂使用不当或湿度过高，如沥青烘漆用汽油稀释就会产生针孔，若经烘烤则更严重； （3）施工不妥，腻子层不光滑。未涂底漆或二道底漆，急于喷面漆。硝基漆比其他漆尤显突出； （4）施工环境湿度过高，喷涂设备油水分离器失灵，空气未过滤，喷涂时水分随空气管带入经由喷枪出漆嘴喷出，也会造成漆膜表面针孔，甚至起水泡	（1）烘干型漆黏度要适中，涂漆后在室温下静置 15min，烘烤时先以低温预热，按规定控制温度和时间，让溶剂能正常挥发； （2）沥青烘漆用松节油稀释，涂漆后静置 15min，烘烤时先以低温预热，按规定控制温度和时间； （3）腻子涂层要刮光滑，喷面漆前涂好底漆或二道底漆，再喷面漆，如要求不高，底漆刷涂比喷涂好，刷涂可以填针孔；

续表 6 –7

病疵现象	病疵原因	处理方法
针孔		（4）喷涂时施工环境相对湿度不大于70%，检查油水分离器的可靠性，压缩空气需过滤，杜绝油和水及其他杂质
渗色	（1）喷涂硝基漆时，溶剂的溶解力强，下层底漆有时透过面漆，使上层原来的颜色被染污； （2）涂漆时，遇到木材上有染色剂或木质含有染料颜色； （3）在红底漆上涂颜色浅的面漆时，有时红色浮渗，白色漆变粉红，黄色漆变橘红	（1）喷涂时如发现渗色现象应立即停止施工，已喷上的漆膜经干燥后打磨抹净灰尘，涂虫胶清漆加以隔离； （2）事先涂虫胶清漆一层以隔离染色剂，或灵活运用更换相适应的颜色漆； （3）可用相近的浅色底漆，已涂上底漆的能更换红色漆更好，否则，也只有涂虫胶清漆隔离来解决
泛白	（1）湿度过高，空气中相对湿度超过80%时，由于涂装后挥发性漆膜中溶剂的挥发，使温度降低，水分向漆膜上积聚形成白雾； （2）水分影响，喷涂设备中有大量水分凝聚，在喷涂时水分进入漆中； （3）薄钢板比厚钢板和铸件热容量小，冬季在薄板件上漆膜易泛白； （4）溶剂不当，低沸点稀料较多或稀料内含有水分	（1）喷涂挥发性漆时，选择湿度小的天气，如需急用，可将涂件经低温预热后喷涂，或加入相应的防潮剂来防治； （2）喷涂设备中的凝聚水分必须彻底清除干净，检查油水分离器的可靠性； （3）将活动钢板制件经低温加热喷涂，固定装配的薄钢板制件可喷火焰来解决； （4）低沸点稀料内可加防潮剂，稀料内含有水分应更换
起泡	（1）除油未尽，在金属表面黏附黄油清洗不彻底就涂底漆，或底漆上附有机油就刮腻子；	（1）金属表面上或腻子底层上的油污蜡质等要仔细清除干净；

续表 6－7

病疵现象	病疵原因	处理方法
起泡	(2) 不干性油渗湿木材表面，涂漆后不但起泡，有时甚至会成块揭起； (3) 墙壁潮湿，急于涂漆施工，涂漆后水分向外扩散，顶起漆膜，严重时漆膜可撕起； (4) 木质制件潮湿，涂上漆后水分遇热蒸发冲击漆膜，漆膜越厚起泡越严重； (5) 底层未干。如腻子层未干透又勉强加涂腻子，将内层腻子稀料或水分封闭，表干里未干； (6) 皱纹漆涂层太厚，溶剂大部分没有挥发，入烘房温度太高； (7) 物件除锈不干净，经高温烘烤扩散出部分气体； (8) 铸铝件和有边缝的铝件除油污不彻底； (9) 空气压缩机及管道带有水分 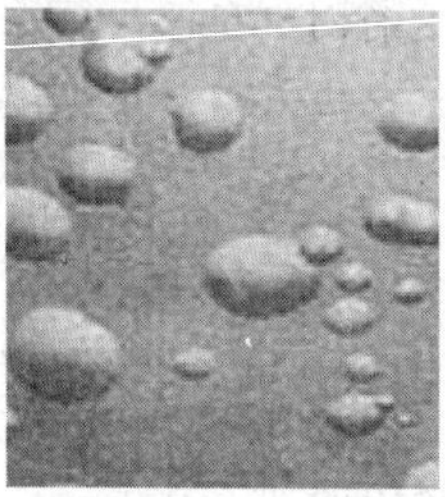	(2) 制件先用氢氧化钠溶液反复清洗，再用热水反复洗涤除去碱液，晾干； (3) 新抹的粉墙或混凝土表面，必须彻底干燥，然后涂漆； (4) 可采用低温烘干处理，或让木质制件自然晾干； (5) 对涂料底层，上工序未干透，下工序不施工。已起泡涂层部位，要彻底清除，补好腻子，重新施工； (6) 喷涂厚薄要适中，待溶剂初步挥发后再人烘，要逐渐升温； (7) 物件除锈必须彻底； (8) 可先经高温（200℃）烘烤； (9) 用油水分离器分离
收缩	(1) 在光滑的漆膜表面，加涂较稀的漆液； (2) 木质制件被煤油透湿，或蜡质附于表面，蜡质上涂漆不但收缩，而且漆膜不干燥； (3) 金属件有机油未清除尽，渗入腻子层，涂上底漆后机油又与底漆溶合； (4) 溶剂挥发与烘烤温度不相适应；烘干漆所用溶剂沸点太低、挥发太慢或溶解性差	(1) 加漆前将光滑表面用水砂纸仔细打磨至无光，漆液稀稠适中； (2) 在煤油透湿木质件的部位，撒上一些熟石膏粉，一次不行可多次进行。表面蜡质用铲铲除后，用丁醇清洗干净； (3) 腻子层有油渍可用二甲苯清洗，再用熟石膏粉吸去内层油液，或铲除油渍部位，重新补好腻子； (4) 合理选择溶剂，溶解力要相适应，烘烤时先低温，不使溶剂过早或过慢挥发，又能使漆液有流平的机会，然后升温，按漆的品种技术条件控制温度和时间

续表 6 –7

病疵现象	病疵原因	处理方法
发花	（1）中蓝醇酸磁漆加白酚醛磁漆拼色混合，即使搅拌均匀，有时也会产生花斑，涂刷时更为明显； （2）灰色、绿色或其他复色漆，颜料比重大的沉底，轻的浮在上面，搅拌不彻底以致色漆有深有浅； （3）漆刷有时涂深色漆后未清洗，涂刷浅色漆时，刷毛内深色渗出	（1）用中蓝醇酸磁漆和白醇酸磁漆混合，而且要将桶内色漆兜底搅拌均匀； （2）对颜料比重大小不同的色漆尤要注意，要彻底搅拌均匀； （3）涂过深色漆的漆刷要清洗干净
发汗	（1）树脂含量少的亚麻仁油或清油，漆膜容易发汗，一般潮湿、黑暗，尤其通风不良的场所易发汗； （2）硝基漆表面加漆时，由于旧漆膜的残存石蜡、矿物油等，被新漆和溶剂接触，透入漆膜，使漆膜重新软化以致发汗	（1）使用涂料时，从选择涂料特性来考虑，湿润性好的清油适宜用在户外和阳光充足的环境； （2）涂新漆前，将旧漆膜上的蜡质、油污用汽油仔细揩抹干净，再用新棉纱边检查边揩抹
咬底	（1）不同成膜物的咬底：醇酸漆或油脂漆，加涂硝基漆时，强溶剂对油性漆膜的渗透和溶胀； （2）相同成膜物的咬底：环氧清漆或环氧绝缘漆（气干）干燥较快，再涂第二层漆时，也有咬底现象； （3）不同天然树脂漆的咬底：含松香的树脂漆，成膜后加涂大漆也会咬底； （4）酚醛防锈漆属长油度，涂在锻压件上如再加硝基漆或过氯乙烯磁漆，因强溶剂的影响容易咬底； （5）过氯乙烯磁漆或清漆未干透，加涂第二次漆	（1）各类型磁漆，最好是加同类型的漆，也可经打磨清理后涂一层铁红醇酸底漆（油度短）以隔离； （2）环氧清漆或环氧绝缘漆需涂两层时，涂刷完第一层待未干时随即加涂一层，稍厚一层涂匀也可； （3）在松香树脂漆膜上加大漆是不合适的，万一要加漆，必须先经打磨处理，刷涂豆腐底一层，再加大漆； （4）最好是将酚醛防锈漆铲除干净，涂铁红醇酸底漆一层，再涂硝基漆或过氯乙烯磁漆；

续表 6－7

病疵现象	病疵原因	处理方法
咬底		（5）使过氯乙烯漆膜干燥，内无稀料残存，再加漆可以防止咬底，增强附着力
失光	（1）涂件表面粗糙，有光漆涂上似无光，再加一层漆也难以增强光泽； （2）天气影响：冬季寒冷，温度太低，油性漆膜往往受冷风袭击，既干燥缓慢，又失光，有时背风向部位又有光可见； （3）环境影响：即煤烟熏对油性漆有影响，清漆或色漆未干有光，干后无光； （4）湿度太大：相对湿度在80%以上，挥发性漆膜吸收水分发白失光； （5）稀释剂加入太多，冲淡了有光漆的作用（有颜料分的较突出），各种漆都会失去应有的光泽	（1）加强涂层表面光滑处理，主要用腻子刮光滑，才能发挥有光漆的作用； （2）冬期施工场地，必须堵塞冷风袭击或选择适合的施工场地，加入适量催干剂，先做涂膜干燥试验； （3）排除施工环境的煤烟； （4）挥发性漆施工时，相对湿度应在60%～70%，或给工件加热（暖气烘房），或加相适应的防潮剂10%～20%； （5）稀释剂的加入，应保持正常的黏度（刷涂为30s，喷涂为20s左右）
刷痕和脱毛	（1）因底漆颜料分含量多，稀释不足，涂刷时和干燥后都会现刷痕，涂完面漆也现刷痕； （2）涂料黏度太稀，刷毛不齐，较硬； （3）漆刷保养不善，刷毛不清洁，刷毛干硬折断脱毛，或毛刷过旧； （4）漆刷本身质量不良，刷毛未粘牢固，有时毛层太薄太短，有时短毛残藏毛刷内，毛口厚薄不匀，刷毛歪歪斜斜	（1）涂刷底漆宜稀，干后，用细砂纸打平刷痕来防治，只要底漆平滑，面漆就会光滑； （2）黏度不宜过稀，改用刷毛整齐的软毛刷； （3）刷毛内有脏物要铲除干净，不让其干，硬，漆刷太旧要更换； （4）如刷毛粘在漆面，应用毛刷角轻轻理出；用手拈掉，刷痕用砂纸磨平。刷子脱毛严重的不能使用。要选购刷毛粘接牢固，毛厚薄均匀，刷毛垂直整齐的刷子

续表 6 –7

病疵现象	病疵原因	处理方法
不起花纹	（1）皱纹漆喷得薄或漆液太稀，未用皱纹漆稀释剂，应喷的厚度未达到； （2）皱纹漆稀释剂使用不当或烘干温度太低； （3）锤纹漆喷第二层时，如气压过大，花纹就小或不现花纹； （4）锤纹漆喷完第一层后，静置时间过长，喷第二层时花纹过小或不现花纹； （5）喷锤纹漆的喷枪的出漆嘴口径较小，花纹较小或不现花纹	（1）喷第一层薄一些，隔 20 ~ 30min 喷第二层稍厚些，但不得流溢，漆液黏度为 30s； （2）皱纹漆有专用稀释剂，烘干温变在 80℃以上，经 30min 应起花，深色漆烘干温度可达 110 ± 5℃； （3）加喷第二层锤纹漆时，中小型物件空气压力为 25 ~ 30N/cm^{2}为宜； （4）喷完第一层后，静置时间夏天为 10min，冬天为 20min 就喷第二层； 5）中小型物件喷枪的出漆嘴的口径以 2.5mm 为宜

6.3 冬季施工的注意事项

1. 要严格按照标签上提供的油漆和固化剂的配比进行

不能随意少加或者多加固化剂，否则，会引起咬底或开裂等漆膜弊病。配漆时，应搅拌均匀，用 200 目滤布过滤，静置 15min，消泡后再施工。

2. 要注意保暖

油漆施工的环境不宜低于 5℃，常用的混合涂料应在 0℃以上，而清漆则是不低于 8℃。人们愿意在冬季开着暖气进行装修，室内温度虽然提高了，但户外的气温仍然是低的，在相对过大的高低气温的强烈对抗下，极其容易破坏油漆表层。

3. 要注意环境的清洁

冬季气温低，油漆表干时间长，漆膜表面与外界空气接触时间也相对较长，空气中的灰尘颗粒容易黏附在漆膜表面，形成颗粒现象（空气干燥时更加明显）。因此，为了更好地发挥漆膜效果，在油漆施工之前，请注意环境的清洁。

4. 要适当使用稀释剂

油漆的黏度随温度的变化而变化，当温度较低时黏度就会升高很多，这样会导致稀释剂的用量加大。

5. 开窗通风要适时适量

人们以为，装修时一定要开着窗户，以便于让甲醛等有害气体尽快散去。这样的做法完全是错误的。其实，什么时候要通风，什么时候不能通风都是大有讲究的，开窗虽然利于有害物质的挥发和干燥，但是，如上面所言，油漆是需要“保暖”的，不能过快开始“受冻”，过早通风让室外的冷空气进来，会使油漆粉化甚至变质，没干透的墙面漆很容易被冻住，导致墙体回暖后变色、起皮。

应是在充分干燥后再打开门窗，而且应选在较暖和的中午时段，通风时间也不能过长。若碰上气温急降，要尽快关闭窗户，才能防止气温过低造成墙面收缩而导致开裂等问题。

6. 施工要注意人身安全

由于冬季气候比较干燥，容易引发火情，因此，装修也需要注意防火。碎木片、废纸皮等容易着火的装修垃圾要及时清走，而油漆等物品则应单独放置在阳台等通风的地方。另外，许多人员在冬季装修会因为天气太冷而关闭窗户，而质量差的建材尤其是涂料，极易容易散出有毒气体和易燃气体，导致室内装修也易引起不必要的安全事故，这是需要特别注意的。

参 考 文 献

［1］中华人民共和国建设部. GB 50210—2001 建筑装饰装修工程质量验收规范［S］. 北京：中国建筑工业出版社，2001.

［2］河南省住房和城乡建设厅. GB 50325—2010 民用建筑室内环境污染控制规范［S］. 北京：中国计划出版社，2011.

［3］中华人民共和国住房和城乡建设部. JGJ/T 29—2015 建筑涂饰工程施工及验收规程［S］. 北京：中国建筑工业出版社，2015.

［4］中国建筑科学研究院. JG/T 298—2010 建筑室内用腻子［S］. 北京：中国标准出版社，2011.

［5］中华人民共和国住房和城乡建设部. JGJ/T 314—2016 建筑工程施工职业技能标准［S］. 北京：中国建筑工业出版社，2016.

［6］陈高峰. 油漆工［M］. 北京：中国电力出版社，2014.

［7］韩实彬. 油漆工长［M］. 北京：机械工业出版社，2007.

［8］张鸢. 油漆工长速查［M］. 北京：化学工业出版社，2010.

［9］曹京宜. 实用涂装基础及技巧［M］. 北京：化学工业出版社，2002.

［10］吴兴国. 油漆工［M］. 北京：中国环境科学出版社，2003.

［11］朱庆红. 油漆工实用技术手册［M］. 南京：江苏科学技术出版社，2002.